# 现代电网前沿科技研究与示范工程

葛维春 著

科 学 出 版 社
北 京

## 内 容 简 介

本书系统介绍了现代电网前沿科技关键技术研究及其在某些地区的示范工程。全书共9章，分别介绍了现代电网前沿科技发展与研究历程、基于CC-2000支撑平台的EMS高级应用系统研发及其示范工程、基于小波变换技术的输电线路故障测距关键技术研究及示范工程、风电场储能关键技术研究及示范工程、高集成度智能变电站关键技术研究及示范工程、无功补偿关键技术研究及其国产化示范工程、增容导线关键技术及其示范工程、提高配电网故障处理能力关键技术研究及示范工程，以及电力物联网关键技术研究及示范工程。

本书可供电气技术专业人员、电气专业在校师生、电力系统工作人员阅读参考。

**图书在版编目(CIP)数据**

现代电网前沿科技研究与示范工程/葛维春著.—北京：科学出版社，2018.3

ISBN 978-7-03-056015-5

Ⅰ.①现… Ⅱ.①葛… Ⅲ.①电网-研究 Ⅳ.①TM7

中国版本图书馆CIP数据核字(2017)第312857号

责任编辑：张海娜 姚庆爽 / 责任校对：何艳萍
责任印制：张 伟 / 封面设计：蓝正设计

科学出版社出版
北京东黄城根北街16号
邮政编码：100717
http://www.sciencep.com

北京凌奇印刷有限责任公司印刷

科学出版社发行 各地新华书店经销

*

2018年3月第 一 版 开本：720×1000 B5
2019年5月第二次印刷 印张：18 1/4
字数：360 000

**定价：130.00元**

(如有印装质量问题，我社负责调换)

# 前　言

现代电网是融合了信息、数学等多种前沿技术的输配电系统，现代电网的发展目标是建设节能、环保、高效、可靠、稳定的电网。现代电网前沿科技的发展与研究历程说明现代电网关键技术不仅仅是理论，在研发和设备发展上也取得了突破，并且已经应用到实际生产和生活。本书分别从研究现状、工程需求、关键技术的原理、应用情况以及总结和展望等五个方面对8种现代电网的关键技术进行介绍，明确了这些关键技术在国内外研究和发展情况、示范工程情况以及国外的推广应用情况，着重介绍了关键技术的原理以及应用情况，突出了创新技术，介绍了应用情况的效果以及应用范围和效益产值情况。这些技术的创新使得现代电网更加稳定、可靠、环保、高效，并且为这些技术的进一步发展和应用起到了示范性的作用。

第1章介绍现代电网前沿科技发展与研究历程，重点介绍现代电网网架结构的发展历程、现代电网关键技术及设备的发展历程以及现代电网示范工程建设的发展历程。

第2章介绍基于CC-2000支撑平台的EMS高级应用系统研发及其示范工程，主要通过总体设计阶段、实验室开发阶段、现场调试阶段、现场试运行阶段等方面介绍软件的开发过程，并重点介绍此款软件的应用情况。

第3章介绍基于小波变换技术的输电线路故障测距关键技术研究及其在辽宁电网的示范工程，重点介绍小波变换技术的关键技术原理，包括行波故障测距基本原理、小波变换技术、时钟同步技术、网络式双端测距主站算法等，并通过对应技术的示范工程更加具体地阐述小波变换技术。

第4章介绍风电场储能关键技术研究及其在卧牛石乡的示范工程，首先介绍大规模风电SCADA和AGC协调控制系，然后讨论清洁能源与储能联合发电计划，最后记录卧牛石风电储能示范工程。

第5章介绍高集成度智能变电站关键技术研究及其在辽宁电网的示范工程，包括过程层三网合一技术、SV网络流量分析、GOOSE网络流量分析等，介绍时钟源无缝切换策略、集中式保护控制硬软件平台技术以及变压器油色谱检测“一拖二”技术等先进技术。

第6章介绍无功补偿关键技术研究及其在辽宁受端电网的国产化示范工程，重点分析链式SVG关键技术原理，包括SVG功率单元拓扑结构的研究、连接形式、多控制策略、控制系统以及控制模式选择模块，并通过典型应用分析做进一步的说明。

第7章介绍增容导线关键技术及其在辽宁输电线路应用的示范工程，包括间隙性软铝线的研究现状、导线的设计原理及结构以及导线材料的选用原则等，通过实际的应用情况从经济效益和社会效益两方面分析在实际应用中增容导线的优势。

第8章介绍提高配电网故障处理能力关键技术研究及其在沈阳市的示范工程，首先介绍配电网故障风险评估及安全预警技术的研究，然后提出基于开关层-馈线层-变电站层动态调整故障分析方法以及基于等级偏好优序法的配电网故障恢复。

第9章介绍电力物联网关键技术研究及其在沈阳市的示范工程，首先介绍电力物联网的内涵，然后介绍信息感知技术、信息通信网络、专用芯片技术、状态检测技术等，最后介绍用电信息采集系统、基于电力线载波技术的电表集抄，以及大规模集中抄表自组传感器关键技术原理。

本书是作者及其课题组在该领域十多年的研究成果总结，是现代电网前沿科技的研究。除了署名作者之外，参与相关研究的还有东北大学的孙秋野、刘鑫蕊，国家电网辽宁省电力有限公司的张宏宇、金鹏、韩月、杨长龙、刘君、杨飞、于同伟、葛延峰、张艳军、王顺江和高强等，在此表示感谢。

由于作者水平有限，书中难免存在不妥之处，敬请广大读者批评指正。

# 目　　录

# 第1章 现代电网前沿科技发展与研究历程

## 1.1 现代电网网架结构发展历程

电力已逐步成为当今社会、经济发展的重要动力，电力工业的持续健康发展是电力系统规划的一个关键部分，电网规划既要满足电网所供地区经济、社会发展的基本要求，也是电网公司持久发展的重要依托，它的目标是使电网的发展满足或者适度超前所在区域的发展，同时指导并决定着电力供应的安全、电网建设以及电网运行的方方面面。长期以来，电网网架结构不合理，突出表现在网架结构薄弱、主次网架不清晰、多分段多互联的网络连接未形成，造成了用户电压不稳定、网络损耗过大、故障发生频繁等问题[1]。

电网的长远发展要建立在一个合理的网架结构基础之上。合理的网架结构不仅是关系到电能质量和供电可靠性的主要因素，也是庞大的电力系统安全、稳定、经济运行的基础。我国电网网架结构的发展历程分为以下三个阶段。

(1) 1882～1936年。从1882年7月26日上海第一台12机组发电到1936年，全国共有461个发电厂，发电装机总容量为630MW，年发电量为17亿kW·h，初步形成北京、天津、上海、南京、武汉、广州、南通等大、中城市的配电系统。

(2) 1937～1949年。1937年后，江苏、浙江等沿海城市的发电厂被毁坏或拆迁到后方；西南地区的电力工业出于战争的需要，有序地发展。1949年中华人民共和国成立时，全国发电装机容量为1848.6kW，年发电量约43亿kW·h，居世界第25位。当时中国已形成的电力系统网架有：①东北中部电力系统，以丰满水电厂为中心，采用154kV输电线路，连接沈阳、抚顺、长春、吉林和哈尔滨等地区；②东北南部电力系统，以水丰水电厂为中心，采用220kV和154kV输电线路，连接大连、鞍山、丹东、营口等供电区；③东北东部电力系统，以镜泊湖水电厂为中心，采用了110kV输电线路，连接鸡西、牡丹江、延边等供电区；④冀北电力系统，以77kV输电线路，连接北京、天津、唐山等供电区和发电厂。

(3) 1949年以来，中国的电力工业有了很大的发展。1996年中国大陆部分的发电装机容量达2.5亿kW，年发电量为11350亿kW·h，居世界第2位。从1993年起，发电量每年平均以6.2%的速度增长。目前，我国大部分以220kV输电线路为主，还在研发高压直流输电。

近年来伴随着电力需求的强劲增长和大量电源投入，电网建设力度是空前的，特别是 500kV 电网作为各区域电网的主网架(西北电网除外),得到了长足发展,在电力跨供电区、跨省、跨大区汇集、输送、交换和疏散等方面发挥了应有的功能和作用,输电效能稳步提高,电网的可靠性、经济性和灵活性达到了新水平。区域电网是全国互联电网的基础。展望未来,如何在全国联网规划的指导下构筑各区域电网的主网架,科学地把握区域电网主网架结构特点和发展趋势,使区域电网能适应更大范围内的资源优化配置,成为电网规划工作者必须要解决的重大课题。

坚持电网的统一规划,特别是在当前加快推进“西电东送、南北互供、全国联网”战略的过程中,只有对互联大电网从整体上开展中长期规划,远近结合、滚动优化,才能为建立良好的电网结构打牢基础[2]。

1) 东北电网

东北电网负荷中心基本集中在哈大铁路沿线的大中型城市。黑龙江省分成东部、中部和西部,哈尔滨和大庆是重要的负荷中心;吉林省以长春、吉林市为中心;辽宁省以沈阳、抚顺、本溪、鞍山、辽阳、营口、盘锦及大连为中心,上述城市负荷水平占东北全区的 60%以上。2003 年辽宁省、吉林省、黑龙江省负荷及用电量比例大约为 5∶2∶3.3,省用电量占东北全区的 96%,内蒙古东部仅占 3.7%。预计 2020 年之前各省的用电比例不会发生大的变化。从发电能源和未来电源布局上看,东北电网仍依靠煤电。东北电网在黑龙江东部和蒙东两大能源基地建设大型坑口电站,以及利用关内的煤资源建设部分港口和路口电站,给受端电网提供了必要的动态无功和电压支撑,结合热电联产建设一些负荷中心电站。根据东北电网电源发展布局和负荷分布,其未来电力流向仍然是西电东送、北电南送,规模逐步加大。电力输出地区位于黑龙江东部、呼伦贝尔、霍林河及周围,黑龙江东部的市场定位是满足本省用电需求,富余电力参与北电南送,主送吉林;呼伦贝尔煤电基地主送辽宁;霍林河及周围电站分供辽宁和吉林。

2) 华北电网

华北电网在山东电网并入后规模显著扩大,2003 年装机容量达到 80.72GW。华北电网目前与东北、华中均有交流联系,未来规划与西北、华东互联,在全国互联电网中占据重要地位。京津唐电网是华北电网最重要的负荷中心,目前约占全网负荷的 30%,接受外来电力约占京津唐负荷的 18%。山西和蒙西是能源输出地区,在向京津冀送电的同时,还要向华中和华东送电。山东电力目前基本自我平衡,今后要接收一定容量的外来电力。华北电网在山西、蒙西、陕北大力开发坑口电站,保证了电网安全并且有效地节约了水资源,在东部沿海地区利用海水冷却建设一批港口电厂,在锡林郭勒盟建设坑口电厂向京津唐送电,因地制宜发展燃气和热电联产机组,适当安装了一定容量的抽水蓄能机组。

3) 华东电网

华东电网是我国规模最大的区域电网,负荷增长明显高于全国平均水平,发展空间巨大。区域内一次能源严重不足，应立足国内，少量从国外进口，实施多元化战略，优先吸纳三峡和西南水电，并接受一定容量的"三西"煤电，加快发展核电，优化发展煤电，适度发展抽水蓄能电站，积极发展天然气和液化天然气(liquefied natural gas，LNG)发电。

4) 华中电网

华中电网一次能源的特点是西水、北煤，水电比重较大，远期必须从区外输入能源。电力流向是西部水电东送和南水北调。以三峡电站建设为契机加强 500kV 网架，并推进全国联网，现已列入实施计划。川渝电网并入华中后给电网发展带来了新的动力。

5) 西北电网

西北陕甘宁青四省区地域辽阔，经济欠发达，具有丰富的可用于发电的煤炭、水电、天然气、风能资源。西北电网已决策在 330kV 电网之上引入 750kV 电压等级。"西水东火"的能源格局与负荷分布特点决定了甘青与陕宁之间需要水火电互剂运行，电源与负荷之间、负荷与负荷之间送电距离长，电力交换规模大，电网较为松散，成本也高[3]。

目前电源领域存在着无序建设、急功近利的现象。尽管在电网规划中考虑了电源的布局和顺序问题，电网规划的基本方案是在电网公司认为较合理的电源开发方案基础上得出的，电源方案在行业规划中也论证过，但不可否认的是，电源实际发展带有很大的不确定性。主网架受端的电网结构与负荷分布更密切些，受端电源的改变对受端电网影响相对较小。电源对送端电网如何构建影响很大。因此电网公司应就送端主力电源的变化对中长期目标网架的影响作敏感性分析，同时更重要的是建立电网规划设计滚动机制，及时对电网规划进行必要的调整。

我国能源资源与负荷分布的严重不均衡性，决定了我国电网发展不能完全遵循西方发达国家的轨迹。西部大水电开发、"三西"煤电基地的建设，实现了远距离大容量输电，长三角、珠三角走廊 500kV 电网短路电流超标问题，都要求超前研究建设交流百万伏级电网。经论证一旦决策在华东、华北及华中电网中引入交流百万伏级电压等级，实现技术跨越，需要对相关的区域电网目标网架进行校核调整。

在电网发展中，作为重要指标，要积极推广使用先进技术，促进技术升级。如采用同塔双回或多回输电技术、紧凑型输电技术；远距离输电采用串补技术；在重要输电通道和受端环网中采用大截面或耐热导线技术；在负荷密度大的受端电网采用大容量降压变压器；为解决动态无功不足和电压稳定问题，装设交换虚拟电路(SVC)或其他类型动态无功补偿设备；为解决短路电流超标问题加装限流电抗器；从整体上不断提升电网调度、通信、自动化水平等。我国电网发展的装备、技术水平应与综合国力、科技进步水平相一致[4]。

## 1.2 现代电网关键技术及设备发展历程

国家发展和改革委员会以及国家能源局发布了现代电网关键技术战略方向规划目标。三个战略目标如下[5]。

(1) 基础设施和装备。重点在柔性直流输配电、无线电能传输、大容量高压电力电子元器件和高压海底电力电缆等先进输变电装备技术,以及用于电力设备的新型绝缘介质与传感材料、高温超导材料等方面开展研发与攻关。

(2) 信息通信。重点在电力系统量子通信技术应用、电力设备在线监测先进传感技术、高效电力线载波通信、推动电力系统与信息系统深度融合等方面开展研发与攻关。

(3) 智能调控。重点在可再生能源并网、主动配电网技术、大电网自适应/自恢复安全稳定技术、适应可再生能源接入的智能调度运行、电力市场运营、复杂大电网系统安全稳定等方面开展研发与攻关。

三个创新目标如下。

(1) 2020年目标。突破柔性直流输配电、电动汽车无线充电技术,掌握大容量高压电力电子元器件和高压海底电力电缆等先进输变电装备关键技术,实现工业化、低成本制造及示范推广,相关技术及装备走向国际市场。突破信息通信安全技术和电力线载波技术,形成宽带电力线通信标准;形成适合电网运行要求的低成本、量子级的通信安全技术。研究大规模可再生能源和分布式发电并网关键技术并开展示范;突破电力系统全局协调调控技术,实现示范应用。完成现代复杂大电网安全稳定技术研究,实现现代复杂大电网安全稳定运行。

(2) 2030年目标。柔性直流输配电技术、新型大容量高压电力电子元器件和高压海底电力电缆等先进输变电装备达到国际先进水平。突破高温超导材料关键技术和工艺。形成适合电网运行要求的低成本、量子级的通信安全工程应用技术解决方案,实现规模化应用。微电网/局域网与大电网相互协调技术、源-网-荷协调智能调控技术获得充分应用。

(3) 2050年展望。无线输电技术得到应用,电网的系统、设备、通信、控制等技术引领国际先进水平,完全掌握材料、核心器件、装备和系统成套技术。完全解决可再生能源和分布式电源并网消纳问题。建成世界领先的、安全高效的、绿色环保的现代电网。

十项创新行动如下。

(1) 先进输变电装备技术。研发高可靠性、环保安全(难燃、低噪声)、低损耗、智能化及紧凑化的变压器;研制高电压、大电流、高可靠性和选相控制的替代 $SF_6$ 的新型气体介质断路器及真空和固态断路器,并开展示范应用;研制安全高效的新型限流器；突破高压海底电力电缆的制造和敷设技术，研发新型电缆材料、先进附件；研发高质量在线监测/检测装备和系统。

(2) 直流电网技术。研究直流电网架构及运行控制技术，建立直流电网技术装备标准体系；开展新型电压源型换流器、直流断路器、直流变压器、直流电缆、直流电网控制保护等核心设备研发和工程化；建设包含大规模负载群、集中/分布式新能源、大规模储能在内的直流电网示范工程。

(3) 电动汽车无线充电技术。以电动汽车无线充电为突破点和应用对象，研发高效率、低成本的无线电能传输系统，实现即停即充，甚至在行驶中充电。形成电动汽车无线充电技术标准体系，研究电动汽车无线充电场站的负荷管理，建设电动汽车无线充电场站示范工程。

(4) 新型大容量高压电力电子元器件及系统集成。研究先进电力电子元器件及应用；开展新一代大容量、高电压电力电子器件的材料研发和关键工艺技术研究；研发用于高电压、大容量直流断路器和断路保护器的高性能电力电子器件；建设高水平生产线，提高质量、降低成本，推进国产化。研究高压大容量固态电力电子变压器、大容量双向/多向换流器、多功能并网逆变器、智能开关固态断路器、固态电源切换开关、软常开开关设备。

(5) 高温超导材料。研究高温超导基础理论、各系材料配方及制备工艺；开展面向超导电力装备的应用型超导材料研究；推动高温超导材料的实用化，并研究其成套工程技术；开展高温超导在超导电缆、变压器、限流器、超导电机等领域的示范和应用。

(6) 信息通信安全技术。研究电力线频谱资源动态、高效地感知与使用；研究降低对已有通信业务干扰的关键技术，形成宽带电力线通信技术标准体系。建设能源互联网量子安全通信技术与常规网络融合应用示范，提出电网量子安全通信加密理论、量子通信协议及量子安全通信与经典网络通信融合的模型。形成适合我国电网量子安全通信要求的低成本、量子级安全可靠的通信技术解决方案。采用低功耗通用无线通信技术，实现电网末端海量信息的采集和传输。

(7) 高效电力线载波通信技术。研究进一步提高电力线载波通信频谱效率的通信方式，提高工作带宽并充分考虑利用电力线三相之间形成的多输入多输出构架，使电力线载波通信系统物理层的传输速率达到 Gbps；使电力线通信应用范围扩展到包括互联网接入、家庭联网、家庭智能控制、新能源监控及电力安全生产等众多领域。

(8) 可再生能源并网与消纳技术。制定大规模清洁能源发电系统并网接入技术标准和规范；研究并实现基于天气数据的可再生能源发电精确预测；研发并推广增强可再生能源并网能力的储能、多能源互补运行与控制、微电网、可再生能源热电联产等技术；发挥电力大数据和电力交易平台在促进可再生能源并网和消纳中的作用;实现电网和可再生能源电源之间的高度融合,促进可再生能源高效、大容量的分布式接入及消纳。

(9) 现代复杂大电网安全稳定技术。研究交直流混合电网、智能电网、微电网构成的复杂大电网稳定机理分析技术,在线/实时分析技术和协调控制技术;建立能源大数据条件下的现代复杂大电网仿真中心,研究满足大规模间歇性能源/分布式能源/智能交互/大规模电力电子设备应用的、高效精确的电力系统仿真技术;加强电网大面积停电的在线/实时预警和评估技术研究。

(10) 全局协调调控技术。研究大规模风电/光伏接入的输电网与含高比例分布式可再生能源的配电网之间协调互动的建模分析、安全评估、优化调度与运行控制技术,建立多种特性发电资源并存模式下的输配协同运行控制模式;针对未来电网中多决策主体、多电网形态特点,构建具有高度适应性的调度运行控制体系,开展"分布自律-互动协调"的源-网-荷协同的能量管理技术研发与示范应用。

## 1.3 现代电网示范工程建设发展历程

### 1.3.1 特高压示范工程建设

特高压电网的建设大大提高了远距离、大容量输电的效率,减少了输电损耗,降低了输电成本,促进大煤电基地、大火电基地、大核电基地建设,实现了更大范围的资源优化配置,促进经济和社会的可持续发展。同时,特高压输变电工程的建设也促使我国电力设计、制造、施工水平实现飞跃。交流特高压输电技术属于国际前沿技术,苏联、日本均是结合本国实际制定自身的特高压技术路线。我国发展交流特高压需要引进和消化吸收国外的先进技术,结合我国国情和电网特点,走自主创新之路。发展特高压电网,不仅应充分利用国内外已有的技术和研究成果,还要结合我国电网特点,抢占特高压技术的制高点,达到全电压、大负荷的试验要求,并以大负荷带电考核为重点。

根据交流特高压试验示范工程建设的原则和技术路线,结合我国未来交流特高压技术的工程应用,提出三个交流特高压工程初步方案供比选研究。

(1) 晋东南—南阳—荆门交流特高压输电工程。该工程起点山西晋东南,落点湖北荆门,中间经河南南阳开关站,线路全长654km,拟全压运行。该输电工程连接华北和华中两大电网,有利于水火调剂,可实现南北互供、双向输送,最大输送潮流可达300万kW,有利于考核设备承受大负荷、过电压能力等。该工程已取得部分站址和路径协议;大件设备运输采用公路、铁路、水路等运输方案,均是可行的。工程建设条件均不存在难以克服的技术困难。工程线路较长且负荷重,接近过电压限制的线路允许最大长度，需要在线路上安装大容量高压并联电抗器、高性能避雷器，采用带合闸电阻的断路器，与我国未来特高压输电的技术路线是一致的。可对特高压工程的线路、变压器、高压电抗器、断路器、GIS 设备、避雷器、电压互感器、电流互感器、绝缘子等特高压设备在工频过电压、操作过电压、谐振过电压、雷电过电压、甩负荷过电压、短路电流、投切低压电容器、投切低压电抗器和投切空载线路等条件下的技术性能进行全面充分的考核。此外，该试验示范工程有 2 个变电站和 1 个开关站，可采用 GIS、AIS 和 HGIS 等多个方案，对各类设备进行全面的考核，有利于充分发挥试验示范工程的作用。该工程的两端都通过 500kV 线路与当地 500kV 电网相连。因此，若该工程投运初期不能完全正常运行，晋东南电源可以通过与华北电网的联系就地消纳；湖北电网可通过启动备用容量，避免出现缺电情况，对华北和华中两大电网的影响较小。如工程投入运行时晋东南电源尚未投运，也可以通过与华北电网的联系，组织华北电网的电源，通过特高压输电系统向华中送电，从而达到试验示范的目的。因此，晋东南—南阳—荆门交流特高压输变电工程风险较小。工程包含晋东南、荆门 2 座变电站和南阳 1 座开关站，是 1000kV 级变电站主要设计原则研究的依托工程。1000kV 配电装置电气一次设备采用 $SF_6$ 气体绝缘金属封闭型组合电器（GIS）；1000kV 高压并联电抗器回路电气一次设备、1000kV 线路出口及主变压器 1000kV 侧避雷器和电压互感器采用常规敞开式设备。南阳开关站、荆门变电站 1000kV 配电装置电气一次设备采用母线敞开型 $SF_6$ 气体绝缘金属封闭型组合电器（HGIS）；1000kV 母线设备 1000kV 高压并联电抗器回路电气一次设备、1000kV 线路出口及主变压器 1000kV 侧避雷器和电压互感器采用常规敞开式设备（AIS）。通过对 1000kV 级交流输电系统变电站工程设计技术原则研究，逐步完善变电站的一次设计方案，供其他科研项目开展进一步的科研工作，为制订交流特高压变电站设计规范创造条件。

(2) 淮南—上海交流特高压输电工程。该工程起点安徽淮南，落点上海，中间经芜湖、浙北 2 变电站，线路全长 2×655 km，拟全线全压或部分线路全压运行。该工程运行方式与淮南煤电开发进度密切相关。工程全压运行的情况下，输电能力较大，可达 580 万 kW，但淮南地区难以建成足够的新增电源与其协调。如淮南—芜湖单回 1000kV 线路全压运行，其余线路降压 500kV 运行，当采用点对网方式，最大输送能力仅有 180 万 kW；当电磁环网运行时，特高压线路上的潮流较小，最大仅有 160 万 kW。该工程还存在潮流只能单方向输送、潮流大小不易调节等不利情况。由于系统运行条件不如晋东南—南阳—荆门试验示范工程苛刻，且 4 个 1000kV 变电站受土地资源限制均推荐采用 GIS 方案，因此，对设备考核不如晋东南—南阳—荆门工程，同杆并架线路也增加了试验示范工程的技术难度。该工程在电网中替代的是华东电网原规划的皖电东送 500kV 大通道，工程建设规模大、功能明确。在试验示范期间，一旦出现无法预见的故障导致较长时间不能正常运行，将影响到淮南电源的外送。因此，淮南—上海交流特高压输变电工程作为试验示范工程，其抗风险性不如晋东南—南阳—荆门工程。

(3) 四川水电外送交流特高压输电工程。该工程起点四川乐山，落点湖北荆门，中间经重庆、恩施，初期乐山—重庆全压运行，重庆—恩施—荆门降压 500kV 运行。线路全长约 1000km，其中全压运行线路约 300km。该工程初期主要是满足四川水电外送的，受与 500kV 电网并联运行的约束，特高压线路潮流仅为 180 万 kW 左右，且潮流为单方向，不利于考核设备。工程承担着四川水电的外送任务，当特高压线路因故障而不能正常运行时，影响四川水电外送能力。

特高压交流试验示范工程中，1000kV 主变压器采用单相、自耦、中性点无励磁调压、强迫油循环风冷变压器。变压器总体外部结构采用独立外置调压变方式，即变压器本体与调压变分箱布置型式，额定容量为 3×(1000/1000/334MVA)，第三绕组额定电压为 110kV，考虑备用一台主变压器 1000kV 并联电抗器采用单相油浸铁芯式、自然油循环风冷电抗器。

从电网发展来看，上述三个交流特高压输电工程均符合我国能源发展战略，是我国未来特高压电网的重要组成部分。而选择哪一个作为试验示范工程，需要按照试验示范工程建设的原则和技术路线，从系统运行条件、工程建设条件、满足试验示范需要和风险评估等方面进行综合比较分析。

共有 17 个特高压分别如下。

(1) 2009 年 1 月 6 日，我国也是世界上第一个商业化运营的特高压工程——晋东南—南阳—荆门 1000kV 特高压交流试验示范工程投运(图 1.1)。

图 1.1　晋东南—南阳—荆门 1000kV 特高压交流试验示范工程

(2) 2013 年 9 月 25 日，我国第二个交流特高压工程——皖电东送 1000kV 特高压示范工程投运(图 1.2)。

图1.2　皖电东送1000kV特高压示范工程

(3) 2014年12月26日，我国第三个交流特高压工程——浙北—福州1000kV特高压交流工程投运(图1.3)。

图1.3　浙北—福州1000kV特高压交流工程

(4) 2016年7月31日，我国第四个交流特高压工程——锡盟—山东1000kV特高压交流工程投运(图1.4)。

图1.4　锡盟—山东1000kV特高压交流工程

(5) 2010 年 7 月 8 日，国家电网第一个直流特高压工程——向家坝—上海±800kV特高压直流输电示范工程投运(图 1.5)。

图 1.5 向家坝—上海±800kV 特高压直流输电示范工程

(6) 2012 年 12 月 12 日，国家电网第二个直流特高压工程——锦屏—苏南±800kV特高压直流工程正式投运(图 1.6)。

图 1.6 锦屏—苏南±800kV 特高压直流工程

(7) 2014 年 1 月 27 日，国家电网第三个直流特高压工程——哈密南—郑州±800kV特高压工程正式投运(图 1.7)。

(8) 2014 年 7 月 3 日，国家电网第四个直流特高压工程——溪洛渡左岸—浙江金华±800kV 特高压工程投运(图 1.8)。

(9) 2014 年 11 月 4 日，淮南—南京—上海 1000kV 特高压交流工程开工(图 1.9)。

图1.7　哈密南—郑州±800kV特高压工程

图1.8　溪洛渡左岸—浙江金华±800kV特高压工程

图1.9　淮南—南京—上海1000kV特高压交流工程

（10）2015年3月27日，蒙西—天津南1000kV特高压交流工程开工(图1.10)。

图 1.10　蒙西—天津南 1000kV 特高压交流工程

(11) 2015 年 5 月 12 日,榆横—潍坊 1000kV 特高压交流输变电工程开工(图 1.11)。

图 1.11　榆横—潍坊 1000kV 特高压交流输变电工程

(12) 2014 年 11 月 4 日,宁东—浙江±800kV 特高压直流输电工程正式开工(图 1.12)。

图 1.12　宁东—浙江±800kV 特高压直流输电工程

(13) 2015年6月3日,酒泉—湖南±800kV特高压直流工程开工(图1.13)。

图1.13　酒泉—湖南±800kV特高压直流工程

(14) 2015年6月29日,晋北—江苏南京±800kV特高压直流输电工程开工(图1.14)。

图1.14　晋北—江苏南京±800kV特高压直流输电工程

(15) 2015年12月15日,锡盟—江苏±800kV特高压直流工程开工(图1.15)。

(16) 2015年12月15日,上海庙—山东±800kV特高压直流工程开工(图1.16)。

(17) 2016年1月11日,准东—皖南±1100kV特高压直流工程开工(图1.17)。这是目前世界上电压等级最高、输送容量最大、输电距离最远、技术水平最先进的特高压输电工程。

图 1.15　锡盟—江苏±800kV 特高压直流工程

图 1.16　上海庙—山东±800kV 特高压直流工程

图 1.17　准东—皖南±1100kV 特高压直流工程

### 1.3.2　微电网示范工程建设

资源和环境的双重压力促使世界各国重视和发展包括光伏发电、风力发电等在内的可再生分布式能源。然而，高渗透可再生分布式能源的接入将给传统电网带来很大的冲击和挑战：其一，可再生分布式能源出力具有随机性和波动性的特点，可控性差；其二，分布式能源的接入将改变传统配电网络单向潮流的基本格局，并可能严重影响正常电压水平、短路电流和供电可靠性。作为一种重要的技术解决方案，微电网(micro-grid)被提出用于解决可再生分布式能源的接入和管理问题。

我国正处在工业化和城镇化的进程中，能源需求持续增长，能源对外依存度高，环境治理压力大。资源和环境的双重压力促使我国重视发展可再生能源和微电网。在《中华人民共和国可再生能源法》等一系列国家政策法规的鼓励引导下，在国家重点基础研究发展计划(973 计划)、国家高技术研究发展计划(863 计划)及国家自然科学基金等资金支持下，国内众多高校、科研机构和企业投入到可再生能源和微电网的研究开发和应用实践中，建设了一批微电网示范工程。我国微电网示范工程大致可分为三类：边远地区微电网、海岛微电网和城市微电网。

1) 边远地区微电网

我国边远地区人口密度低、生态环境脆弱，扩展传统电网成本高，采用化石燃料发电对环境的损害大。但边远地区风、光等可再生能源丰富，因此利用本地可再生分布式能源的独立微电网是解决我国边远地区供电问题的合适方案。目前我国已在西藏、青海、新疆、内蒙古等省份的边远地区建设了一批微电网工程，解决当地的供电困难问题。

2) 海岛微电网

我国拥有超过 7000 个面积大于 500$m^2$ 的海岛，其中超过 450 个岛上有居民。这些海岛大多依靠柴油发电在有限的时间内供给电能，目前仍有近百万户沿海或海岛居民生活在缺电的状态中。考虑到向海岛运输柴油的高成本和困难性以及海岛所具有的丰富可再生能源，利用海岛可再生分布式能源、建设海岛微电网是解决我国海岛供电问题的优选方案。从更大的视角看，建设海岛微电网符合我国的海洋大国战略，是我国研究海洋、开发海洋、走向海洋的重要一步。相比其他微电网，海岛微电网面临独特的挑战，包括：①内燃机发电方式受燃料运输困难和成本及环境污染因素限制；②海岛太阳能、风能等可再生能源间歇性、随机性强；③海岛负荷季节性强、峰谷差大；④海岛生态环境脆弱、环境保护要求高；⑤海岛极端天气和自然灾害频繁。为了解决这些问题，我国建设了一批海岛微电网示范工程，在实践中开展理论、技术和应用研究。

3）城市微电网及其他微电网

除了边远地区微电网和海岛微电网，我国还有许多城市微电网示范工程，重点示范目标包括集成可再生分布式能源、提供高质量及多样性的供电可靠性服务、冷热电综合利用等。另外还有一些发挥特殊作用的微电网示范工程，如江苏大丰的海水淡化微电网项目。

目前我国微电网示范工程对负荷的处理普遍比较单一，微电网在电力系统中扮演的角色也相对简单。我国微电网项目结合美国等国的经验，重点研究微电网中的需求侧管理问题，充分发挥负荷灵活互动的潜力；同时可进一步研究微电网辅助电力系统运行的关键技术和市场机制，让微电网在电力系统中发挥更加重要和多样的作用。

目前我国微电网示范工程的建设和运行主要依靠国家和国有电力企业的投入，资金来源单一，难以大规模推广和长期维系。因此须完善相关法规，设计市场机制，将更多的利益相关方和社会资金吸引到微电网的建设当中。目前我国微电网示范工程主要注重关键技术研发和验证，未来应更加注重商业模式的探索。应根据示范工程的结果设计合理的支持政策，将比较成熟的微电网应用模式率先推广。

我国微电网示范工程开展时间不长，比较分散，缺乏有效的量化评价追踪机制，不利于最大化示范工程的示范作用。未来须建立和完善微电网的定量评价机制，例如，建立微电网领域的行业协会、评价标准和制度，以全面、长期、量化评价微电网示范工程的技术水平和经济效益，有助于充分总结和推广微电网示范工程中的经验教训，促进微电网的技术发展和商业推广。

### 1.3.3 智能电网示范工程建设

电气化是人类 20 世纪所取得的最伟大的工程成就。自进入 21 世纪以来，智能电网的发展已成为人们逐渐感兴趣的话题之一。随着社会的进步、信息技术水平的提高，加之传统电网的技术水平落后、设备老化等诸多问题，旧电网技术所面临的压力与日俱增，已无法满足当今科技发展的需要，智能电网被认为是未来电力工业发展的必然趋势。然而，智能电网的研究仍处于起步阶段，人们对其认知度还不高，发展过程中仍有许多问题亟待解决。从电的发现到如今智能电网技术的综合应用，都体现了用电和人类发展是密不可分的，从电的历史发展来看，智能电网技术的发展也存在着一定的客观规律。

中国国家电网公司发布了坚强智能电网的发展战略，推动国家能源战略实施，实现电网发展方式转变，推动能源开发和利用方式的变革，服务“两型”社会、和谐社会，促进经济与社会可持续发展。下面以 2010 年初确定的中新天津生态城示范项目为例介绍智能电网示范工程建设历程。

生态城位于中国发展的重要战略区域——天津滨海新区，规划面积 30km$^2$，人口规模为35万人，城市结构分为4个生态片区，突出办公、研发、商业、住宅等用地的多样化开发与相互混合布置的现代城市规划理念，计划10～15年建成生态城。生态城作为国家生态示范建设工程，其可再生能源的综合利用和生态环境的保护问题受到高度的重视。按照生态城总体规划，可再生能源利用比例将不小于20%。在能源资源节约与循环利用方面，注重节能，加强节能减排，发展循环经济，形成低投入、低消耗、低排放、高效率的增长方式。2020年，生态城要实现100%为绿色建筑，可再生能源利用率达到20%，人均能耗比国内城市人均水平降低20%以上。依据生态城总体规划和开发计划，对生态城进行了负荷预测，总负荷预计将达到41万kW，规划建设220kV变电站2座，110kV变电站4座，最终建成220kV高压输电网、11kV高压配电网、10kV中压配电网和380/220V低压配电网构成的供电体系。此次生态城示范工程将重点集中在生态城的起步区，面积约为4km$^2$，主要以居民生活、商业金融和生态产业区用地为主，计划2012年建成，负荷预计将达到7.9万kV。

针对工程建设目标，提出如下建设思路。

(1) 坚强、灵活、可重构的配电网络拓扑是生态城电网智能化的基础：①构建坚强的环形配电网络；②网架要满足分布式电源(DER)的智能集成，包括孤立的安全岛和灵活的微网。

(2) 建立规范统一的全覆盖通信信息网，实现高度信息化。组建基于光纤网络、高速宽带、无线传感器网的“生态城智能电网城市”通信网络，实现对分布式发电、输电、变电、配电、用电关键环节运行状况的无盲点状态监测和控制，实现实时和非实时信息的高度集成、共享与利用。

(3) 实施智能型配电自动化和智能调度，实现全局性层面的智能化控制。包括分布式电源/储能装置/微网/不同特性用户(含电动汽车等移动电力用户)接入和统一监控、配电网自愈控制、输/配电网的协同调度、多能源互补的智能能量管理以及与智能用电系统的互动等。

(4) 开展双向互动服务，实现电源、电网和用户的良性互动和相互协调，实现资源的优化配置。实施用电信息采集系统建设，构建双向互动营销体系，全面应用智能电表、智能用电管理终端等智能化用电设备，推动智能化需求侧管理、智能小区/楼宇/家居和电动汽车等领域技术应用等。工程将注重体系建设，以通信信息平台为支撑，构建贯穿发电、输电、变电、配电、用电和调度全部环节和全电压等级的电网可持续发展体系，做到各环节有效衔接、相互配合，充分体现实现“电力流、信息流、业务流”的高度一体化融合，突出电网信息化、自动化和互动化特征。

生态城智能电网综合示范工程将在发、输、变、配、用、调度等六大电力环节中重点开展12项示范性工程，集中展示智能电网信息化、自动化、互动化的先进特性。

1）分布式电源接入

根据中新天津生态城总体规划要求，区域内可再生能源利用比例将不低于20％，据此预测生态城新能源发电装机容量约为176.5MW，2010年完成污水处理厂光伏1.1MW、蓟运河口风电4.5MW并网工程，2011年完成服务中心停车场车棚光伏0.405MW、动漫园二号能源站1.489MW燃气三联供并网发电。

2）储能系统

储能装置的开发和应用是微网系统的重要组成部分，可实现资源的合理配置，提高能源利用效率。工程将结合智能营业厅，配置30kWp光伏发电和6kW风力发电作为分布式电源，采用15kW×4h的锂离子电池作为储能设施，以照明和电动汽车充电桩等15kW负荷作为微网负荷，配以监控设备构成低压交流微网，通过并网开关与外部电网进行相连。

3）和畅路110kV智能变电站

工程将在起步区建设和畅路110kV智能变电站，全站按照一次设备智能化、二次设备智能化、数据平台标准化的配置原则建设，充分展现智能变电站全站信息数字化、通信平台网络化、信息共享标准化、运行状态可视化、在线分析决策、内外协同互动的技术特征。

4）配电自动化

生态城智能电网将以提高供电可靠性、改善供电质量、提升电网运营效率和满足客户需求为目的，根据本区域配电网现状及发展需求分阶段、分步骤实施。工程将建设智能型配电自动化主站，具体建设目标：$N-1$合格率100％，供电可靠性99.99％，电压合格率100％，实现“三遥”功能、配电自动化功能，缩短试点区域故障平均处理时间，设备完好率100％。

5）设备综合状态监测

工程将对生态城内110kV及以上输电线路、智能变电站、配电设备进行统一的设备状态在线监测。安装基于先进传感技术的监测装置，实现变电设备的智能化、信息化，实现设备状态自我感知、故障自我诊断的目的。

6）电能质量监测

工程将建设电能质量监测系统，实现对生态城分布式电源并网点、110kV变电站、电动汽车充电站、重要的10kV配电站点、电能质量敏感用户电能质量的监测。

7）用电信息采集

工程以双向、宽带通信信息网络为基本特征，实现对生态城起步区范围内的专变用户、一般工商业户、居民用户、分布电源点、储能装置、电动汽车充电桩的全覆盖、全采集、全费控，电能表在线监测和用户负荷、电量、计量状态等重要信息的实时采集，推进营销计量、抄表、收费模式标准化建设和公司信息化建设，为快速响应市场变化和客户需求、提高服务质量提供数据支持。

8）智能用电小区/楼宇

工程将在智能电网用户服务平台的基础上，通过家庭智能交互终端或交互机顶盒实现用户与电网之间的互动，实现物业、网络增值、医疗等一系列特色服务，体现出良好的交互性和智能化特色；应用物联网的技术，组建家庭内部的物联网网络，实现电热水器、空调、电冰箱等家庭灵敏负荷的用电信息采集和控制；建立集紧急求助、燃气泄漏、烟感、红外探测于一体的家庭安防系统，同时支持小区的门禁管理和视频对讲系统；电力光纤到户能够为用户开通有线电视、IP电话、互联网的业务，为国家"三网融合"战略的实施提供有效支撑；在智能小区建设充电桩和风光互补路灯等配套设施。

9）电动汽车充电设施

工程将对生态城电动汽车发展进行需求分析，计划2010～2015年在生态城建设3座大型充电站、3座中型充电站和150个充电桩，形成电动汽车充电网络，满足生态城绿色出行的供电需求。

10）通信信息网络

工程将建立结构合理、安全可靠、性能优越、绿色环保、经济高效、覆盖面全的高速通信信息网络，实现对发电、输电、变电、配电、用电等关键环节运行状况的无盲点的监测和控制，实现实时和非实时信息的高度集成、共享与利用，为配电自动化、用电信息采集、智能小区的建设提供高速准确可靠的通信支撑。

11）可视化平台

可视化平台将深度展示智能电网的特征和内涵，综合采用三维虚拟现实技术、多媒体动画技术、图形图像技术等，通过实时在线分析和仿真等手段，实现针对生态城智能电网的全程、全景、全维度可视化展示功能，以更全面、更直观、更综合的方式对生态城电网各环节、各系统进行展示，宣传智能电网"坚强可靠、清洁环保、经济高效、透明开放、友好互动"的内涵。

12）智能营业厅

智能营业厅是智能用电环节建设中电力营销管理系统的重要环节，是以可靠通信为支撑，以电信采集系统、用户用能服务系统为主要信息源，以智能家居、智能楼宇、传统客户为服务对象，在满足一般电力营业厅基本功能需求的基础上，通过实体营业、自助营业、网络营业、手机营业等多种方式，实现传统业务与智能业务融合运营的平台。

## 参考文献

[1] 孔涛,程浩忠,王建民,等.城市电网网架结构与分区方式的两层多目标联合规划[J].中国电机工程学报,2009,29(10):59-66.

[2] 于传.地区电网网架结构优化调整策略研究[J].低碳世界,2016,(26):65-66.

[3] 林元绩.电网漫谈——建设稳定可靠的电网网架结构的若干思考[J].浙江电力,2000,(02):1-9.

[4] 张运洲.我国区域电网未来主网架结构特点与发展趋势[J].中国电力,2005,(01):1-6.

[5] 国家发展和改革委员会,国家能源局能源技术革命创新行动计划(2016—2030年)[Z].发改能源[2016]513号.

# 第 2 章 基于 CC-2000 支撑平台的 EMS 高级应用系统研发及其示范工程

## 2.1 研究现状

能量管理系统(EMS)是以计算机为基础的现代电力系统的综合自动化系统，它包含了支撑平台、数据采集和监视、发电计划与控制、网络分析、调度员培训模拟等几大部分。进入 20 世纪 90 年代，国内应用软件的开发十分活跃，某些应用软件的水平已达到国际水平，但有些应用软件采用的是国外的支撑平台，没有自主版权，有些应用软件的支撑平台与国外支撑平台相比有较大的差距。同时在国内还没有一套包括数据采集和监视、发电计划与控制、网络分析、调度员培训模拟等全部功能且运行在同一平台上的系统。

CC-2000 支撑平台是由中国电力科学研究院和原东北电力集团公司合作开发的新一代面向对象的开放式系统结构的 EMS/DMS 支撑平台。其支撑环境采用面向对象的技术、利用事件驱动和封装的思想为应用软件提供了透明的标准接口，应用软件既可以直接共享支撑环境的数据源，也可以对数据源进行访问和操作，CC-2000 支撑平台包含了数据采集和监视(SCADA)功能。为了进一步提高我国电网调度自动化水平，增强 CC-2000 的实用性，设计并开发一套基于 CC-2000 支撑平台的，更加完整、开放、高水平的 EMS 高级应用软件十分必要。

同时 EMS 需求量大，国内网/省 EMS 约 30 套、地区 EMS 约 300 套、县级 EMS 约 2000 套，且一般 5～10 年更新。国内一些网省调的 EMS 系统面临更新换代，开发出一套拥有自主版权的先进的 EMS 高级应用软件，可以节约大量外汇投资。

## 2.2 工程需求

本项目对状态估计的算法和计算机实现过程进行重塑，解决电网信息不准确、不同步的国际难题，为所有高级应用软件提供有力的数据支撑，为电网实时监控和设备状态评估提供更准确的依据。本项目研发了负荷预测、调度计划、安全约束调度、自动发电控制等电网调度高级应用软件，将电网调度从个人经验方式转向计算机大规模智能计算方式，将电网频率、电压控制从人工方式转向系统自动控制方式,电网的安全稳定运行水平大幅提升。同时,所有的电网调度高级应用软件都基于 CC-2000 平台,使用统一的数据库与画面,大幅提升运维工作效率,实现减员增效。本项目的研发,实现了电网调度高级应用从技术引进到自主研发,从追赶国外到国际领先。

## 2.3 基于 CC-2000 支撑平台的 EMS 高级应用系统关键技术原理

### 2.3.1 EMS 数据库设计

EMS 数据库分三类:全局数据库、局部数据库和自用数据库。

(1) 全局数据库:电力系统大目标库(PSBOB),包括电力系统元件、参数、量测、接线和状态等,连接全部应用软件,用于交换公用数据(包括传送运行方式)。

(2) 局部数据库:几个应用软件公用数据和交换数据,为避免全局数据库过大,定义局部数据库。例如,负荷预测与发电计划和实时经济调度之间定义了负荷库(LOAD)、自动发电控制(AGC)与发电计划和实时经济调度采用 AGC 库(AGCDB)、潮流与安全分析之间定义 PWRFLOW 库。

(3) 自用数据库:几个相关的应用软件自己用于计算、保存和输出数据,单独定义数据库,有时定义几个数据库。

各应用软件配置的数据库见表 2.1。

**表 2.1 各应用软件配置数据库摘要**

| 应用软件 | 全局数据库 | 局部数据库 | 自用数据库 |
|---|---|---|---|
| 状态估计 | PSBOB | | SEDB、SEMATRX |
| 潮流 | PSBOB | PWRFLOW | |
| 安全分析 | PSBOB | PWRFLOW | CADB |
| 安全约束调度 | PSBOB | | OPFDB |
| 最优潮流 | PSBOB | | OPFDB |
| 暂态稳定 | PSBOB | | EEACMOM |
| 电压稳定 | PSBOB | | VSADB |
| 调度员培训模拟 | PSBOB | | DTSBOB |
| 负荷预测 | | | LOAD |
| 发电计划 | | AGCDB | EDDB |
| 实时经济调度 | | AGCDB | EDDB |
| AGC | | AGCDB | |

### 2.3.2 EMS应用功能概述

画面是使用人员与EMS联系的窗口。调度人员通过画面监视、分析和控制电力系统，计划人员通过画面编制、检查和修改调度计划，维护人员通过画面监视、检查维护数据和软件。

画面设计的目标是方便而直观。CC-2000支持平台提供的汉字环境是画面方便性的基本保证。

画面设计体现了一体化原则。

(1) 尽量扩大公用画面，系统图和厂站图全部公用，大约占总画面量的40%。例如，SCADA和状态估计用同一套厂站图，显示的内容有所不同，在状态估计的厂站图和系统图上有主要厂站的电压相角，而SCADA的厂站图上没有。

(2) 每个应用软件自用的画面全部以同一格式的下拉菜单分2～3层实现，使用方法完全相同。

(3) 系统图和厂站图上又专门对开关、机组、变压器等做了弹出窗口，专门用于检查和修改详细数据。

全部应用软件画面风格一致。配置情况列于表2.2。

表2.2 EMS应用软件画面配置摘要

| | | |
|---|---|---|
| 系统图 | 16 | |
| 厂站图 | 220 | 增长中 |
| 负荷预测 | 61 | |
| AGC | 10 | |
| 发电计划 | 39 | |
| 实时经济调度 | 25 | |
| 状态估计 | 32 | |
| 潮流 | 21 | |
| 安全分析 | 21 | |
| 安全约束调度 | 21 | |
| 最优潮流 | 12 | |
| 暂态稳定 | 24 | |
| 电压稳定 | 24 | |
| 调度员培训模拟 | 130 | |

网络安全分析是应用软件最主要部分，用来检查电网静态和暂态的安全性。状态估计提供实时方式，潮流提供研究方式。其他应用软件以此为出发点。安全分析针对各种预想故障分析电网的安全性，提醒调度员注意或采取预防性措施。

安全约束调度针对各种越限方式提出安全措施。最优潮流用于解除安全越限或优化运行状态。暂态稳定分析(EEAC)对某一运行方式快速分析暂态稳定性。电压稳定分析计算电压稳定性,指出电压稳定性薄弱环节。实时网络状态分析结果如图 2.1 所示。

图 2.1　状态估计结果展示界面

### 2.3.3　状态估计

由 SCADA 提供的开关信息和测量数据准确确定实时网络结线和潮流状态,这是网络分析数据总来源。

状态估计主要功能包括网络结线分析(亦称网络拓扑)、状态估计、不良数据检测与辨识和网络状态监视等,状态估计功能主界面如图 2.2 所示。

该状态估计软件的技术特点如下。

(1) 采用与 SCADA 网络着色同一结线分析软件,适用于任何形式的电气结线。

(2) 增强了对量测数据粗检测功能,包括:厂站功率不平衡量、线路两端量测差值过大,开关与功率不对应、线路、变压器、负荷、机组功率越限检查等。另外还可以剔除旧的量测数据和旧的状态量。

(3) 采用正交化算法,量测权重在 0.01~1 变化均能稳定收敛,有利于排除不

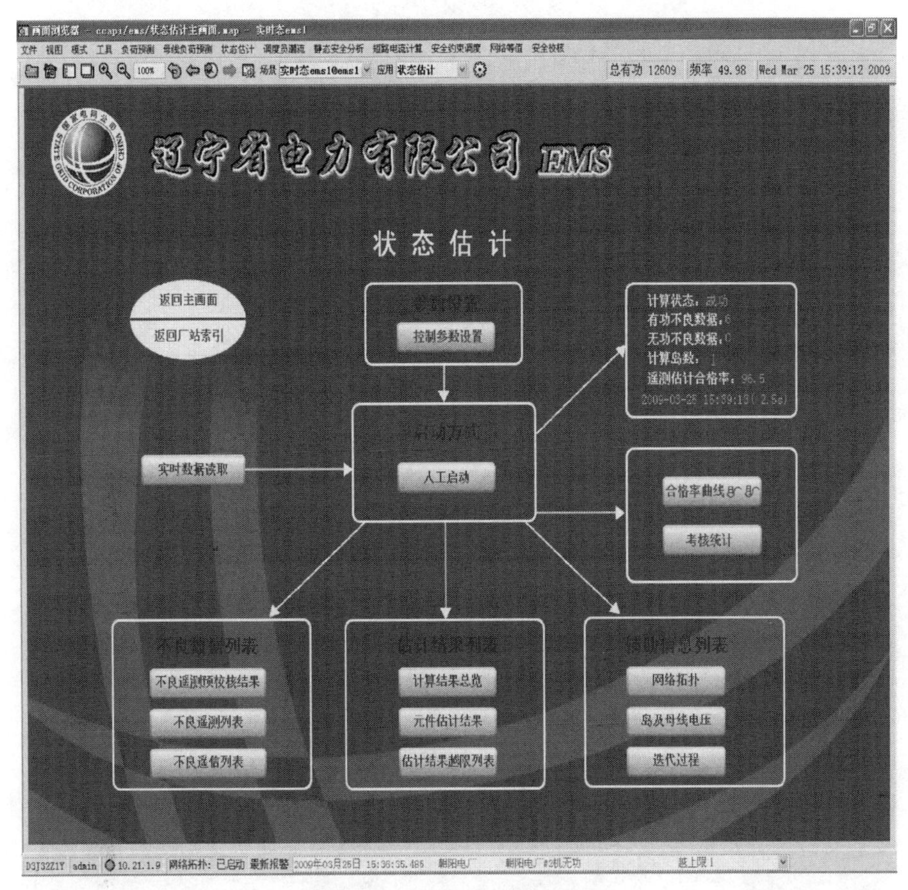


图 2.2　状态估计功能主界面

良数据和维护量测系统。

(4) 采用残差预报的不良数据逐次估计辨识法，辨识不良数据数量可达 70～80 个。

(5) 结线模型、线路模型、变压器抽头模型等与各家应用软件统一，因此状态估计结果可直接用于其他网络分析软件。

### 2.3.4　潮流分析

1. 调度员潮流

调度员潮流是最基本的网络分析软件，调度员用它研究电力系统可能出现的状态，计划工程师用它校核调度计划，分析工程师用它研究运行方式的变化。调度员潮流与其他软件的关系如图 2.3 所示，调度员潮流主界面如图 2.4 所示，调度员潮流的分析结果如图 2.5 所示。

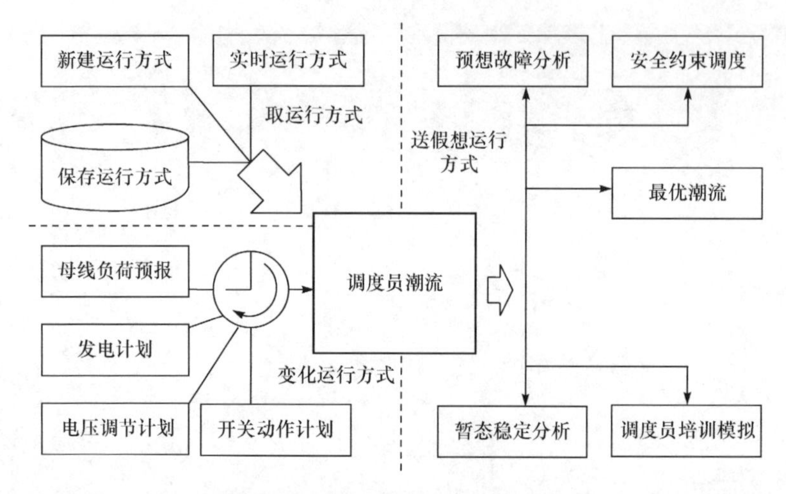


图 2.3　潮流与其他应用软件的关系

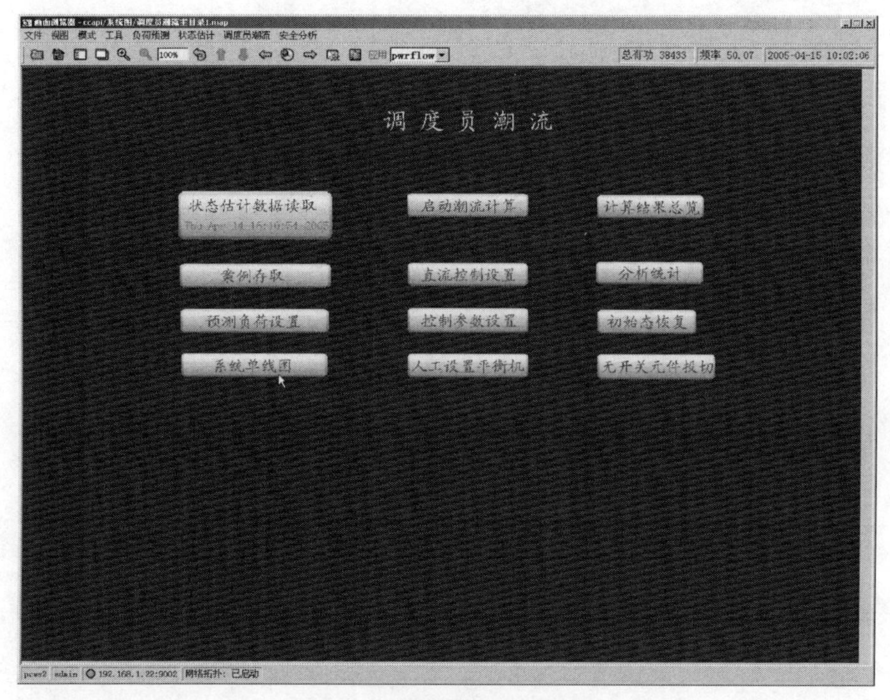


图 2.4　调度员潮流主界面

调度员潮流软件特点如下。

(1) 选择我国应用最普遍的快速分解法,收敛性好、计算速度快。

(2) 数据来源方便,可取实时、历史和未来的方式。

(3) 可进行多机联合缓冲,改善收敛性。

(4) 可用多机联合调整无功功率保持高压母线电压为规定值。

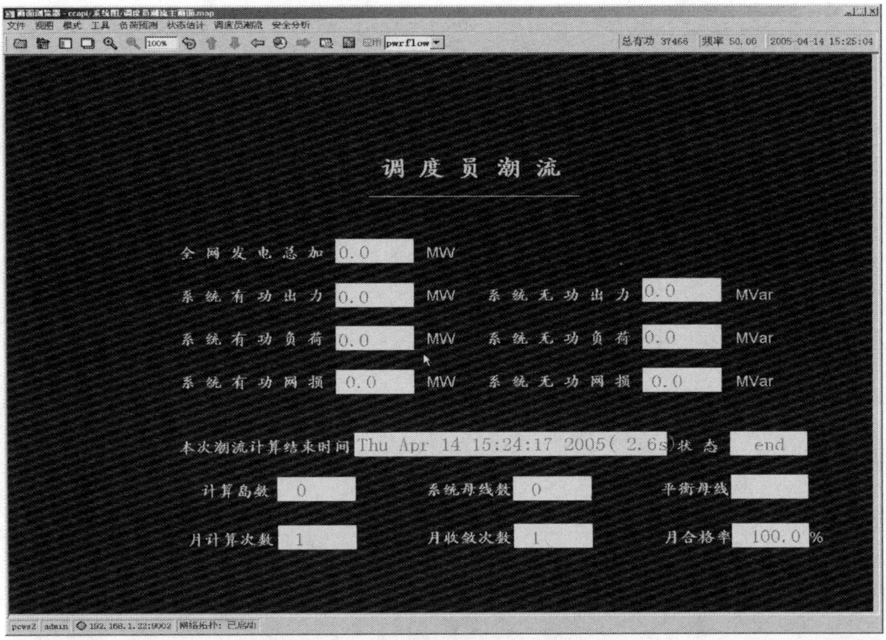

图 2.5　调度员潮流分析结果图

(5) 全部操作可以在潮流图上进行，直观而方便。

(6) 网络模型统一，可直接用状态估计结果，潮流结果也可被其他网络分析软件所用。

(7) 与电力市场软件接口，取电力市场和负荷预报结果，进行潮流计算，校核网络安全性。

2. 最优潮流

最优潮流在满足系统约束的条件下，寻求系统运行效益的某一给定目标函数的极小值。其控制变量包括火电机组的有功出力、所有机组的无功出力和机端电压、变压器的分接头挡位等；约束条件包括母线电压限值约束，机组出力限值约束，线路的传输容量上限(安全电流值)，变压器的容量上限，变压器的分接头挡位上下限，联络线族功率上限等；目标函数可以是网损最小，或发电费用最小，或煤耗最小。

最优潮流可以进行下列研究。

(1) 有功安全约束调度，用以确定有功发电计划，保证支路潮流不越限的条件下使发电费用最小。

(2) 电压/无功安全约束调度，确定发电机、变压器、电容器和电抗器的最优电压，无功功率和变压器抽头的位置，保证它们在限值之内使系统有功网损降到最低。

(3) 有功无功约束调度,确定有功和无功最优调度计划,在满足电压、无功和支路潮流不越限的条件下使发电费用降至最低。

(4) 最优潮流真正实现了完全基于 CC-2000 的数据库管理系统和图形界面。

### 2.3.5 安全分析与调度

#### 1. 安全分析

安全分析的基本功能是:方便设定预想故障,快速区分故障表中各种故障的危害程度,准确确定严重故障的后果。安全分析的目的是提高调度员预见事故的能力。静态安全分析界面如图 2.6 所示。

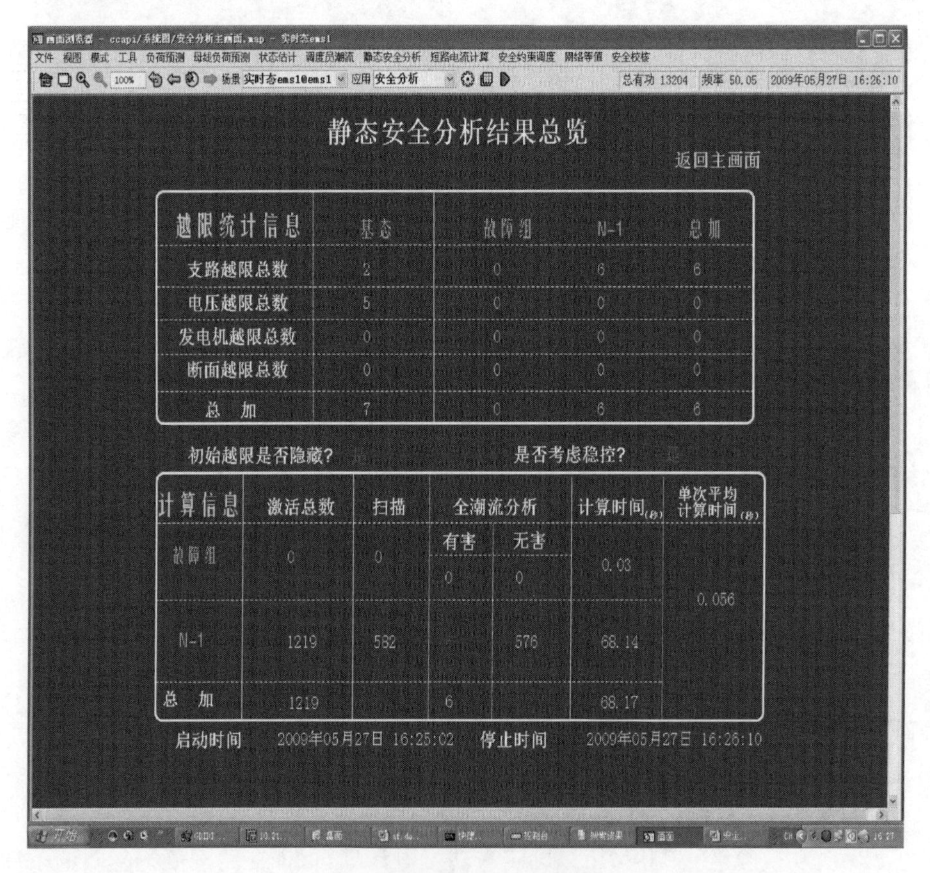


图 2.6　静态安全分析界面

安全分析软件特点是设计了故障定义和故障组定义,由此带来的好处如下。

(1) 避免全部元件扫描,提高计算效率。

(2) 可以做多重故障分析,而且可以按规定的条件设置故障,符合调度人员的实际需要。

(3) 直接用潮流计算严重故障,结果更准确。

2. 安全约束调度

安全约束调度可以告诉用户,当系统运行越限时,应当采取什么措施,即如何调整机组出力,变压器分接头位置,或者切负荷来缓解以致完全消除越限。安全约束调度也可用于在系统未越限时分析调整潮流的措施。例如,要将某条线路的潮流调整到某指定值,可能采取的最有效的措施是什么。安全约束调度的算法有两种:灵敏度法和规划类算法。规划类算法利用最优潮流算法来实现。灵敏度法是一类线性化的方法,可得出控制量与被控制量之间的线性关系,即被控制量对控制量的灵敏度。灵敏度法无须迭代计算,没有收敛问题,便于实用。灵敏度法中的控制量可以是:机组有功出力、机组无功出力、变压器分接头位置、电抗器、电容器、负荷有功、负荷无功等。被控制量可以是:线路/变压器的有功潮流、无功潮流和母线电压。控制量和被控制量可以自由组合,如控制量为机组有功出力,被控制量为线路有功潮流,得到的即是线路有功潮流对机组有功出力的灵敏度。该灵敏度法有如下特点。

(1) 调整机组出力消除支路过载时,不平衡功率由用户指定的一个或多个调频厂来承担。

(2) 冷备用的水电机组可以参与校正计算。

(3) 母线电压校正可按定功率因数 $\cos(\phi)$ 给出切负荷方案。

(4) 可模拟联络线控制,调整发电机出力,使联络线功率控制在给定范围内。

(5) 安全约束调度真正实现了完全基于 CC-2000 的数据库管理系统和图形界面。

### 2.3.6　稳定分析

1. 暂态稳定分析

电力系统暂态稳定分析快速计算方法——扩展等面积法(EEAC)是由电力自动化研究院(NARI)薛禹胜院士发明的一种全新的直接法,是目前国际上公认的最快速和最具实际应用前景的电力系统暂态稳定定量分析方法。

建立在此理论上的 EEAC 在线软件将告诉调度员在当前运行条件下,系统是否能够经受住预想事故并保持稳定;如果能保持稳定,则可以估计出稳定裕度,否则将建议采用适当的预防性措施(即该减哪台机的出力),以控制该系统回到安全状态。经过快速的全网扫描分析,将告知调度员全网的稳定状况及其储备状况,在应付紧急事件时,能做到心中有数,危险的地方将给予报警,以利于调度员及时调整。

EEAC 在线软件具有方便、灵活的人机交互手段，用户通过画面主菜单，经过有限几次操作即可完成数据准备和任务的启动；对在实时模式下运行的 EEAC，任务的再启动由软件驱动器定时完成，除非出现意外故障，否则不需要人工干预。

2. 电压稳定性分析

实时电压稳定性分析可以辅助电网调度、运行人员完成以下两项功能：第一，计算出系统电压稳定性指标值，依此可以判别系统的电压稳定状况，也可以比较不同负荷点的电压稳定裕度；第二，计算电网中一个或多个负荷母线、一个负荷区域的电压稳定极限，即该负荷母线达到电压稳定临界状况时的总有功负荷值。静态电压稳定曲线如图 2.7 所示。

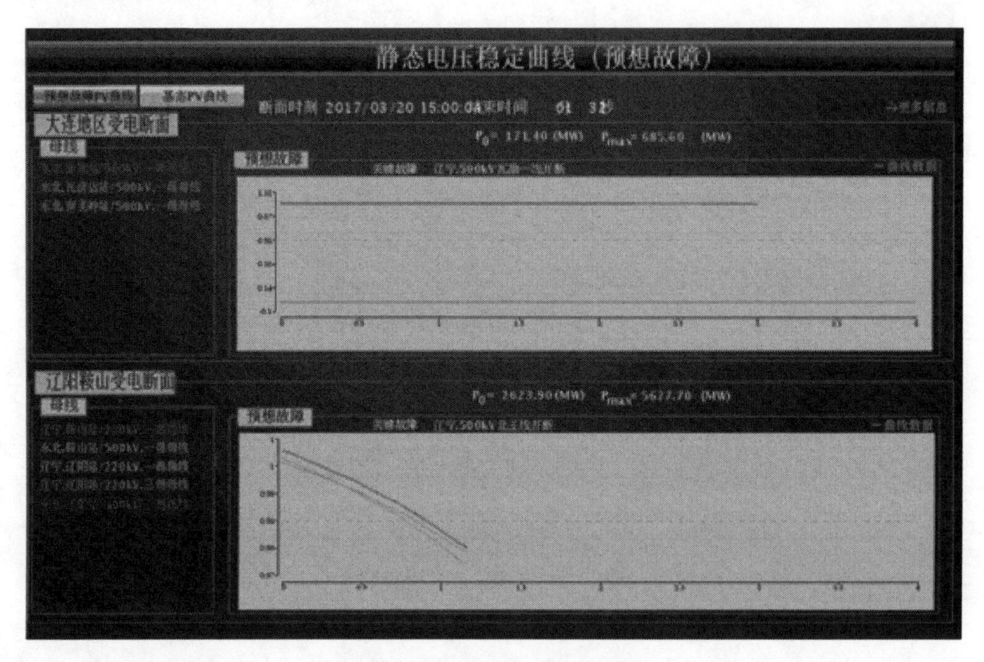


图 2.7　静态电压稳定曲线

软件在下列方面为用户提供了灵活性。

(1) 可修改潮流收敛精度、潮流最大迭代次数、潮流启动方式（现值启动、平启动）。

(2) 可修改负荷模型。

(3) 可修改稳定极限计算精度、迭代步长。

(4) 可以多种方式取得系统断面：实时状态估计结果、实时调度员潮流结果、历史数据断面。

(5) 可保存多个计算结果断面。

(6) 可以表格、系统图、厂站图、表格、曲线等多种方式显示分析计算结果。

### 2.3.7 调度员培训模拟

调度员培训模拟(dispatcher training simulator,DTS)是EMS重要的组成部分,可用于培训调度运行人员或研究电网运行状态。

1. CC-2000 DTS的特点

(1) 与实时系统具有良好的数据接口,可以很方便地获取SE的数据供DTS初始化,DTS残差(即DTS结果减SE结果之差)水平为:点电压幅值残差<1%、支路有功残差<10MW。

(2) DTS与SCADA、SE共享一套数据和画面,用户只须维护一套数据和画面。电力系统新设备一旦装入SCADA库和SE库内,TS运行时即可有真实的反映。

(3) 能模拟继电保护的动作行为,模拟保护的拒动、开关的拒动。继电保护定值和投停状态的修改、保护的增添,均可在人机界面上进行,可予以保留,以后使用。

(4) 能模拟自动装置和低频减载的动作行为,对自动装置投停状态、启动元件、启动条件、联动元件的修改,装置的增添,可在人机界面上进行,可予以保留,供以后使用。

(5) 动态/稳态一体化的电力系统模型,切换十分方便。可以在选定的潮流断面进入动态模型后,该初态下反复进行多种故障的暂态稳定计算,操作灵活。计算结果可以用曲线予以显示,判别系统是否失稳。

界面友好:全部操作均可在画面上用鼠标完成,充分发挥了鼠标集画面移动和操作于一体的优点,操作十分灵活方便。画面具有中文提示,清晰易懂,易于掌握。

2. CC-2000 DTS的主要功能

(1) 动态潮流可以逼真地模拟系统发电与负荷功率不平衡时的频率变化过程,以逼真地模拟系统解并列操作的行为。

(2) 可以模拟调度员下达的各种调频、调压操作和设备投停操作,可以很方便地在系统中设置各种故障。

(3) 可以模拟各种倒闸操作过程,正常倒母线、带负荷拉刀闸、用刀闸合空载线路或空载变压器、旁路开关带线路或变压器等。

(4) 可模拟AGC的动作行为。

(5) 具有越限报警功能。

(6) 具有信息查询功能,可以很方便地查询系统、地区、厂站、母线、发电机、变压器、负荷、开关、刀闸、线路等相关信息。

(7) 可以制作培训教案，以按教案进行培训。

(8) 具有培训暂停、恢复、重演等功能。

(9) 可以制作反事故演习报告。

### 2.3.8　调度发电计划

调度发电计划软件是以提高电网经济性为目标的应用软件子系统，主要包括负荷预测、发电计划(水火电分配、机组经济组合、交换计划)和实时经济调度。

发电计划从负荷预测取得日负荷曲线，向 AGC 送出发电计划曲线。

实时经济调度从负荷预测取得未来 15min 负荷，向 AGC 送出发电计划的修改值。

以上发电计划基于经典模型和经典算法开发，此软件可按东北公司、辽宁省电力有限公司、吉林省电力有限公司和黑龙江省电力有限公司给定联络线和负荷预报分别计算。

调度发电计划约束条件如图 2.8 所示，计划约束管理界面如图 2.9 所示，多种发电计划比较如图 2.10 所示。

图 2.8　发电计划约束条件选择界面

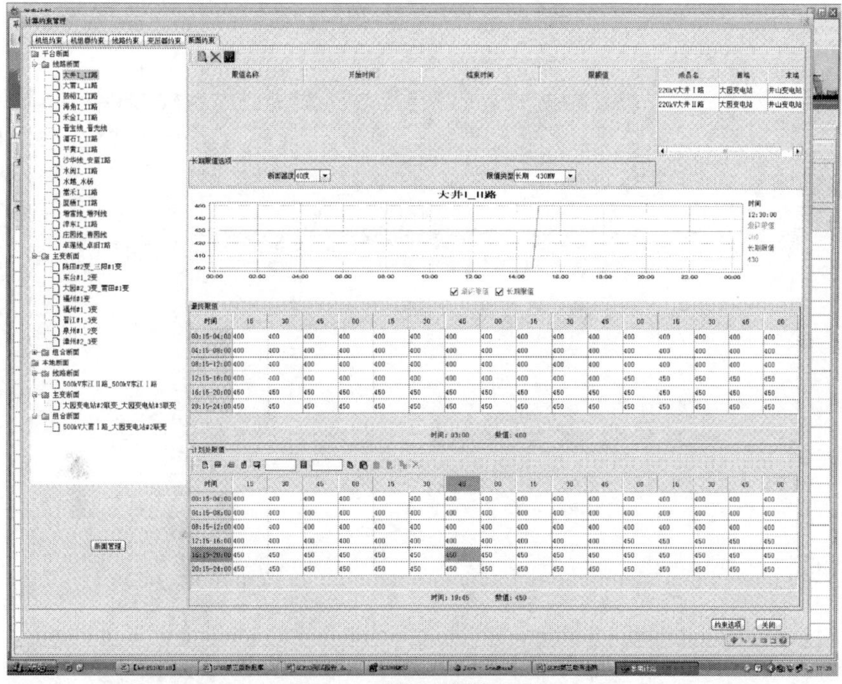


图 2.9　计算约束管理界面

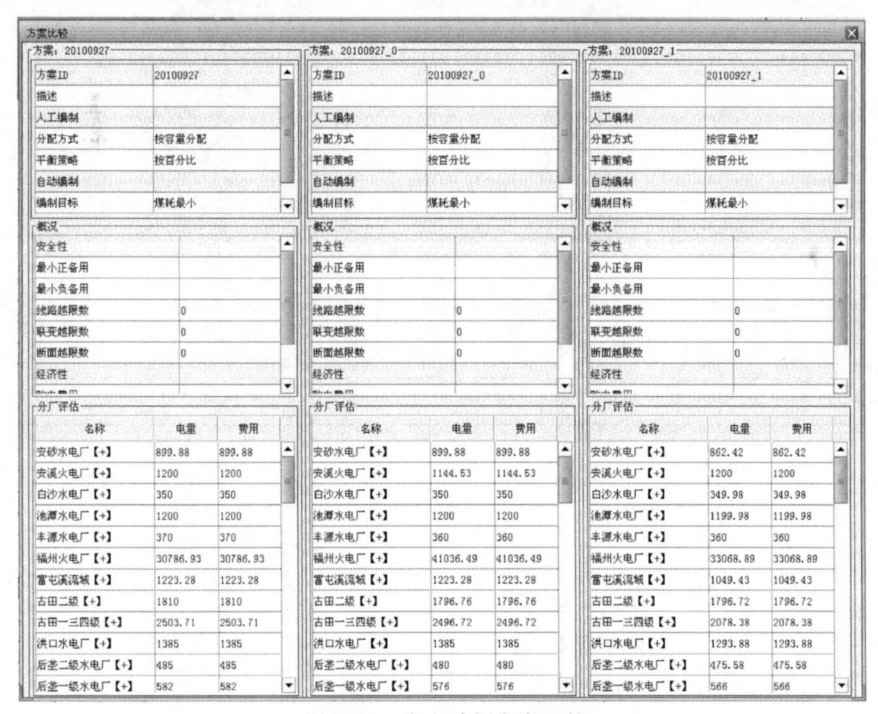


图 2.10　发电计划方案比较

1. 负荷预测

负荷预测是 EMS 未来数据的主要来源,负荷预测对电网安全性和经济性至关重要,是编制发电计划的基础和前提,更是电力市场先行软件,短期负荷预测在线曲线如图 2.11 所示。

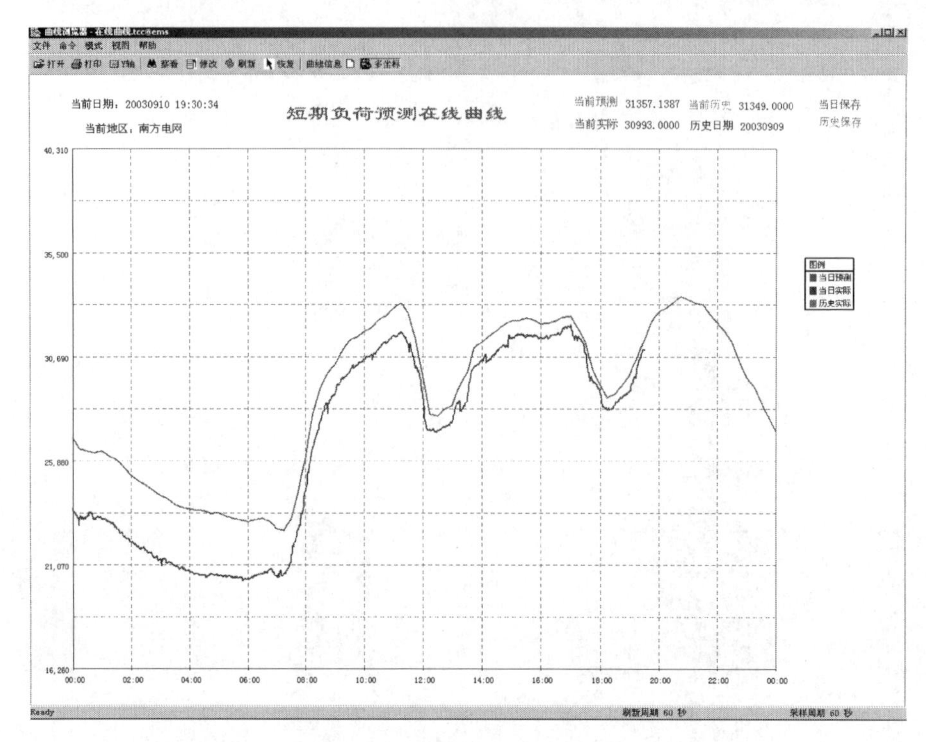


图 2.11　短期负荷预测在线曲线

本负荷预测的主要特点如下。

(1) 包括短期(日和周)和超短期(未来 5min、10min、15min 和 0.5h)的负荷预报。

(2) 直接从 SCADA 取得实际负荷数据,是实时自动运行的软件。

(3) 采用中国电力科学研究院和东北电网有限公司联合研究的模型和算法,简单、实用、速度快、占用资源少、维护方便。

(4) 功能完善,包括:日负荷预测、误差分析、报表输出、数据查询和维护。

(5) 可预测东北电网中发电值和三个省的供电负荷值。

(6) 日负荷预测供日计划用,15min 预测供实时经济调度用。

(7) 可以直接在画面上修改负荷曲线。

(8) 日负荷预测能从气象数据库中取得历史实际气象数据和预测日期的预报

气象数据，根据温度的变化自动修正日负荷预测结果。

(9) 日负荷预测与电力市场软件的接口。

2. 发电计划

发电计划目的是提高电力系统经济运行水平，是节省国家燃料资源和提高电力公司效益的有力工具。

这一发电计划的特点如下。

(1) 发电计划具有包括火电计划、水电计划、机组经济组合和交换计划等相互协调与配套的完整功能。

(2) 火电计划取经典协调方程式法，火电微增率(煤耗、费用或购电)采用多段线性曲线表示，并准许有水平段或垂直段，程序均保证正常收敛。

(3) 可处理多种类型机组，包括：经济调度机组、定电量机组、水电机组、退役和自备机组。

(4) 水电计划采用简化的网络流规划法，收敛性好，计算速度快。

(5) 机组经济组合采用优先次序法，简单快速。

(6) 交换计划采用网络流规划法，收敛性好，计算速度快。

(7) 发电计划取日负荷预测数据和省公司与其他公司的交换计划，编出日机组和电厂计划可以表格输出，送往 AGC 或送往潮流程序。

(8) 发电计划针对辽宁省网的实际情况做了大量实用化的工作，软件实用、收敛性好，计算速度快。

3. 实时经济调度

实时经济调度也称为发电再计划或计划校正，针对发电计划在运行中会出现非预计的负荷变化或发电与供电能力的变化，优化与校正未来一段时间的发电计划。

实时经济调度取 15min 或 8h 负荷预测数值，做出对应时段发电计划。

实时经济调度软件的特点如下。

(1) 采用特性曲线、模型和算法与发电计划完全一致，计算可靠而快速。

(2) 能与发电计划、负荷预测、AGC 配合工作。

(3) 可以校正火电计划和水电计划。

### 2.3.9 技术创新点

基于 CC-2000 支撑平台的高级应用系统研发具有较多技术创新点，如一体化多元数据处理储存平台、优化状态估计、多条件安全调度、多形态实时调度模拟培训、多模式多周期调度计划等。

1. 一体化多元数据处理存储平台

调度高级应用系统在本系统研发前，基本都处于相互独立的状态，都有各自的数据库，数据处理私有化，从而导致了数据的大量重复存储和处理，也导致了计算机资源的大量浪费，同时信息命名存在较大差异，给调度运行带来安全隐患。本系统的研发，将所有信息存储在一个平台数据库上，所有共享数据唯一化、标准化，独享数据以单独的列表也存储在平台数据库中，这样既节省计算机资源，又提升数据处理应用效率，同时也解除了信息名称不标准带来的电网安全隐患。

2. 优化状态估计

本系统研发前，状态估计在国外应用较多，国内较少，且没有中文版本，而且状态估计只是基于最小二乘法的简单计算，计算准确性不高，对于不良数据的识别能力较弱，基本不具备冲击负荷处理能力。本项目的研发基于国外的状态估计应用经验，自行开发了中文版优化状态估计软件，改进了最小二乘法，使得状态估计不良数据识别能力大幅提升，同时具备了对冲击负荷、环网等特殊形态电网有了相应的处理能力，从而为其他应用提供更加准确、及时、可靠的电网断面信息。

3. 多条件安全调度

本项目研发了安全分析和安全约束调度，以及稳定分析应用，通过几个应用的实用化，使得调度下达的每项指令都可以校验，其合理性、安全性、经济性都有据可循，为调度操作提供全方位的技术支撑。多条件安全调度是将影响电网安全稳定的相关因素全部录入计算机，在调度进行操作前，可以通过计算机模拟电网安全稳定结果，实现多个条件约束的最优调度，从此调度的所有操作不再是只依靠经验，调度运行的安全稳定水平大幅提升。

4. 多形态实时调度模拟培训

本项目开发前，调度模拟培训系统只是对电网结构和实时潮流的基本了解，本项目开发了多形态实时调度模拟培训应用，具备了较多的功能，包括能模拟继电保护的动作行为、自动装置和低频减载的动作行为、动态/稳态一体化的电力系统模型切换等，为调度员提供了更加多元真实的电网运行状况。

5. 多模式多周期调度计划

本项目开发的调度计划采用了多模式多周期的方式，多模式主要包括成本最低模式、节能减排模式、三公调度模式和电力市场模式四种模式，多周期主要包括年度、月度、日前、日内、实时，从而促使调度更加的公平、公正和公开，也促使电网更加稳定、安全和可靠。

## 2.4　应用情况

### 2.4.1　基于CC-2000支撑平台的EMS高级应用系统示范工程

EMS高级应用软件的投入运行，为调度、计划、稳定等相关专业提供了一个方便、快捷的实用工具，软件的实用性好，实现了用户由带着任务试用到自愿想用的升华过程。

1. 状态估计

能够利用实时数据量测和伪量测数据估计全网母线电压、角度，计算并显示全网潮流；对网内个别厂、站的无量测给出了可信的估计结果，状态估计软件技术指标（有功残差、无功残差、电压残差，不良数据辨识等）良好，用户界面方便、友好，完成了对其他软件提供网络拓扑结果的功能；1999年5月19日后，又经过10月份、12月份两次修改和完善，运行状态稳定，由于状态估计具有人工启动、定时启动、周期启动多种方式，已经成为在线运行实用软件。

运行计划人员在安排电源时，根据运行经验，指定状态估计低谷定时启动，可以如实记录电网低谷机组调峰、系统潮流情况，为合理安排机组运行方式提供科学依据；调度员利用状态估计可以存储特殊运行方式下的系统潮流，为研究系统事故处理方案及检修方式优化提供直观依据。

由于受电网管理体制改革的影响，黑龙江省、吉林省部分或全部信息有时中断，针对这一情况，12月份辽宁省电力科学研究院开发人员，利用“部分量测不使用”等方法对状态估计进行了改进，收到了一定的效果。

但状态估计没有实现区域等值功能，在某一局部区域信息全停时，有时全局状态估计不能正常运行，影响状态估计的长期稳定运行。

2. 调度员潮流

调度员潮流能够快速读取状态估计潮流断面，能够在厂站图上实现开关、刀闸操作、发电机出力调整，变压器分接头调整等调度员常用的操作，快速给出调整后的潮流电压分布；对平衡母线及平衡机的设置，方便实用，满足了研究电网不同运行方式的需求；正常方式下调整出力、计算潮流的收敛性能够满足应用要求，为调度及有关人员提供了方便、快捷的电网研究工具；调度员应用调度员潮流研究电网运行问题909次，其中作事故预想175次，考问讲解80次，输出效果满意。

应用实例：1999年11月24日，辽宁电网11·24暴风雪电网事故，500kV董王线跳闸、董辽＃2线跳闸、电熊线多次跳闸，利用调度员潮流模拟强送董辽＃2线及电熊线对系统电压影响，模拟结果与实际操作结果显示，500kV充电母线电压绝对偏差仅3kV、角度绝对偏差1.0°，220kV强送母线电压绝对偏差2kV，计算结果与实际相符。

调度员潮流软件对于大的开断操作，若运算结果不收敛，提供了简单的自诊断分析功能，满足了电网特定研究方式的基本需要。

3. 静态安全分析

*N*－1全网扫描方式，能够快速给出当前电网运行的过载元件名称，提示电网运行的薄弱环节，以便采取相应的措施；调度员结合电网运行实际，可对计划或预想方式的一个元件的开断进行专题研究，若能引起其他电气元件过载，则可以预先知道，并结合安全约束调度进行有效控制。对于单个元件断开事故可以在系统和厂站图上直接选择，操作灵活、方便。

静态安全分析可对继发性事故进行分析，基本功能实现完好。调度员应用静态安全分析进行电网安全分析389次，提示信息正确。

4. 安全约束调度

安全约束调度为调度员研究电网内的主要电气量的调整、控制提供了一个快捷、方便、实用的工具。使调度员由经验型、定性判断上升到定量判断，针对系统中运行设备的主要电气量过载消除给出了最有效的决策表；平衡机选择的不同策略，使计算结果科学合理。在进行安全约束校正时，也可选择启动优化潮流计算，分别以煤耗最小、网损最小、费用最小为目标进行计及优化潮流的安全约束校正，为电网的安全、经济运行提供参考。以电抗器、电容器为控制对象的电压校正决策表，是通过投切一台电抗器或电容器使被控电压降低或升高多少而得到的，直观实际，并能给出联络线过载校正决策表，操作简单、方便、灵活。

调度员应用安全约束调度研究电网相关运行问题539次，输出结果满意。安全约束调度主体功能达到了实用化要求。安全约束调度软件是EMS高级应用软件中实现功能较为完善的一个软件，其界面性能、操作灵活性、运行的稳定性（自1999年5月19日以来，没有因自身软件原因而停运）等方面也表现得尤为突出。

EMS中安全约束调度已经作为辽宁电网发电侧电力市场支持系统软件的一部分在电力市场中起到安全校验的作用，开发方能够本着为用户着想，与辽宁省调进一步真诚合作，使安全约束调度软件在电力市场中发挥了重要作用，在国内率先走出了一步。

开发方在辽宁发电侧电力市场的运营中与省调有关专业人员进一步紧密配合，完善安全约束调度软件在发电侧电力市场中的作用，为我国电力市场支持系统软件的建设再做新贡献。

5. 最优潮流

最优潮流能够快速读取调度员潮流断面，以煤耗最小、网损最小、购电费用最小为目标，进行最优潮流计算；在优化过程中还能有效减少电气量的越限，完成了设计规范的要求。该软件界面友好，操作灵活、方便。

调度员取电网实时潮流断面98次，并启动最优潮流计算，参照最优调整方案，就产生最大偏差出力的电厂在调度员潮流中进行相应调整，然后再启动最优潮流，观察最优指标与经济指标变动，进而在实际电网运行中实施，可为电网创造一定的效益，达到了设计规范的要求。

但由于电网体制的变化，优化对象也随之发生了变化，未来电力市场软件是它的更实用替代品。

6. 电压稳定性分析

电压稳定性分析以状态估计和调度员潮流断面为数据源，能够定量给出网内负荷变电所电压稳定性能比较关系，计算出指定变电所电压与负荷的静特性曲线，既能按区域确定又能按多母线确定分析范围，界面直观友好；能对区域电网负荷增加与区内各变电所电压情况进行分析，完成了设计规范提出的各项要求，为电网运行人员第一次给出定量的静态电压-负荷功率特性。电压-负荷功率特性曲线界面直观友好、操作方便灵活，功能及界面都使用户满意。

调度员应用电压稳定性分析软件分析电网静态电压稳定问题201次，从而得出了正常系统运行方式下，东北电网静态电压稳定问题的突出点，为防止系统电压崩溃和保证系统电压质量起到了一定的作用。

7. 暂态稳定分析

暂态稳定分析(EEAC)程序由电力自动化研究院稳定技术所开发，现已完成设计规范的全部功能，并作为EMS的一部分应用到电力系统稳定计算中。为此，我们将该程序与中国电力科学研究院开发的综合稳定(PSASP)程序进行了比较，主要指标如下。

(1) 伊敏500kV母线发生三相故障，EEAC程序算得的极限切除时间为0.128s；PSASP程序算得的极限切除时间为0.138s。

(2) 伊冯甲线伊敏侧发生单相瞬时故障，故障时间为0.1s，EEAC程序算得的极限重合闸时间为0.37～0.38s；PSASP程序算得的极限重合闸时间为0.35～0.37s。

(3) 南关岭变电所220kV母线发生三相故障，EEAC程序算得的极限切除时间为 0.215s;PSASP 程序算得的极限切除时间为 0.218s。

通过分析,上面几个算例的结果与 PSASP 程序算得的结果误差不大,在允许范围内。EEAC 软件功能达到了设计规范的标准,界面友好、操作灵活,满足了用户提出的要求。

8. 负荷预报

负荷预报包括短期负荷预报和超短期负荷预报两部分。负荷预报软件能够从实时系统数据库读取发电负荷实时数据,以全网发电负荷变化规律预报用电负荷变化规律,克服了负荷变压器负荷值量测不全或实时信息有时间段的弱点,实践证明此方法是有效的,在原来东北电网管理体制下发挥了优越性。

辽宁省网内的负荷预报采用省内用电负荷预报的方法实现,在辽宁电网运作后,发挥了很好的作用。

在实时系统量测正常工作状态下,负荷预报能够读取全网及分区发电系统负荷实时量测值,软件读取数据库通信程序稳定。

短期负荷预报中日负荷预报是应用最重要的一个功能,通过界面能方便地启用次日负荷预报功能。对于正常日,实时数据量测正常,通信程序正常,非节日、非气象突变时,日负荷预报最大误差不大于 3%,平均误差不大于 2%,据此制订发电计划,实用性满足用户要求;周六、周日且气象不突变时,日负荷预报最大误差不大于 6%,平均误差不大于 3%,据此制订发电计划有一定的实用性。

超短期负荷预报在正常日最大误差不大于 1%,平均误差不大于 0.5%。超短期负荷预报在线运行,能够提示调度员未来 5min、未来 15min、未来 0.5h 负荷变化趋势及变化值。由于在线运行时气象因素影响较小,在节日或气象突变时基本满足应用要求。

短期负荷预报提供了在画面上直接修改历史或实时曲线的功能,为修补实时或历史短时中断数据提供了灵活、方便的工具,对此科东公司开发人员做了大量的工作。

负荷预报软件界面友好,操作方便灵活、满足了用户提出的要求。但由于没有合理的气象因素修正模型,使得气象因素突变时,日负荷预报最大误差特殊情况下大于 8%,平均误差大于 4%,距实用性的要求还有一定的差距,尽管特殊情况下,预报精度还不够理想,但自从 10 月 15 日正式实施联络线关口调度后,负荷预报已经成为调度员实时控制、调整联络线潮流的实用软件。

建立计及省网交易计划的省内发电调度趋势预报曲线,在短期和超短期预报中,更好地、实时地为调度员调整发电出力提供参考;建立气象因素修正模型,提高负荷预报的精度。

### 9. 发电计划

发电计划完成了下列工作。

(1) 机组组合采用人工给定方式，符合当前电网管理的特点。

(2) 对火电机组进行了按资产或管理方式不同进行分类，包括：①参加统一优化调度的（“局属”）机组；②给定日发电量的（独资）机组；③给定日发电曲线的（自备小厂）机组。

(3) 优化目标函数分别为煤耗最小、网损最小、效益最大。

(4) 水电以简单模式处理，水电给定日均发电量为约束条件，梯级和独立水电均以削峰为原则；梯级水电计及水量平衡。

(5) 联络线是指定的负荷曲线。

计算结果能满足当前实际工作需要。

在1999年5月19日验收后，中国电力科学研究院又做了如下工作。

(1) 结合电网体制改革，制定了辽宁省公司经济调度模型，使经济调度模型符合多元投资环境及新管理体制的需要。

(2) 满足了电网体制改革的需要，在接受电网公司交易计划后，能快速编制辽宁电网日96点发电计划，并通过企业网发往各发电公司，有效减轻了调度员发电计划的枯燥劳动。

希望进一步完善读取实时系统机组运行状态信息功能，在做次日计划时，通过软件界面作少量的机组开、停调整就可以适应次日运行方式的需要，有效减轻计划人员的劳动；在做完次日发电计划时，界面增加用调度员潮流、静态安全分析、安全约束调度进行安全校验的功能，并为正在开发的电力市场软件提供接口。

### 10. 实时经济调度

实时经济调度与发电计划、AGC主体程序已调通，读入发电计划、超短期负荷预报结果实现修改发电计划，产生实时经济调度方案送AGC在线控制工作已经完成，同时实时经济调度也为调度员修改发电计划提供了灵活的工具。

### 11. 自动发电控制

自1999年2月1日起自动发电控制（AGC）功能完全在CC-2000系统环境下调通。

AGC是一个与发电计划、实时经济调度、负荷预报相关联的实时控制软件，以发电计划作出的单机计划曲线供AGC读取，使固定负荷方式AGC机组沿着固定负荷曲线运行功能已经实现。

到5月10日止，火电机组固定负荷方式运行39台，运行5642h，其中同时具有调频功能的机组 16 台，运行 2611h；水电机组固定负荷方式 6 台，运行 1221h，其中同时具调频功能的机组 4 台，运行 1690h；总计实现 AGC 可控机组总台数 47 台，可控容量 7470MW；可显示 ACE 曲线；减轻了调度员在调峰、调频方面的部分工作量，并有效提高了电网频率质量。

AGC 软件已经完成计算机 2000 年问题(千年虫)的实验，为保证电网安全在 AGC 方面提前做好了准备。

1999 年 7 月 1 日后，为适应辽宁电网管理体制的需要，科东公司对 AGC 软件做了大量的改进工作。自 1999 年 10 月 15 日 起，实现了 AGC 联络线关口控制方式与省间联络线关口调度同步实施，AGC 控制方式 BLO、BLR、BLA、BLE 等可根据关口联络潮流控制需要，由调度员灵活变更，有效增强了 AGC 的实用性，为保证电网频率质量、联络线交易计划的有效控制做了必要的技术支持。

ACE、AGC 软件根据运行中发现的实际问题，省调调度员、自动化有关人员与科东公司开发人员密切配合，走应用中改进、实用中提高的路子，由省调中心领导负责组织各有关单位专业人员进行技术攻关，已经总结出一些改进软件功能的实用方法。

现辽宁电网已经有 3500MW 容量火电机组按省间联络线关口 ACE 方式控制，使得辽宁省调完成东北公司下达的 ACE 曲线中电力、电量考核及 $\Delta P$15min 过零次数考核指标合格率远远超过吉林、黑龙江省调，为辽宁省公司在此方面创造了显著的经济效益；同时这项工作的进展在国家电力公司委托东北公司动态达标考评中，受到了高度评价。

希望多机组同时 BLR 方式控制联络线潮流的一致(方向和速度)性等工作进一步做更细的研究，总结出更好的经验，从软件上解决不同机组控制速率的差异，从而解决控制过程中的不一致性和超调问题。

### 12. 调度员培训模拟

调度员培训模拟(DTS)自 1999 年 5 月 19 日通过验收后，按调度中心领导要求，正常的反事故演习要在 DTS 上进行，针对 DTS 对 SCADA 信息、数据库等要求的特殊性，用户利用 DTS 做事故预案、反事故演习、系统运行方式分析等，反复测试各种方式下 DTS 的开关、保护、自动装置的动作行为、潮流电压分布的合理性，判断 SCADA 数据及其连接的正确性，开关(刀闸)操作、出力调整、负荷调整等基本功能实现完好，潮流计算结果稳定；正常方式下线路、母线主保护动作正确，对省网内各类母差保护原理进行正确模拟，全网低频减载功能实现正确，对简单的调度责任事故能够给出判断，如带负荷拉刀闸等。

DTS 暂态计算基本功能实现，能够进行线路、母线各种短路计算模拟，机组的电压、功角曲线界面输出直观，定性关系正确，定量满足应用需要。

各种操作都可在厂站图和系统图上进行，界面直观友好、操作灵活方便，并可通过菜单方式进行开关、刀闸、出力调整、保护变更、自动装置投切等操作。

1999年5月19日验收后，开发方又两次来沈阳，对用户发现的问题及时地给予解决，使DTS这个较复杂的软件能够保证自验收以来的基本稳定运行。在DTS的应用过程中，总结出了一系列查找SCADA错误的方法，促进了SCADA实用水平。

自1999年7月1日，辽宁电力调度通信中心成立以来，利用DTS进行反事故演习10次，培训见习调度员15人次，演习过程中系统潮流记录翔实，开关、保护、自动装置等主要设备动作状态自动记录并可靠输出，有效减少了调度员整理演习报告的时间，收到了良好的效果。

1999年12月8日在阜盘(经新投运的水泉变220kV西母线)送电操作中，当在阜新厂并环时，现场反映阜盘线5504开关两侧电压幅值差34kV、相角差8°；对此应用DTS进行了校验，计算结果为幅值差31kV、相角10°，与实际量测相符。

更好地处理好DTS与状态估计关系，解决好受状态估计运行状态限制的瓶颈问题，运行的稳定性应进一步提高。

13. 系统集成

CC-2000 EMS/DMS支撑系统为EMS高级应用软件的开发以及应用提供了有力的技术支持，主要表现在以下几个方面。

(1) 分布式系统管理满足用户需要，按调度、计划、稳定用户对软件的不同需要，合理分配硬件资源，使运行速度得以有效提高。

(2) 访问方式快速灵活。

(3) 一体化设计符合用户习惯，用户不必进行特殊的学习就能方便地使用EMS软件；与SCADA公用数据部分不需要特殊的维护，使得软件使用周期有效加长；相同的界面风格更符合用户的使用习惯，为使调度员能有效区分SCADA与EMS的区别，在主画面的上方增加了醒目的蓝色框条，使得调度员能分清所见到的画面是SCADA还是EMS，一目了然。

(4) 人机界面系统提供了多种曲线显示功能，满足了EMS高级应用软件开发人员的需要，如负荷预报曲线、AGC多种复杂曲线的显示，并提供了鼠标修改功能，为维护人员提供了方便。

(5) 对EMS软件实施统一管理，可以监视各软件的运行状态、CPU负载、各软件的主要工作进程等。

### 2.4.2 基于CC-2000支撑平台的EMS高级应用系统效益分析

1999～2011年，本项目研发成果应用在国家、辽宁、华北、黑龙江、贵州、甘肃、内蒙古、天津等30多个调控中心,取得巨大的经济效益和社会效益。2011年后,新研发应用了智能电网调度控制系统(D5000),研发的状态估计、负荷预测、调度计划、安全约束调度、自动发电控制等软件核心技术,平台和高级应用一体化设计架构都在新系统中被沿用,本项目的经济效益和社会效益得以延续产出。

本项目研发成果于1999年开始应用于辽宁电力调度控制中心,取得了较大的直接经济效益,合计每年3485万元,依照推广到30个调控中心计算,合计每年直接经济效益10.455亿元,1999~2017年共产生直接经济效益188.19亿元。同时,本项目研发的其他软件在保证电网安全运行、防止电网瓦解和大面积停电、尽快恢复事故后供电等方面也产生了较大的间接经济效益。国网辽宁电力调度控制中心每年直接经济效益分析如下。

(1) 负荷预测:提高预测精度,减少机组调峰开停机台次,年合计1000万元。

(2) 发电计划:采用上网成本最小方式,年合计可获效益1825万元。

(3) 自动发电控制:降低煤耗和调频,年合计可创效益560万元。

(4) 安全约束调度:已用于发电侧电力市场竞价结果的安全校正,估算年创效益可达100万元。

本项目研发成果的应用,有效提高了电网安全稳定运行水平,有效改善了供电质量,有效提升了电网运行经济指标,有效降低了有害气体排放。从而减少电网事故,提升生活环境,支撑社会稳定发展。同时,本项目的研发使得国内拥有了一套自主版权的国际先进、国内领先的EMS高级应用软件,可以节约大量外汇投资,具有较高的社会效益。

## 2.5 小 结

EMS高级应用软件完全采用CC-2000支撑平台的技术,具有统一界面、统一数据库、统一实时环境(RTE)管理,与SCADA一起完成一个中国自主版权的EMS,达到了设计规范的目标。

该软件系统充分利用了CC-2000支撑平台提供的丰富的软件资源和各种服务,采用一体化、系统化设计,实现了三个统一。

1) 管理统一

所有的子系统均处于实时环境(RTE)的统一管理之下,系统的配置、启动、停止、运行状态的监测和报告由RTE统一进行,系统采用全分布式结构,配置简洁、灵活、调度自如。

2) 数据统一

系统中的数据库分为全局数据库、局部数据库和自用数据库,其中全局数据库为公用的数据源,所有的数据库访问、数据库之间的数据交换、数据库之间的同步由 CC-2000 提供的实时数据库管理系统统一完成。数据流畅，安全性、一致性好。

3）界面统一

利用 CC-2000 提供的人机界面系统，统一风格设计，其中和实时系统有关的画面，如厂站图和全网潮流图，采用和 SCADA 系统完全一致的画面集，为调度员实时对比和分析数据提供了非常方便的手段。

EMS 系统的开发和集成，证明了 CC-2000 支撑平台的高度开放性，主要体现在如下方面。

1）对用户开放

为用户提供了开放的系统配置、维护和调试的手段以及友好直观的界面，用户可以根据自己的需要对系统进行配置和调整，自行生成、修改和增加数据库的属性和维数。

2）对编程人员开放

为编程人员提供了基于 C、C＋＋、FORTRAN 语言的，包括系统管理、数据库管理、人机系统在内的 163 个 API 接口，接口规范、说明清晰，为不同厂家的应用软件接入系统建立了良好的编程环境。

3）对未来开放

由于系统的开放式设计和提供了开放式工具，最终用户可以很方便地进行硬件和软件上的扩充，以满足不断增长和跟踪先进水平的需要。

该 EMS 系统集国内 EMS 开发厂家之大成，博采众长、融会贯通，系统的先进性达到了新的高度。EMS 系统的运行全部基于实时数据，对系统的响应和计算能力完全满足实时系统的要求。对实时运行系统的计算、分析、判断准确及时，对大规模系统和复杂系统的处理能力强。对不良数据的辨识和处理能力突出。系统的功能丰富，综合能力强，既具备对系统静态安全性的评估和对策能力，及经济运行、安全约束、电压稳定性分析和实时发电控制的能力，同时也具备暂态安全分析和系统仿真及反事故演习的能力。

# 第3章　基于小波变换技术的输电线路故障测距关键技术研究及其在辽宁电网的示范工程

## 3.1　研究现状

### 3.1.1　输电线路故障测距技术的发展现状

20世纪70年代,国外相关研究单位就提出了行波故障定位的概念,但受采样、授时等技术的限制一直未能实用化。在行波测距技术实用化之前,电力系统主要通过保护以及录波装置的采样数据,利用阻抗测距算法完成故障定位,但受故障过渡电阻、互感器误差等因素的影响,阻抗测距的精度和可靠性较低,并且不适用直流输电、T阶等类型线路。国内外各大公司、研究单位对用行波故障测距的研究较多,但主要偏重于方法与理论的研究,且进展不大。例如,美国EPRI在2000年底发表的研究报告No. 1001161称,以往他们认为故障行波的传播速度即光速度,后来发现不妥。在这个研究报告中,他们只是确认了故障行波中不同频率分量的传播速度不同,从而应研究色散对确定行波传播速度与到达时刻的影响,并没有研究出来考虑色散时如何正确确定行波传播速度与行波到达时刻的方法。另外一些国外著名公司如ABB、西门子等虽然也有基于其他方法的行波测距产品推出,但由于受到方法和原理的限制,使用效果不理想,最终均退出了运行。

随着国内电力系统对故障测距产品的迫切需要,中国电力科学研究院通过与国网辽宁省电力有限公司在故障测距领域的研究与合作,在国内外首次提出了基于小波变换理论的输电线路故障行波测距的新方法。

由于初始行波到达母线后,行波电压和电流都将呈现尖锐变化,即线路故障产生的暂态行波是一个突变的、具有奇异性的信号,因此无论是单纯的频域分析法(如匹配滤波器法和主频率法),还是单纯的时域分析法(如求导数法和相关法)都不能精确描述暂态行波这类非平稳变化信号。小波变换具有在时域、频域表征信号局部特征的性质,而且对高频成分采用逐渐精细的时域或空域取样步长,从而可以聚焦到对象的任意细节,它还具有按频带分析信号的能力,同时还具有许多其他优点,因此利用小波变换作为行波分析和故障分量提取的有利手段,可解决如何确定故障行波的到达时间及其传播速度的问题。

(1) 第一阶段。2001年,正式研制出基于小波变换技术的故障测距装置产品

WFL2010。该测距装置经现场短路故障实际考验,测距误差小于600m,满足现场对精确故障定位的要求,而且具有测距精度不受线路长度、故障位置、故障类型、负荷电流、接地电阻、故障时电压相角及大地电阻率影响等特点,彻底解决了长期制约行波法在故障测距中应用的两个因素:

① 行波故障分量的提取和计算算法上存在的问题;

② 如何精确测量故障行波的到达时间和行波传播速度的问题。

1996年,“基于小波变换技术的输电线路故障行波测距技术的研究”项目首次论证了行波在传播过程中的色散是影响行波法测距精度的重要原因,并提出以线模作为故障定位用行波传播模式、以小波理论作为行波故障测距新方法,彻底解决了长期制约行波法应用的难题,并在国内一级期刊发表多篇论文。2000年,继续开展了项目“基于小波变换技术的输电线路故障测距装置实用化技术开发研制”研究工作,研制了第一代行波测距装置样机。

2002年10月,“基于小波变换技术的输电线路故障测距装置(WFL2010型)”通过由国家电力公司主持的验收和鉴定会。验收和鉴定委员会一致认为:研制的测距装置原理新颖,适用范围广,首次采用连续小波分析技术实时处理故障行波,方法上取得重大创新和突破,属国内外首创技术。总体水平达到国际先进,测距精度达到国际领先水平,建议在全国电网推广使用。

该项目分别获得了2004年度国家电网公司科学技术进步奖三等奖、2004年度中国电力科学技术奖三等奖、2004年辽宁省科技进步奖二等奖、2004年四川省科技进步奖一等奖、2006年度国家电网公司科学技术进步奖二等奖、2006年度中国电力科学技术奖二等奖、国家电力公司本部及在京直属单位第三届青年科技成果奖一等奖。

(2) 第二阶段。2003年,研制出基于网络的集中式故障测距系统。该系列产品实现了基于小波变换技术的输电线路故障测距方法在电力系统中的集中式部署与网络化应用。故障测距工作由测距主站和测距终端两部分配合完成,依托调度数据网(II区),优选双端测距算法确保故障点定位精度,线路故障发生后,测距结果通过调度端D6000平台二次设备在线监视与分析模块进行发布。

从2003年年底开始,辽宁省电力有限公司与中国电力科学研究院共同承担了国家电网公司科技环保部“基于网络的集中式小波故障测距系统技术研究”项目,并开展了行波测距装置网络化研究及主站开发工作。项目组成员在研究过程中首次提出了将测距装置通过网络组网的思路和方法,在辽宁地区建立了大规模的基于网络的故障测距系统,填补了国内外在输电线路故障定位监测系统研究与应用方面的空白,提高了大电网的安全运行水平和管理水平。

该项目分别获得了2006年度国家电网公司科学技术进步奖一等奖、2008年辽宁省科技进步奖二等奖、2011年国家能源局科技进步奖三等奖。

(3) 第三阶段。2012～2016 年,南京南瑞集团和国网辽宁省电力有限公司在此前技术成果的基础上,再次合作研制出 WFL2012 系列产品。新产品依然采用终端和主站分离的架构,在硬件上新的终端装置融入了嵌入式双核处理器和 2M 高速率采样技术,主站采用了高性能 Linux 服务器,系统软硬件均采用了模块化设计,配置灵活,测距算法采用多尺度分析替代了传统的主导频带分析。从 2014 年开始,WFL2012 测距装置已在国内各特(超)高压线路、省区级电网大量应用,经长期运行实践,装置在可靠率和准确率上均有了大幅提高。

(4) 下一阶段。在继承原来核心算法基础上,计划开发研制更高采样频率、性能更优异的测距装置及主站,根据国内外智能变电站技术的快速发展趋势以及二次设备互联互通的现实需求,开展 IEC 61860 通信以及分布式、就地化行波测距方面的新技术研发,丰富拓展了目前行波测距装置的功能。

### 3.1.2 技术推广应用现状

基于小波变换技术的 WFL 系列输电线路故障测距装置自 2001 年起在辽宁电网试点应用,历经单端测距方式运行、双端就地测距方式运行、双端集中测距方式运行等多个阶段,累计合成测距结果近千次,综合误差达到 0.28。

应国网辽宁省电力有限公司关于"提高测距装置运行效率、便于统一管理"的要求,国内首次在辽宁试点实现了行波测距装置的大规模组网应用,构建了集中式的电网故障测距主站。2006 年,测距系统覆盖辽宁电网 60 座 220kV 及以上电压等级的厂站,并同时监测 89 条 220kV 及以上电压等级输电线路;2011 年,覆盖辽宁电网 220kV 及以上厂站达到 130 座,监测 220kV 及以上线路 199 条;截至 2016 年底,辽宁电网测距系统覆盖厂站和监测线路数量分别达到 166 座,监测 220kV 及以上线路 240 多条,期间经受了现场近千次实际故障的考验,运行效果良好。

基于小波变换技术的 WFL 系列测距装置在辽宁电网的成功应用,加速了小波测距技术的推广。2004 年起,全国测距装置的投运数量逐年增加,应用范围也越来越广,例如,四川电网已有 16 个 600kV 变电站、62 个 220kV 厂站和 19 个 110kV 厂站安装了测距装置,监测 160 多条输电线路;较多应用的还有安徽公司 66 套、青海 63 套、江苏 24 套。后续采用同类技术的其他公司产品也有近 300 套在全国范围内运行。截至 2016 年底,测距产品现已在全国电网的 1300 多个厂站投入运行,包括在全国 90%以上的特高压交、直流线路等重要工程中成功应用,对我国电网输电线路安全、可靠运行起到重大作用,受到用户的一致好评。

## 3.2　工程需求

### 3.2.1　研究目的及意义

随着电力系统的发展，输电线路电压等级和输送容量逐步提高，输电线路故障对社会经济生活造成的影响越来越大，造成的损失也越来越大。从现有的恢复运行的经验来看，花在设备维护的约一半时间是找出故障位置，在夜晚、山区和冬季等较恶劣的气候条件下或地理环境中，现场人员巡线压力更大，寻找故障点更加困难。

对于占绝大多数的能够重合成功的瞬时性故障来说，准确地测出故障点位置，可以区分是雷电过电压造成的故障，还是由于线路绝缘子老化、线路下树枝摆动造成的故障，以及时地发现事故隐患，采取有针对性的措施，避免事故再一次地发生。

通过准确的故障定位既能减轻巡线负担，节省大量的人力物力，又能加快线路的恢复供电，减少因停电造成的综合经济损失，因此输电线路故障测距工作非常重要。

小波测距技术在辽宁电网的示范应用，不仅检验了前期理论研究成果的可行性，总结出一系列行之有效的技术指标；同时通过示范工程的建设，为小波变换技术、行波理论在电力行业各专业的进一步探索与应用积累了大量有益的经验。

(1) 验证基于小波变换的输电线路故障测距关键技术在现场切实可行。通过该项技术的研究，推动了暂态行波原理与小波变换理论在电力系统故障暂态分析和诊断中的应用，指导故障巡线由凭借经验分析的传统方式转变为具有定量数据支撑的自动方式，切实解决了输电线路故障精准定位的难题。利用双端测距的优点，将故障定位误差限制在 2 级塔以内；发挥集中部署和统一管理的优势，解放了巡线作业生产力，大幅提高电网的运行效率和管理水平，为保障电网的安全、经济及可靠运行发挥了极其重要的作用。

项目组于 1999 年、2000 年分别在中国电机工程学报发表多篇论文[1-7]。

同塔双回输电线路故障产生的行波色散情况较单回线路更加复杂，该问题也是造成双回线路测距误差大的主要原因之一。2004 年针对该问题开展了重点研究及仿真试验，提出了基于小波变换的同杆并架双回线双端行波故障测距方法，并在国内核心刊物发表论文[8,9]，论文详细论证了利用小波变换可以有效提取同杆并架双回线路故障行波特征并消除行波色散对定位精度的影响。

(2) 检验集中式、网络化输电线路故障测距技术的优异性能。

辽宁电网通过行波测距装置组网工程，建立故障定位主站系统，充分利用电力系统调度数据网络资源，及时快捷传送各种文件和信息，避免了利用拨号或专线通信方式对通信资源的极大占用和利用效率的相对低下,极大提高了故障定位系统通信的可靠性并具有很大的实用性和经济性,同时通过调度数据专网可以使智能电网调度控制系统和继电保护在线监视与分析系统上的用户也可在线查询输电线路故障测距系统的监控信息,促进辽宁电网调控运行管理水平提升。

将辽宁电网 160 多个 220kV 和 600kV 变电站的两百余条较长输电线路接入故障测距系统的监测范围内,利用现场实际故障充分考验测距性能,证明了其测距精度满足要求,证实该套测距系统已在辽宁电网的经济、安全、稳定运行中发挥出重要作用。

文献[10]、[11]中提出了一种基于嵌入式 Linux OS 和 IEC 103 传输规约的网络通信新型行波测距终端,相比早期测距终端采用 MS-DOS 系统及 Modem 的通信方式,该新型终端采用 TCP/IP 通信协议及多线程编程先进技术,充分利用了电力数据网的通信环境,很好地解决并满足了实际电力生产中对输电线路故障测距快速、集中管理的需求,为后期网络化测距奠定了数据平台基础。文献[12]提出了一种基于网络行波的测距方法,利用区域电网内多站故障启动录波数据完成辅助定位,从而提高系统可靠性。

(3) 为配电网测距等领域应用奠定基础。

配网故障测距一直是电力系统的难点,小波测距在输电线路的成功应用为配网测距提供了理论和实践基础。项目组成员在 2006 年开始,对配电网包括多 T 线路、含电缆混合线路等复杂线路在行波传输、故障信号获取方面进行了研究,并发表多篇相关领域论文,在文献[13]中对几种混合线路测距方法进行分析比较,采用波速归一化法是一种比较可行的行波测距方法,在文献[14]~[16]中提出了基于多端行波的配网故障测距方法,并在大量理论研究的基础上开发了适用于配网的户外测距装置原理样机,分别在安徽、新疆、贵州等地进行了挂网试运行。

(4) 探索小波测距装置的标准化配置及管理模式。

通过小波测距装置在辽宁电网长期示范工程中逐步摸索形成的配置原则及一整套管理模式,先后编写形成文献[16]~[20],从技术标准和规章制度两个方面落实管理,显著提升了高压和超高压输电系统乃至整个电网的系统安全运行水平,快速恢复系统供电,减少因停电造成的综合经济损失,为提高辽宁电力系统运行的安全性、经济性和可靠性发挥了重要的作用。在保证辽宁省社会生产和人民生活、创造良好的生活环境和社会环境方面,创造的社会价值是无法估量的。

示范工程应用表明,该技术为现场巡线工作人员及时提供准确、可靠的数据,将传统的线路故障巡线范围缩小到 90%以内,减轻了巡线人员的劳动强度,提高了线路故障巡线工作效率及故障巡出率,有利于企业员工承载力的缓解和人力资源的优化再配置。

### 3.2.2　示范工程背景

项目初期研究开始时(约1999年),全国既有220kV线路2943条,330kV线路68条,600kV线路148条,还有数以万条计的110kV线路,并且每年输电线路的新增线路数目都按10%的速度递增。

20世纪80年代至2002年,全国电网已有6项直流输电工程投入运行;2002～2008年,陆续投运的直流输电工程项目有6个;到2012年,中国计划建设的直流输电工程还有9项。这其中除2项"背靠背"工程外,其余全部都是长距离大容量直流项目,线路总输送长度达6034km,总输送功率为19960MW,新近投运的单个特高压直流输电项目甚至达到额定功率6400MW,其输电线路的运维压力可想而知。

辽宁电网截至2016年底共运行维护600kV线路96条,总长度6698.6km;运行维护220kV线路800条,总长度18080km。220kV输电线路因为自然灾害、鸟害、山火、外力破坏等原因非计划停运的年均故障频次达到一百余次。特别是随着电网建设发展,电网规模逐步扩大,市区周边短线路比例增加、故障类型复杂多样,居民用电可靠性要求不断提高,这都给电力企业的线路故障精准定位、故障巡线和恢复处理等工作带来很大压力。

鉴于上述原因,国网辽宁省电力有限公司一直比较重视输电线路的故障点定位。

(1) 早期,由专业技术人员依靠故障电流绘制零序曲线,判断故障点位置。但这种方法受故障电流精度、故障类型等因素影响,定位精度稳定性不高;而且该方法由人工手动计算完成,依赖于专业技术人员的能力与水平,效率不高。

(2) 微机保护普遍应用后,微机线路保护或故障录波装置都增加了基于阻抗测量原理的故障测距功能,但受多种因素的影响,阻抗原理测距精度还不是很理想。

因此,电网调度部门和生产运行部门都迫切希望能有快速、精确的线路故障测距装置投入电网应用,以解决故障点定位难的问题。

### 3.2.3　技术背景

20世纪60年代,电力系统开始了对行波技术的应用研究,但由于受许多相关技术的制约,如行波信号的获取方法、精确定时问题、信号处理方法、数据处理方法等,一直没有真正解决实际生产运行中的相关问题。现代科学技术的发展,特别是微电子技术和计算机技术的发展,为输电线路故障行波测距技术进展提供了有效途径。

(1) 行波信号的记录与处理较难。行波信号包含丰富的高频分量,因此需要高速采集二次侧行波信号，然后进行数字信号处理。现代科技的发展不仅使高速采集行波信号变得简单，而且成本也大幅降低，为行波测距法的发展创造了条件。

(2) 故障发生时刻、反射波、行波主频率等因素的不确定性造成了故障分量的提取和计算算法上的问题。先后研究并排除了稳态分量抑制法、周期比较法、神经网络法、模糊专家系统等单纯的频域分析法和时域分析法，充分发掘小波变换同时在时域、频域表征信号局部特征的性质，确定将小波变换这一数学工具引入进行行波分析和故障分量的提取。

(3) 如何精确确定故障行波的到达时间和行波传播速度，是当前输电线路行波故障定位尚未很好解决的问题。小波变换技术同样具有按频带分析信号的能力，因此可以利用小波变换来解决如何确定故障行波的到达时间及其传播速度的问题。

经项目前期研究并现场短路试验检验，基于小波变换的输电线路故障测距试验装置误差在 169～498m，满足电力系统对故障精确定位的要求。

## 3.3 基于小波变换技术的输电线路故障测距关键技术原理

### 3.3.1 行波故障测距基本原理

行波法是建立在考虑输电线路的分布参数，直接利用故障产生的暂态行波信号，并对其进行分析和计算的基础之上的。早在 1931 年就已提出了架空线路的行波测距法，其后经过几十年的发展，有了较大进展。各种行波测距方法主要分为下述 A、B、C、D 四种类型。

A 型是根据故障点产生的行波达到母线后反射到故障点，再由故障点反射后到达母线的时间差来测距。

B 型和 C 型包括脉冲或信号发生器，是故障后人为施加高频或直流信号，根据雷达原理制成，其中 B 型是双端法，C 型是单端法。

D 型是根据故障点产生的向两侧母线运动的行波达到两侧母线的时间差来判断故障位置。

目前应用较多的主要为 D 型行波和 A 型行波。

### 3.3.2 基于小波变换的行波故障测距技术

故障类型的多样性及各种线路参数的不同，导致不同情况下故障行波传播的色散情况有所不同，并且不同模式的色散情况受上述因素影响的程度也不相同。显然，应选取色散情况受上述因素影响较小的模式作为故障测距用模式。

20 世纪 80 年代后期发展起来的小波变换，是集泛函分析、傅里叶分析、样条分析、调和分析和数值分析于一体的综合性学科。由于它具有多分辨率的特点，且在时域、频域都具有表征信号局部特征的能力等优点，所以在科学与技术领域，被认为是近年来在工具及方法上的重大突破，得到广泛应用。

用合适的小波对行波线模进行变换，将行波线模中的某种外观不明显、位置不易精确确定的特征点，转变为小波变换域的明显特征，然后由小波变换域的这种特征点的位置确定行波达到时间，由行波波头线模到达线路两端的时间差即可确定出故障位置。暂态行波信号的小波变换系数（包括幅值和极性等）能完整刻画出信号的特征，其完整性由小波变换的完整性决定。

行波传播过程中的色散，使行波波头能量分散，这时仅通过行波外观很难确定行波到达时间。色散情况取决于行波的传播距离和线路参数等，行波传播中的色散越大，行波波头能量越分散，表示行波到达时间的特征点就越难确定。

设图 3.1 中的行波线模部分的特征点①、②和③所确定的行波到达时间分别为 $t_1$、$t_2$ 和 $t_3$，由此确定的行波在故障距离（从故障点到测量端）上的传播时间分别为 $t_1$、$t_2$ 和 $t_3$，若要准确定位，那么由 $t_1$、$t_2$ 和 $t_3$ 所确定的行波传播速度应该分别为 $v_1$、$v_2$ 和 $v_3$，使 $v_1>v_2>v_3$，若以上三种情况只用一个速度来定位，显然就不合适了，但通过行波时域波形很难找到行波到达时间与行波传播速度之间的相应关系。因此，要求能精确表征故障位置的特征点必须具备以下特点。

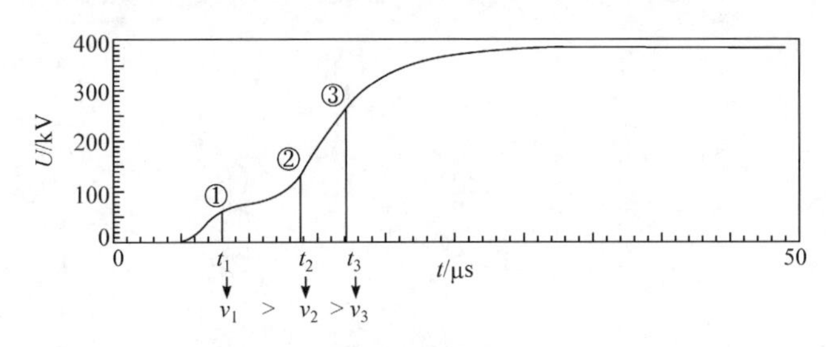


图 3.1　电压行波波头部分波形图

(1) 在小波变换域特征明显，位置可精确确定。

(2) 可代表小波变换分析尺度所对应的频带下信号强度最大位置，即确定了行波中这个频带分量的主要能量到达的时间位置，也对应行波波头线模信号经平滑后的尖锐变化点，这样的特征点位置不易受其他干扰的影响。

(3) 特征点的位置可与行波传播速度联系起来，这样才能有效提高测距精度。

由此，由行波在小波变换域的特征点位置确定行波的到达时间。确定了满足以上要求的特征点位置，也就确定了行波到达时间。

小波变换具有按频带分析信号的能力，而行波波头一般有几到几十 μs 的上升沿时间，它可能包含从低频到数百 kHz 的频率分量，用小波变换来分析故障行波信号中不同频带信号的行为，对于判断行波中某一频带信号的精确到达时间，从而解决判断行波到达时间及相应行波传播速度的问题是有帮助的。当用小波分析行波信号时，每一尺度下信号小波变换相当于对中心频率已知的波群进行处理。

如图 3.2 所示，随着分析尺度的变化，所分析的行波中的频带范围也发生变化，若分析尺度减小，分析的频带所对应的中心频率增大。对被分析线路而言，若线路的主要参数和结构确定了，也就可求出分析尺度所对应频带的中心频率的相速，这样又求出了行波中被分析频带信号的相应传播速度。考虑到同杆并架双回线路中可能分析到几个模量，因此被分析频带信号的传播速度是几个传播速度的综合。

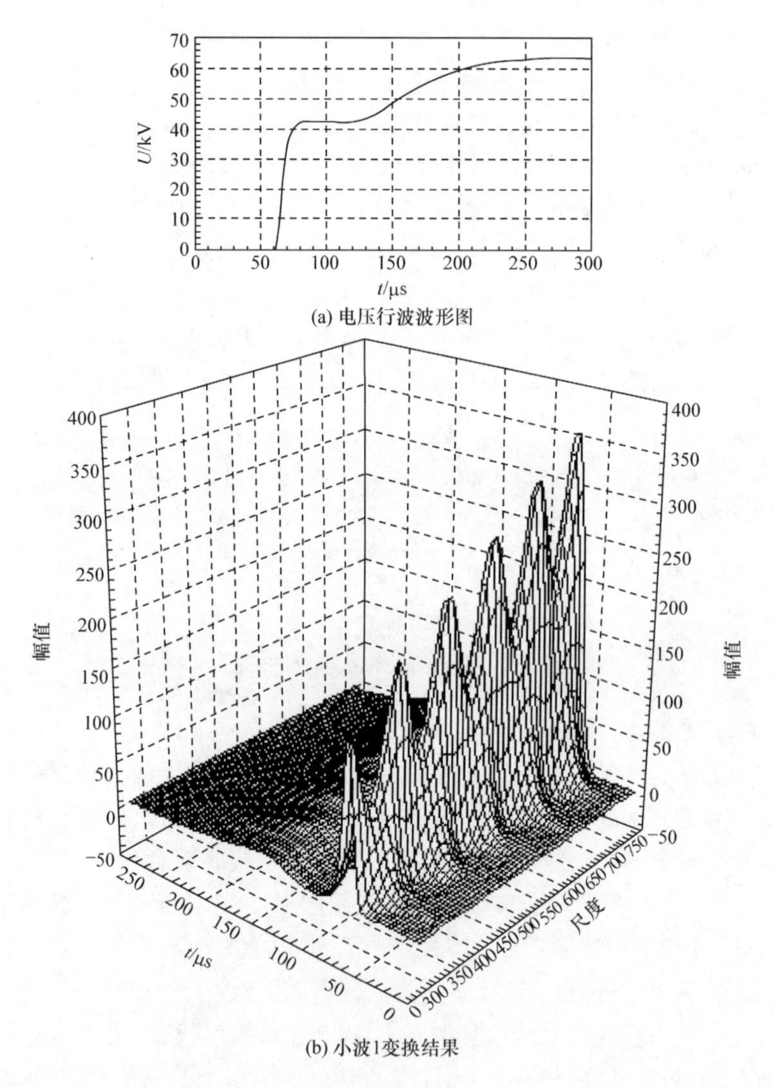


(a) 电压行波波形图

(b) 小波1变换结果

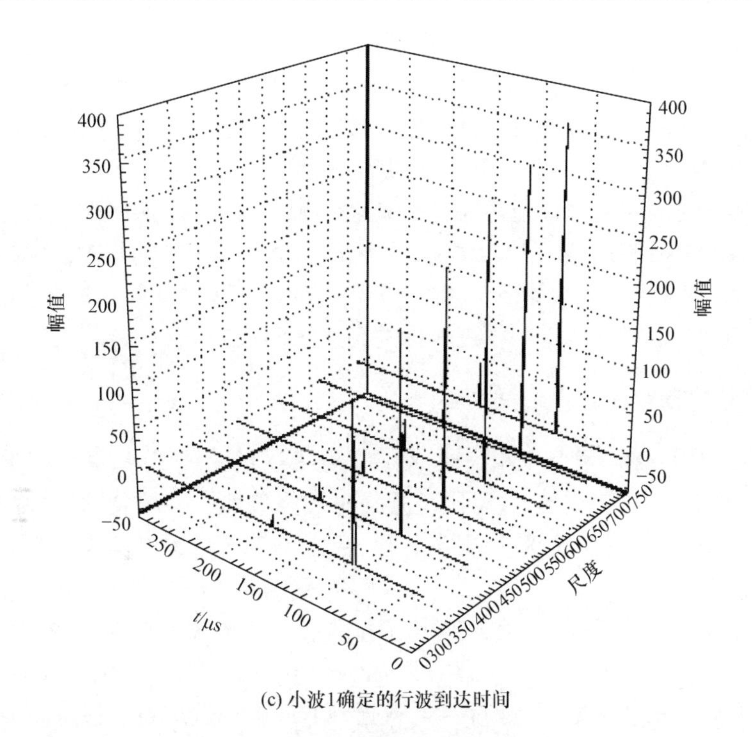


(c) 小波1确定的行波到达时间

图 3.2　不同小波对电压行波变换结果

由 3.3.2 节对表征行波到达时间的特征点的要求可知，行波到达时间由行波中被分析频带信号强度最大的位置所确定，而行波传播速度由被分析频带的中心频率及线路结构参数所决定，因此行波到达时间和行波传播速度就被结合起来，同时解决了行波到达时间和传播速度的选取问题。

前面已指出，小波变换在理论上有无限多种小波基或变换核，因此，选择合适的小波和合适的分析尺度是成功应用小波变换的关键和实现精准测距的核心。

### 3.3.3　时钟同步技术

双端行波法的关键是准确记录下电流或电压行波到达线路两端的时间，误差应在数个微秒以内，以保证故障测距误差在数百米以内(行波在线路上传播速度近似为 300m/μs，1μs 时间误差对应约 160m 的测距误差)，它需要专用的同步时间单元。

双端测距法主要是利用 GPS 同步时钟单元为输电线路两端的行波测量装置提供同步时钟，并根据行波到达线路两端的时间差进行计算。行波测距装置一般采用电 B 码或光 B 码两路授时接口，一路用于长期授时，另外一路用于接入校准用标准授时信号，当线路两端的安装设备接入的授时信号具有误差时，可以在安装时通过临时接入标准授时信息进行校准，同时装置内置高稳晶振，实现守时功能，在失去外部时钟时短时间内保证时间可用。

测距装置采用了一片 FPGA 芯片进行接收电 B 码或光 B 码，利用 FPGA 逻辑判断二者同时接的误差(该方案可校验站内授时系统的 B 码时间精度)，同时设计 10M 高稳晶振，实现守时功能。FPGA 获取外部时间，通过内部电 B 码授时给各个采集板。全站高速采样单元均通过 B 码授时脉冲来实现同步，FPGA 接收到 B 码的时间基准和时间信息，写入 FPGA 的时间写入区，每次当采集数据的时候先将时间信息读入(将经过秒脉冲对时的 10M 分频的计数器值读入该寄存器相应位置)然后再读取数据，完成带高精度时标的高速采样数据。

### 3.3.4　网络式双端测距主站算法

网络式双端测距主站主要用于接收各子站上送的录波文件，并对录波文件进行解析、线路配对、小波变换、故障定位及故障信息发布。系统主站软件由前置通信进程、数据处理进程、测距算法服务进程、数据库管理进程以及人机界面进程等组成。

(1) 前置通信进程负责接收实时监测接收各子站的故障录波文件、告警信息、自检信息，并将收到的录波文件保存到“临时故障数据”目录下，数据处理进程负责查找是否有匹配的故障数据，如有匹配数据，则在“匹配数据表”目录中写入以故障数据文件命名的“ini”文件，文件中记录匹配的 M、N 端数据文件名称和相关线路信息。

(2) 测距算法进程用于读取“匹配数据表”目录下是否存在 ini 文件，如存在此类文件则打开文件读取相关信息，将匹配数据拷贝到后台分析机的“有效故障数据”目录下，并根据此信息计算测距结果。

(3) 数据库管理进程用于将计算的测距结果、故障录波数据保存到主站历史数据库中。人机界面进程主要用于进行实时故障告警、历史事件查询、离线测距、参数维护等功能。

新的主站系统增加了 103 规约服务器，将接收到的装置运行与告警信息以 103 标准规约的形式上送给地调维护单位的服务器上。从地调的信息保护系统中将能直接读取装置的各种相关信息。

### 3.3.5　集中式、网络化测距系统组成原理

输电线路故障测距系统一般由多个测距终端及一个或多个测距主站组成。

(1) 测距终端完成行波信号转换，故障检测及判别，故障数据采样、加时标、储存，向测距主站传输故障数据等各项功能。

(2) 测距主站完成接收测距终端传输来的故障数据，故障数据的分析、处理，定位结果的显示、保存，及有关数据、波形的打印等项功能。测距主站之间可相互

登录和控制，并可实现对其他测距主站故障数据的调用、查看、分析和处理等项工作。测距主站系统结构如图 3.3 所示。

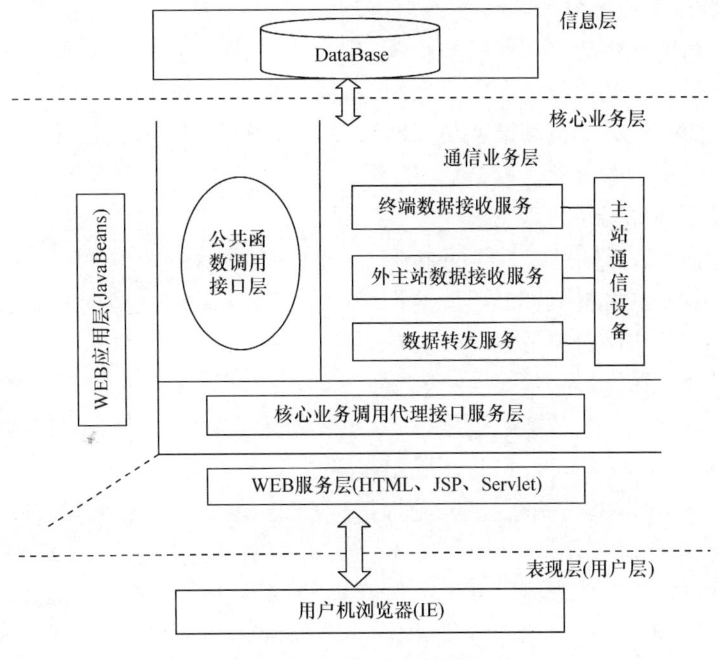


图 3.3　测距主站系统结构

测距系统根据现场需求可分为主站设在变电站和设在远方管理部门两种结构。

1. 主站设在变电站模式

测距系统的测距主站在变电站时，测距主站与本地测距终端通过 RS232 或网口进行通信。若选测距系统的主站放在图 3.4 中的变电站 4 时，这时其他测距终端都通过通信线路与主站联系，其工作原理如图 3.4 所示。

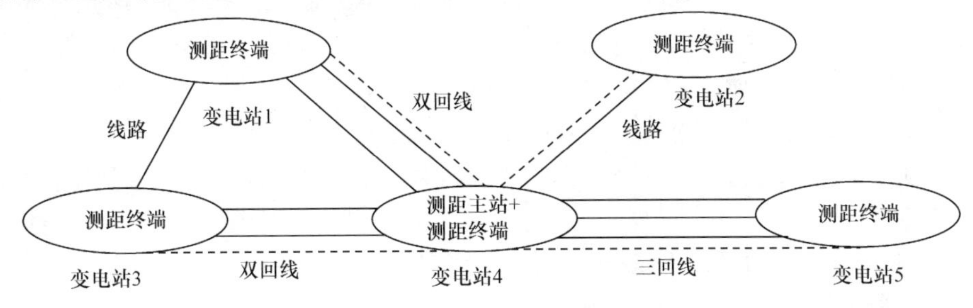


图 3.4　测距系统工作原理

测距系统主站主要包括 5 个部分：信号检测箱部分、前台管理箱部分、工业控制机部分、显示及打印部分、其他测距终端数据接收部分。

1）信号检测箱部分

主要包括电流传感器、低速 A/D 板、高速 A/D 板及开关电源等。电流传感器将 CT 二次侧的电流信号转换成 A/D 板所需的电压信号；低速 A/D 用来判断故障的发生，并触发 GPS 板和高速 A/D 板；高速 A/D 用来采集、记录故障数据，并把数据传送至前台管理箱。

2）前台管理箱部分

主要包括基于 PC/104 总线的主板、GPS 板、电子盘及开关电源等。完成故障数据储存、相关硬件的协调和管理，给记录的故障数据贴上时间标签，用于故障测距并作为事故后故障分析的时间依据等工作。

3）工业控制机部分

包括小波变换分析故障数据软件等，主要作用是处理后台故障数据。由它实现两端故障数据的分析、处理，自动确定故障位置，形成故障数据文件，完成数据的打印、显示，键盘控制，与测距终端的通信等项工作。

4）显示及打印部分

显示器可以用来监视测距系统的运行状况，并根据需要显示故障线路、故障发生时刻、故障波形、故障位置等信息；同时可将有关信息通过测距系统所配彩色打印机打印出来便于存档保存，也可将数据拷贝至软盘。

5）测距终端数据接收部分

包括 Modem 或网卡、电话线或网线和 RS232 串口，用来接收测距终端传送过来的故障数据。

其他站测距终端主要包括 4 个部分：信号检测箱部分、前台管理箱部分、运行信息显示部分、数据发送部分，其各部分的功能如上所述。

#### 2. 主站设在远方管理部门

当主站设在远方管理部门时（辽宁省采用该模式），测距系统主要由测距主站、测距分主站和测距终端组成，系统结构如图 3.5 所示。图中变电站或电厂的测距终端与测距分主站及测距主站的通信在具备网络的条件下采用调度数据专网传送数据，在不具备网络通信的条件下采用 Modem 拨号方式。

测距主站主要包括 3 个部分：工业控制机部分、显示及打印部分、测距终端数据接收部分。

测距终端主要包括 4 个部分：信号检测箱部分、前台管理箱部分、运行信息显示部分、数据发送部分。

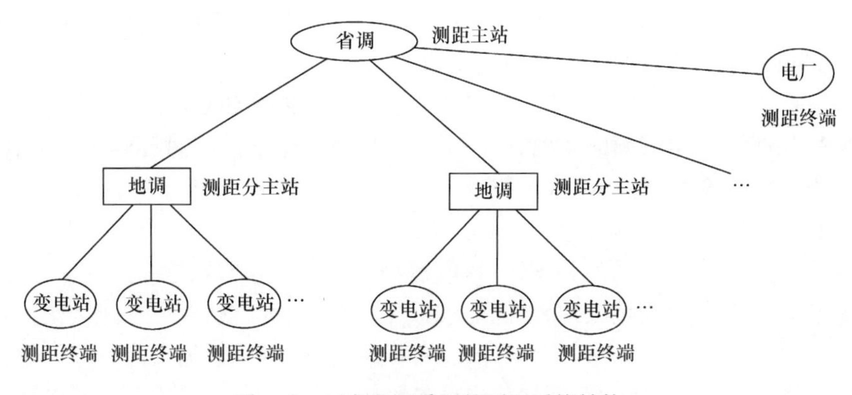


图3.5　辽宁电网采用的测距系统结构

### 3.3.6　技术创新点

(1) 首次发现行波在传播过程中的色散是影响行波法测距精度的重要原因，并提出以线模作为故障定位用行波传播模式的新思路，为故障测距技术的发展创造了条件。

输电线路发生短路故障产生的行波信号是由多种传播模式构成的混合信号，每种传播模式的不同频率分量具有不同的速度和衰减，使行波传播时产生色散，影响了对行波准确到达时间的判别；而影响行波在输电线上传播时的色散情况的因素是多方面的，包括线路参数、故障类型等。

项目组对行波在输电线上传播时的色散规律、行波特征、输电线路结构参数对行波色散的影响及不同故障类型时行波传播特点等方面进行研究。首先建立了行波研究的线路模型，并研究了行波传播过程中的色散特性；接下来对输电线路的结构参数(包括线路高度、相间距、分裂导线、架空地线、换位点)以及大地电阻率、过渡电阻等主要因素对行波传播色散的影响进行了全面的研究；然后研究了不同故障类型时的行波传播特点；最后分析了电压行波和电流行波之间的关系及母线端接线对它们的影响。通过研究行波传播的色散情况，并结合输电线路实际情况，把影响行波传播色散的主要因素都考虑到，这样全面把握了行波波头的特征，为故障测距新方法的提出打下了基础。

(2) 国内首次提出了基于小波理论的行波故障测距新方法，以及故障测距用合适小波应具备的条件，解决了长期制约行波法应用的两个难题。

针对现有行波测距法没有考虑行波传播的色散，因而不能很好解决如何精确确定行波的到达时间和行波传播速度等问题的情况，首次提出了基于小波理论的行波测距新方法，即行波到达时间由合适的小波变换提取的行波特征点位置确定，行波传播速度由输电线路的结构参数及相应小波变换的分析尺度确定的方法，可有效提取故障行波特征并消除行波传播色散对测距精度的影响，同时解决了如何定义行波到达时间和选取行波传播速度的难题。

（3）研制出具有完全自主知识产权的输电线路故障测距装置，填补了国内外在准确故障测距应用方面的空白，解决了长期困扰输电线路故障准确定位的难题，提高了电网的安全性、经济性和可靠性。并在辽宁省首次实现了国内最大规模的行波测距装置联网工程及应用。

项目组通过解决一系列关键技术，包括解决了同塔双回输电线路的特殊问题；设计基于小波理论的测距软件，使之能够适用各种故障类型的需要；提出前、后台控制软件的算法和控制策略以及确保线路两端通信时有关数据正确、可靠、快速传递的算法和协议；研究出适合行波信号的 6 种启动判据，实现了故障检测单元的正确启动；提出了各部分硬件及总体结构的抗干扰设计原则等，研制出利用小波理论分析输电线路故障时产生的行波信号，从而确定故障距离的新型测距装置，它适用于 110kV 及以上中性点直接接地系统的输电线路的精确故障定位，且有测距精度不受线路长度、故障位置、故障类型、负荷电流、接地电阻等影响的特点。在辽宁省首次实现国内最大规模的测距装置联网及工程应用，通过构建集中式电网故障测距系统，实现了装置集中式管理及信息发布，有效提高了大电网的安全运行水平和管理水平。

## 3.4 应用情况

### 3.4.1 基于小波变换技术的输电线路故障测距关键技术在辽宁电网的示范工程

1. 示范工程应用前期

1）试验阶段

1997 年 3 月，东北电业管理局和辽宁省电力有限公司与中国电力科学研究院共同组织了“基于小波变换技术的输电线路故障行波测距技术的研究”项目的联合研发工作。在方案设计、项目费用、方案实施等方面，东北电业管理局、辽宁省电力有限公司领导都给予了的高度重视和大力支持。

为验证利用小波变换技术故障测距原理的可行性及实际测距精度，1998 年 5 月，在抚顺电业局领导和有关人员的积极支持和配合下，66kV 大型现场验证试验——辽柴线短路试验顺利完成，试验示意图如图 3.6 所示。

抚顺电业局的科技、调度、试验、运行、安检、变检、地调、送变电、变运、通信等部门和中国电力科学研究院、东北电力集团公司科技部、东北电力科学研究院共 90 多人参加了试验。试验结果与事先预期结果基本一致，通过分析测得的 31 组

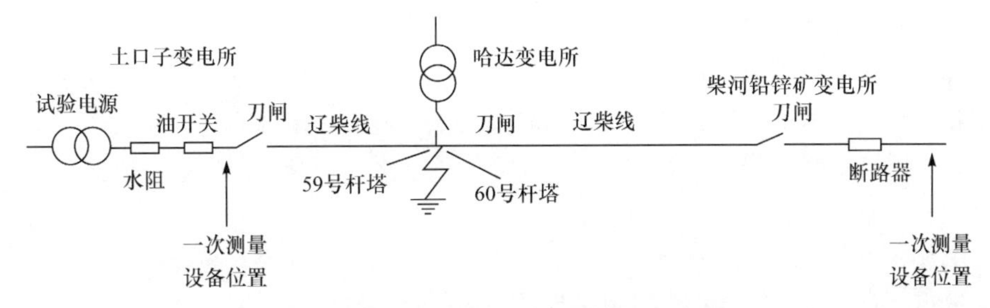


图 3.6　辽柴线变电所及短路位置示意图

有效电压行波数据，利用小波变换测距新方法的定位误差范围为－260～164m，31 组数据定位误差都在 300m 内。因此试验获得圆满成功，证明小波变换测距新方法的测距精度基本不受故障时电压相角及一些较强干扰等因素的影响，测距精度在 300m 内，满足精确故障定位的要求，小波变换技术用于行波故障测距是成功的。

2）关键技术指标

2000 年 6 月，在与东北电网公司、辽宁省公司合作项目的基础上、中国电力科学研究院申报了国家电力公司科学技术项目“基于小波变换技术的输电线路故障测距装置实用化技术开发研制”。WFL2010 型输电线路故障行波测距系统以 2000 年 10 月完成改进工作后，正式投入电网运行。

经前期试验与项目开发研究，通过近两年的运行考验，WFL2010 型输电线路故障行波测距装置定型(图 3.7)，并确定主要技术指标如下。

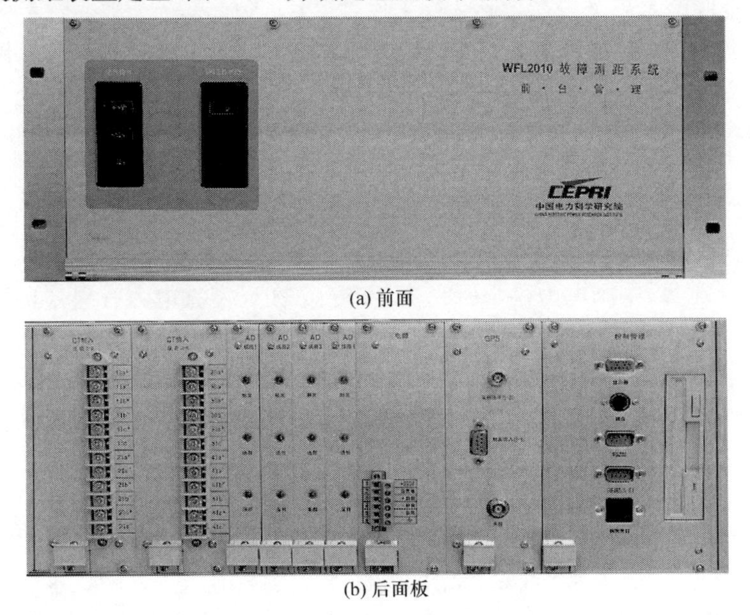


(a) 前面

(b) 后面板

图 3.7　WFL2010 装置

(1) 工作环境条件:

环境温度:-5~+40℃;

相对湿度:5% ~ 95%(装置内部既无凝露,也不应结冰)。

(2) 测量线路数目:1~8 条。

(3) 电流信号输入量:

电流输入额定值:1A/6A;

电流回路过载能力:40 倍电流额定值,1s。

(4) 高速行波数据采集卡:12 位 A/D,采样频率 625kHz;

低速检测数据采集卡:12 位 A/D,采样频率 6kHz,32KB RAM。

(5) 故障数据存储:终端:>400 次。

(6) 相对时标误差:<1μs。

(7) 通信方式:支持多种标准 RS232 串口通信、Modem 拨号方式、网络及专用数字通道(含模拟及数字通道两种)。通信接口为标准 RS232 接口,或标准 10Mbps 以太网接口,10Base-T 连接方式。

(8) 测距误差:<500m。

2. 行波测距系统网络化应用阶段

1) 网络化、集中式测距系统初步建立

2003 年底,辽宁省电力有限公司与中国电力科学研究院共同向国家电网公司科技环保部申请了“基于网络的集中式小波故障测距系统技术研究”项目,开始进行行波装置联网工程及行波主站建设工作。

2004 年 1~9 月,中国电力科学研究院相关研发人员开始进行行波测距主站软件的开发及装置通信程序的改造工作,并对网络通信方式进行详细的讨论及研究。

2004 年 12 月,在辽宁省电力有限公司调度通信部继电保护处的组织安排下,锦州局和丹东局对新研发的 Linux 终端软件、V3.2 版主站软件和首批 12 台终端屏进行出厂验收,对装置的改进提出了宝贵的建议和要求。12 月底,首批测距终端运送到现场。

2005 年 1 月,中国电力科学研究院工作人员在辽宁省电力有限公司调度通信部继保处安装了第一台服务器,用以安装运行测距主站软件;同时,完成了对锦州局绥中变电站和建昌变电站内两台测距终端的安装调试,并顺利投运,监测 220kV 绥昌线、建昌线两条线路。测距主站与两个测距终端通过电力数据网来传递数据。两个测距终端安装调试的主要内容是接入被监测线路电流,接入交、直流电压,接入网线,接入测距终端异常接点信号,安装 GPS 天线等。

2005 年 5 月中旬,在辽宁省电力有限公司调度通信部继电保护处的组织安排下,锦州、朝阳、盘锦、阜新、铁岭、沈阳、抚顺、营口、鞍山、大连、丹东、本溪和辽阳等 13 个局的继电保护人员共计 22 人,在辽宁省电力公司召开了行波测距系统技术联络协调会。会议上,中国电力科学研究院工作人员全面详细地介绍了行波测距系统的发展历程、系统结构和测距原理,演示了测距主站和终端软件的操作使用方法,并向各局继电人员提供了完整的测距终端屏安装配线施工图纸。会后各有关变电站进行测距装置调试的准备工作。

2005年8月,中国电力科学研究院工作人员及时发现并解决了主站同时与多台测距终端通过网络连接并数据传递时,数据上传堵塞的问题。

图3.8为主站软件主页面,图3.9为软件运行图,图3.10为故障波形显示示例。

图3.8　主站软件主界面

2）应用规模

截至2006年5月,辽宁电网共计70个220kV和600kV变电站的108条较长输电线路接入定位系统的监测范围内,共监测线路长度6317.1km(包括16922级杆塔数据库),监测的线路长度占辽宁电网线路全长的72.45%。

3）运行效果

该阶段辽宁电网故障测距系统由测距主站、分主站和终端组成。通过测距结果和完善监测输电线路智能化地理信息库直接显示故障点的杆塔位置和维护单位。主站及分主站使用安全性能更高的Linux操作系统,并能对每条线路杆塔信息进行统计和查询。通过调度数据专网将故障数据及时汇总并分析处理计算出故障位置,充分利用电力系统网络资源,及时快捷传送各种文件和信息,避免了拨号或专线通信方式对通信资源的极大占用和利用效率的相对低下,极大提高了故障定位系统通信的可靠性并具有很大的实用性和经济性。同时考虑加隔离墙和分区保证数据传送和测距终端的可靠性和稳定性。

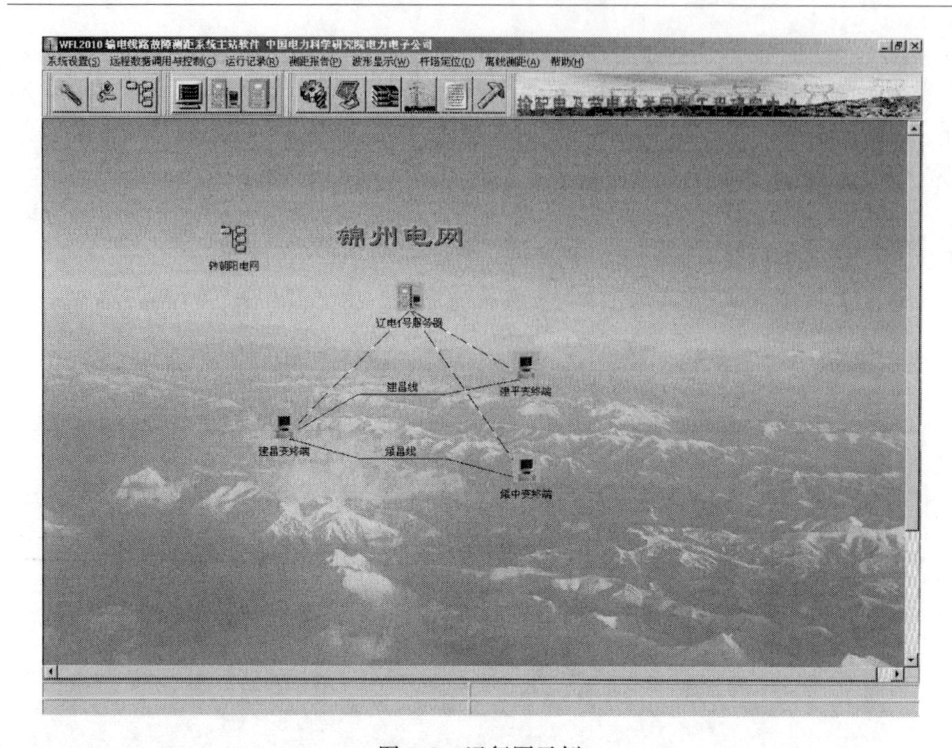

图 3.9　运行图示例

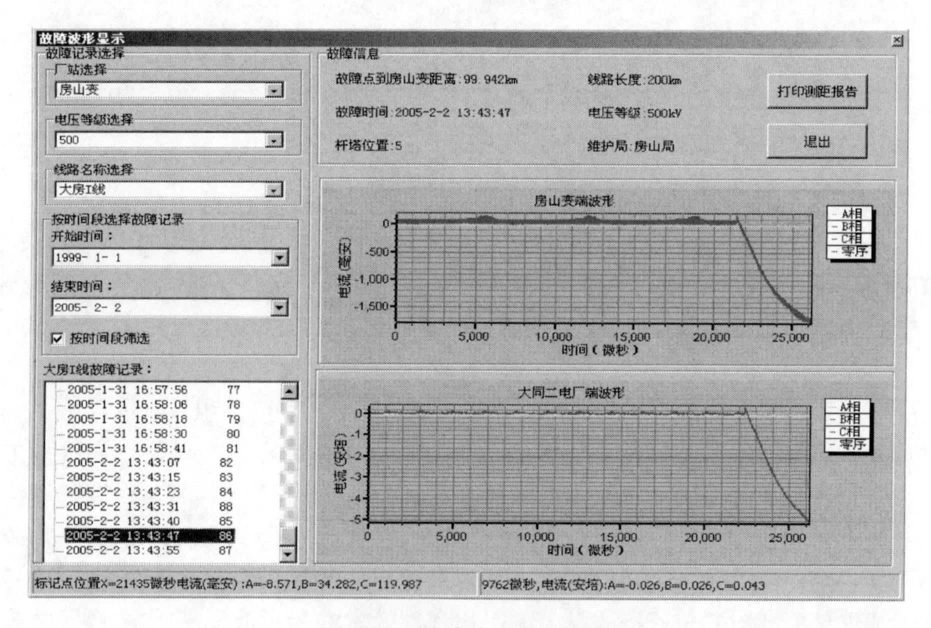

图 3.10　故障波形显示示例

截至 2006 年底，故障测距系统所覆盖的 70 座 220kV 及以上电压等级变电站的108条线路共发生45次线路故障，其中91%的测距精度达到误差小于500m的设计要求，在辽宁电网的经济、安全、稳定运行中发挥出重要作用。

4）现场故障典型案例

2004年6月26日3点50分6秒，220kV电芬线196号杆塔AB相绝缘子全串闪络，导线有烧痕，电芬线线路全长为154.612km，图3.11和图3.12为测距装置记录的故障波形。

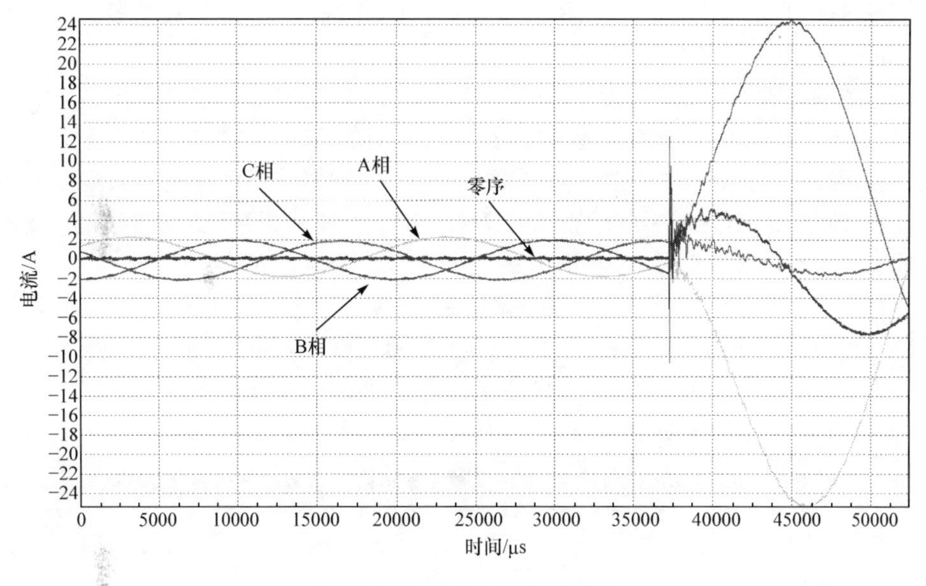


图3.11　电芬线M侧故障数据

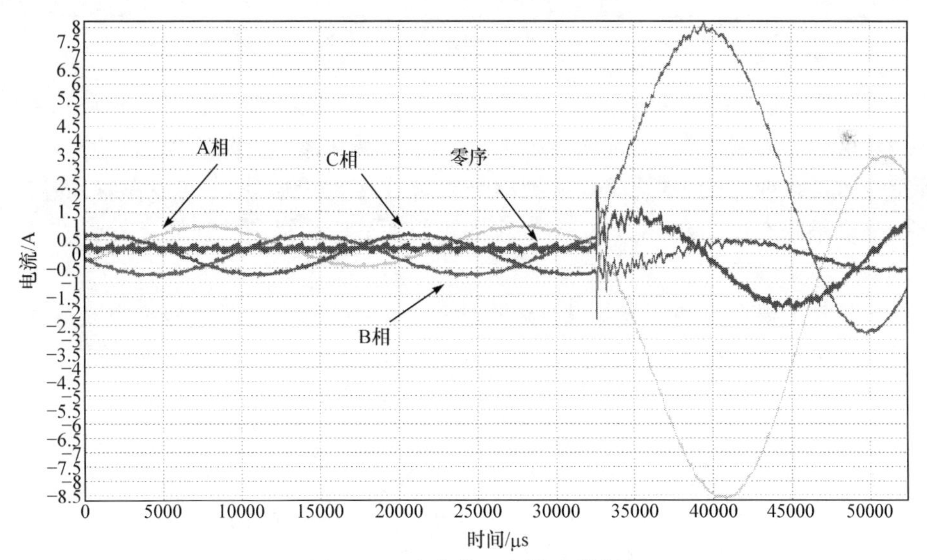


图3.12　电芬线N侧故障数据

利用电芬线双端行波测距法进行故障定位，测距位置为：距离丹东电厂85.815km，实际巡线位置为85.489km，误差为326m，基于小波变换的行波测距位置准确。

3. 快速发展阶段

随着辽宁社会发展变电站数量逐年攀升，输电线路故障测距系统紧随电网建设步伐，进一步适应调控一体化和远方监控需求，系统进入快速发展阶段。

1) 配置原则与应用规模

为统一配置原则，辽宁电网对大于80km或路径地形复杂、巡检不便的500kV线路，对于大于50 km或路径地形复杂、巡检不便的220kV线路均开始配置专用故障测距装置。对已配备故障测距装置的变电站，根据具体情况适当放宽标准接入新建、改接、π入等线路，实现在既有资源下扩大小波测距系统的覆盖范围，减轻现场巡线人员的工作强度。

截至2014年底，辽宁电网行波测距系统共接入子站终端169台，共对223条线路进行故障测距计算，其中：监测220kV线路190条，监测500kV线路33条。相较于2007年度，系统接入子站终端变总数增加85座，同比增长3.92%。监测220kV及以上线路总数增加142条，同比增长2.66%，如表3.1所示。

**表3.1 2007～2014年辽宁电网行波测距系统接入变电站及监测线路数量**

| 项目名称 | 2007年 | 2008年 | 2009年 | 2010年 | 2011年 | 2012年 | 2013年 | 2014年 |
|---|---|---|---|---|---|---|---|---|
| 接入变电站数量/座 | 84 | 86 | 116 | 126 | 134 | 162 | 163 | 169 |
| 监测线路数量/条 | 81 | 106 | 169 | 189 | 210 | 223 | 216 | 223 |

2) 运行效果

本阶段，辽宁电网行波测距装置覆盖率显著增加，装置缺陷、GPS异常和通信故障等情况相应增多，但通过加强运维单位的巡视、检修管理，发挥主站的集中式管理与监督指挥作用，该阶段双端测距结果合成率常年保持在90%左右，故障点定位准确率基本稳定在91%以上，综合测距精度呈稳步提高的趋势。

3) 管理措施

辽宁公司根据电网需求与设备运行状态，每年对测距装置实施工程改造和新增规划。规划包括技术路线、系统运行框架、软件构成、硬件部署、功能配置、数据库结构及与当前运行的统分系统的关系，以及运维方案、对状态检修模块中涉及调控端、基层单位的运维方式提出具体措施，包括信息、数据等方面内容。随着系统的快速发展，接入线路逐年增多，辽宁公司在该阶段逐步开展辽宁电网行波测距系统监测线路参数统计、测距结果统计、运行缺陷统计、测距异常分析和年度运行分析及评价等规范化管理工作。

根据辽宁气候特点，辽宁公司还制订故障测距装置的巡检和维护计划。重点针对春夏季雷雨期、冬季降雪期的线路故障多发期，更好地配合线路故障后的故障点巡检，加快后故障阶段的系统恢复，加强子站端故障测距装置的巡检和维护，保障整个系统能够及时、准确地合成测距结果。

4）现场故障典型案例

2013年5月19日12时25分，朝奎线由于鸟害造成线路故障跳闸，跳闸故障时刻朝阳电厂和奎德素变电站均有上送录波文件，如图3.13所示。

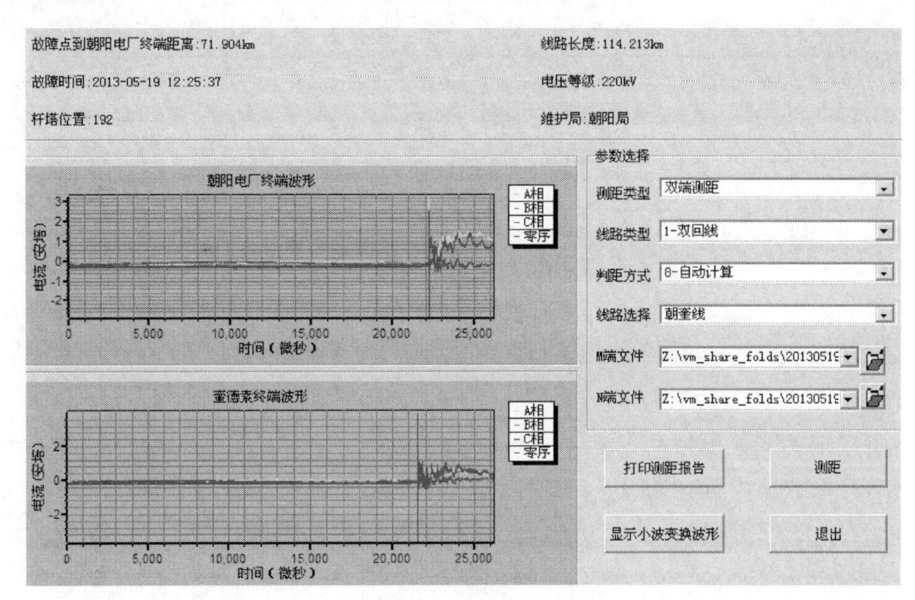


图3.13 朝奎线故障数据

利用线路双端行波数据进行小波变换及双端故障定位，经计算测距位置为：192号杆塔，实际巡线故障点位置为191号杆塔，误差1级杆塔。

4. 优化升级阶段

1）配置原则与应用规模

为了适应辽宁智能电网的不断建设发展，提高行波测距系统覆盖比例，在电网运行中充分发挥测距系统的优异作用，2015～2016年，辽宁公司对行波测距装置的配置原则进行重新修订，主要修订内容如下。

（1）600kV输电线路全部接入行波测距装置。

（2）针对220kV变电站，至少有1条不小于60km线路接入的变电站，或至少有2条不小于30km线路接入的配置行波测距装置。

（3）已配置行波测距装置的220kV变电站，不小于30km的线路均接入行波测距装置。

(4) 原行波测距监测线路 π 入变电站后形成 2 条新线路的,π 接变电站间隔 CT 二次绕组具备接入条件,配置行波测距装置。

而对于新能源厂站和负荷端变电站等不能有效提供短路电流的、采用电子式 CT 和光 CT 的智能站采样频率达不到测距要求的,暂不配置行波测距装置。

对常规互感器智能站二次回路要求:配置行波测距的智能站新(改、扩)建工程,线路 CT 应为行波测距装置预留 1 个保护绕组。现有智能站需配置行波测距终端时,在二次负载满足精度要求的条件下,行波测距装置使用第 2 个保护绕组并串接在合并单元 B 后面。

按照上述原则,截至 2016 年底,辽宁电网行波故障测距主站系统已接入测距终端 162 台,230 多条 220kV 及以上输电线路。其中:监测 220kV 子站终端 143 台,监测 600kV 子站终端 19 台,监测 220kV 线路 196 条,监测 600kV 线路 33 条。

2) 新主站的运行特点

WFL2010 型测距主站系统由于受早期计算机操作系统、硬件条件和系统架构等条件的限制,当输电线路发生大面积故障出现多个厂站启动时,主站软件处理速度严重下降,有时 10～20min 才能得出测距结果,已不能满足电力系统的实际需要。

针对上述测距主站系统中存在的种种不足,在 2014 年正式启动对原主站系统的优化升级改造工程。图 3.14 为 WFL2012 主站故障波形查看界面,图 3.15 为 WFL2012 主站小波分析界面。新测距主站系统主要具有以下特点。

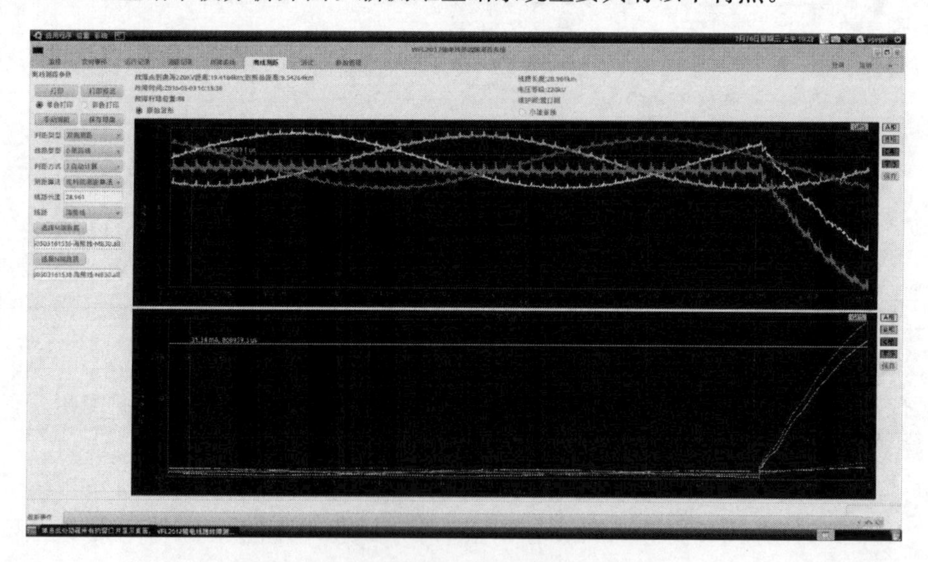

图 3.14　WFL2012 主站故障波形查看界面

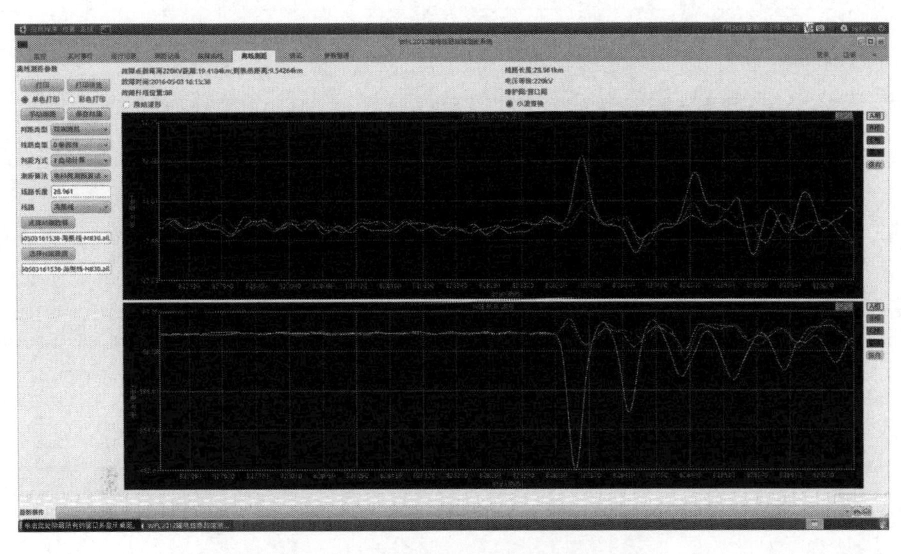

图 3.15　WFL2012 主站小波分析界面

(1) 改进后的系统采用全新 Linux Ubuntu 操作系统设计，在系统运行及安全方面更加稳定，不容易感染网络木马和病毒。

(2) 新的主站系统将支持海量数据采集、处理和存储技术，满足在海量数据并发情况下的实时响应、快速计算等需求，彻底解决了由于终端接入数量增多导致的处理速度慢的问题。

(3) 采用 QT 和 SVG 等图形可视化技术，提供了更加灵活友好的人机界面。支持二维、三维的棒图、饼图、曲线图、表格、地图等十几种图表方式，能够更好地为运维人员展示线路故障发生位置，以及站内装置运行的状况。

(4) 改进后的系统增加了标准 IEC 61860 通信规约，在通信规约接口上更加灵活，可以实现不同系统间的数据共享、信息发布等功能。

5. 应用典型案例

2016 年 5 月 3 日 16 时 15 分 38 秒，海熊线发生线路故障跳闸，跳闸故障时刻南海站和熊岳站均有上送录波文件，波形如图 3.16 所示。

利用海熊线双端行波数据进行小波变换及双端故障定位，经计算测距位置为：距离南海站 20.06km，杆塔 60，与实际巡线故障点位置完全一致。

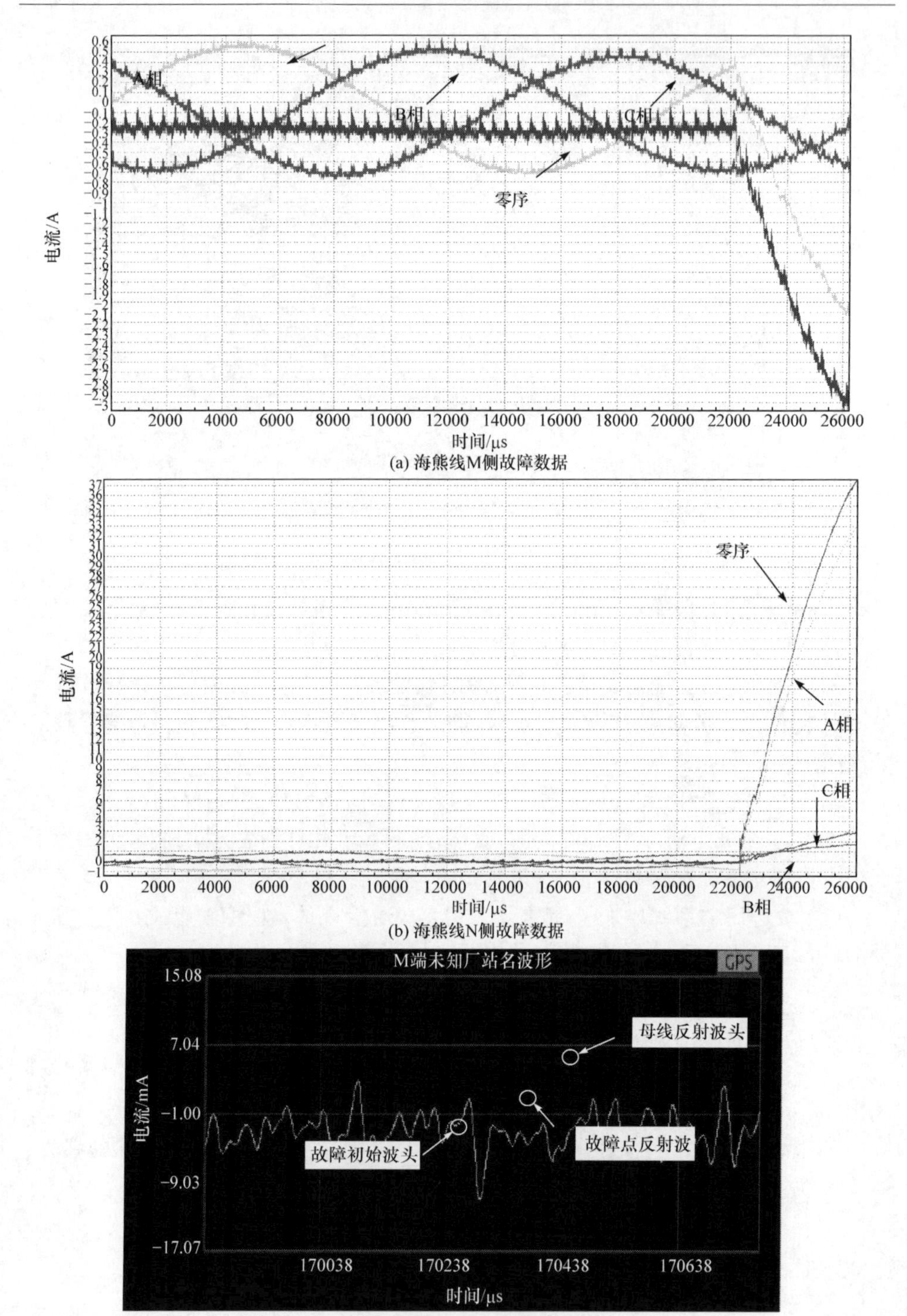


图 3.16　跳闸故障时刻波形图

### 3.4.2　基于小波变换技术的输电线路故障测距关键技术在辽宁电网的效益分析

截至2016年底，主站架构在原有功能基础上实现基于网络的测距功能，形成综合智能测距系统。实现自动测算、双端数据测算、单端数据测算、离线测算功能。智能化选择最优的测距方案，减小因某节点变电站故障异常而无法进行测距计算的影响，大大提高了计算能力，并能适应智能变电站与分布式电源的电网环境，显著提升成功率和计算精度。

2016年，测距系统新增评价指标——年有效率指标为98.11%，测距系统监测线路共发生故障64条/次，故障定位准确率达到87.5%；综合测距精度为0.28级塔，综合测距精度明显提高。

辽宁省电力有限公司2015年底出台了《辽宁电网输电线路故障行波测距系统运行维护管理规定》(以下简称《规定》)，《规定》明确了行波测距系统各级管理部门的职责，以及测距系统技术特点和运行维护的工作原则，规范了管理与运行维护人员的职责分工、运维管理、评价与考核等方面的工作要求。严格执行考核机制、坚决落实管理流程，为辽宁电网行波测距系统的安全、稳定运行发挥重要作用。

这期间，辽宁省电力有限公司还编制完成了《行波故障测距装置检验规程》和《行波故障测距装置现场检验标准化作业指导书》，为运维单位扎实开展测距装置的检修、试验工作提供标准依据。

仅根据辽宁2007～2016年累计故障统计，年均精准定位输电线路故障60～70条/次，其中重合不良的线路故障对供电可靠性影响最为严重，有些山区、路径地形复杂地区甚至可能花费2、3天去寻找、确认、排除故障点。安装行波测距装置后，可每年平均减少损失约2000万元，十年累计实现经济效益可达2亿元。

截至2016年底，WFL系列输电线路故障测距产品已在国网辽宁、四川、安徽、青海、江苏等公司和南网多个地区的1300多个厂站投入运行，同时包括主要的特高压交直流线路，累计销售额度超过2亿元。

2012年以后，在既有研究成果基础上，继续开展针对中低压配电网、电缆-架空线混合线路、铁路系统等特殊领域的应用研究，目前相关研究成果已应用于新疆、安徽、贵州、广西等多个省份，累计合同额已达近千万元。

## 3.5　小　　结

1）总结

基于小波变换技术的故障测距关键技术研究推动输电线路故障测距领域迈出了实用化的一步，基于该项技术的测距产品在辽宁电网全面应用，克服了很多技术上的难题并积累了大量的实际组网运行经验，采用集中式、网络化的布置方案实现了同时监测上百个厂站的两百多条输电线路，取得了良好的经济效益和社会效益。本示范工程的实施，解放了巡线作业生产力，提高了线路故障定位精度，极大地提升了高压和超高压输电系统乃至整个电网的运行水平和管理水平。该项示范工程建设完成并运行至今，显著的成效及经验能够加快行波测距装置在全国电网推广应用，为提高全国电力系统运行的安全性、经济性和可靠性发挥重要作用，为基于行波原理和小波变换技术的输电线路故障定位系统在全国电网的深入研究探索，打下基础、积累经验。

作为国家电力公司重点科技攻关项目，基于小波变换技术的故障测距装置的研制先后获得中国电力科学技术奖、国家电网公司科学技术进步奖、国家电力公司本部及在京直属单位第三届青年科技成果奖、辽宁省科学技术进步奖、四川省科学技术进步奖等十多项科技进步奖项和省部级奖项。

2）展望

在多年的生产实践中，基于小波变换技术的行波故障测距装置一方面为电力用户提供了较大帮助，以辽宁电网为例，故障测距系统能为 90%以上的输电线路故障提供精确测距结果，但同时也暴露出如下一些问题。

(1) 受信号接入方式、通信等方面限制，现阶段的测距装置硬件方面已经不符合智能变电站技术发展趋势。

(2) 在电压过零点、高阻故障等特殊故障条件下测距精度仍受影响。

(3) 装置结构相对复杂，降低了故障定位系统整体可靠性，工作 GPS 授时、通信、采样多个环节，其中一个环节出问题就会导致测距失败。

从技术发展趋势看，在智能电网建设的背景下，电力系统对故障定位系统提出了更高的要求，需要进一步提高输电线路故障测距系统的可靠性、精度、适用范围。针对故障测距技术，本章节提出以下几点未来发展方向及趋势。

(1) 区域电网故障定位技术。

区域电网故障定位技术是当故障线路一侧数据(M)缺失时，利用相邻线路对端数据(S)与 N 端数据构成双端测距。区域电网故障定位在技术上需要解决的问题主要是：①暂态行波在相邻线路上色散相对严重，初始波头的判定相对困难；②多条相邻线路结果不相同时，最终结果的判定问题。

区域电网故障定位在工程上具有以下意义：①从原理上提高系统可靠性，利用多端数据完成测距，避免一侧装置数据缺失导致故障定位失败；②可降低系统建设成本和周期，减少装置配置数量。

(2) 单端行波故障测距技术。

单端行波故障测距基本原理是利用故障点反射波或母线反射波与初始波头时间差计算故障点距离，该算法仅需要一侧数据，无需 GPS、通信的配合。单端行波故障测距研究主要是作为双端行波法的补充及后备，在双端行波故障定位难以发挥作用的情况下，作为一种补偿手段，并可用于线路长度的修正。

(3) 配电网线路故障定位研究。

配电网线路故障定位研究是今后故障测距技术应用研究的重要发展方向，技术上需要解决以下问题：①复杂线路结构(混合线路或多分支线路)对信号色散、波速的影响；②基于配网变压器等低成本信号采样方法。此外，还需要解决测距装置成本较高、户外装置供电、通信以及维护等问题。

(4) 智能变电站行波测距技术。

当前的行波测距装置与智能电网二次设备发展方向不相适应，不能满足设备集成化、就地化的应用需求。针对电子式(光)互感器，当前行波测距装置还不能提取数字式的行波信号，随着今后智能变电站一次设备智能化的发展，还没有有效解决方案。下一步需进一步研究：①行波测距装置的就地化技术；②能有效地应用于一次设备智能化的智能变电站的行波信号提取技术；③研究结合辅助判据就地测距，数据上传的理论与技术。

(5) 特殊故障情况下的其他辅助定位技术。

当线路故障正好发生在电压相角过零或接近零时以及高阻接地时，故障产生的行波信号微弱，单纯采用行波法进行测距可能导致结果不准确。频域法是近年出现的故障分析方法，在原来单一行波法基础上融入频域法、时域法等其他方法进行辅助测距，可以进一步提高测距可靠性，是下一步重点研究方向之一。

## 参考文献

[1] 覃剑，陈祥训，郑健超. 连续小波变换在使用中应满足的条件[J]. 电工技术学报，1998，13(6)：66-60.

[2] 葛耀中. 新型继电保护与故障测距原理与技术[M]. 西安：西安交通大学出版社，1996.

[3] 覃剑，陈祥训，郑健超. 行波在输电线上传播的色散研究[J]. 中国电机工程学报，1999，19(9)：26-30.

[4] 覃剑，陈祥训，郑健超. 不同故障类型情况下行波传播特点的研究[J]. 电网技术，1999，23(1)：64-68.

[5] 覃剑. 小波变换应用于输电线路行波故障测距的研究[D]. 北京：中国电力科学研究院，1998.

[6] 覃剑，陈祥训，郑健超. 利用小波变换的双端行波测距新方法[J]. 中国电机工程学报，2000，20(8)：6-10.

[7] 郑健超，陈详训，覃剑，等. 验证小波变换行波故障测距法的现场试验[J]. 电网技术，2001，26(3)：26-29.

[8] 覃剑，黄震，杨华，等. 同杆并架双回线路行波传播特性的研究[J]. 中国电机工程学报，2004，24(6)：30-34.

[9] 李冰，覃剑，雷林绪，等. 基于小波变换技术的混合电流电压行波测距系统在660kV输电工程中的应用[J]. 电力设备，2006，6(6)：26.

[10] 雷林绪,覃剑,等. IEC 60860-6-103 传输规约在行波故障测距装置中的应用[J]. 电力设备,2006,31(s2):262-266.

[11] 雷林绪,李冰,覃剑,等. 基于嵌入式 Linux 操作系统的网络通信测距终端的研制[J]. 电力信息化,2006,26(s2):163-166.

[12] 覃剑,陈详训. 基于小波变换技术的新型输电线路故障测距系统[J]. 国际电力,2001,6(4):31-36.

[13] 覃剑,葛维春,邱金辉,等. 影响输电线路行波故障测距精度的主要因素分析[J]. 电网技术,2006,31(2):28-36.

[14] 郭宁明,覃剑,陈详训. 雷击对行波故障测距的影响及识别[J]. 电力系统自动化,2008,32(6):66-69.

[15] 许明,徐振,李配配,等. 基于 EEMD 分解的混合线路综合故障测距方法[J]. 电网技术,2014,38(s2),232-236.

[16] 梁珺,徐波,杨杰,等. 基于多端行波的配电网故障定位系统研制[J]. 电网技术,2016,41(s1),196-199.

[17] 许勇,牛永会,郭宁明,等. 新型输电线路故障测距系统的研制[J]. 电力系统保护与控制,2014,42(12):119-124.

[18] 郭宁明,覃剑,陈详训. 基于信号相位检测的输电线路行波故障测距方法[J]. 电网技术,2009,33(3):20-24.

[19] 鹿洪刚,覃剑,陈详训. 36kV 电力电缆在线故障测距仿真研究[J]. 电网技术,2008,32(24):81-86.

[20] 鹿洪刚,覃剑,陈详训,等. 电力电缆故障测距综述[J]. 电网技术,2004,28(20):68-63.

# 第4章 风电场储能关键技术研究及其在卧牛石乡的示范工程

## 4.1 研究现状

### 4.1.1 风电研究现状

随着风电在电力系统中的比重不断攀升，风电功率的波动将对电网正常运行产生较大影响[1]。如何在保证电网安全运行的同时最大限度利用风电，是我们面临的一大课题。国内外专家和学者从不同角度提出了多种解决方案，对促进风电的利用起到了积极作用。文献[2]提出了基于电力平衡确定最大接纳风电能力的计算方法和提高风电接纳能力的具体措施。文献[3]提出了多时间尺度的有功协调优化调度模式，通过逐级降低由于风电接入后电网运行的不确定性，增加系统接纳风电的能力。文献[4]设计了适用于风电运行管理的扁平化调度模式。文献[5]提出了以集中控制为目标、分级协调控制为过渡的互联电网有功功率调度与控制的解决方案。文献[6]提出了基于多目标粒子群算法的优化调度新方法。文献[7]给出了一种风电场内各风电机组间功率的分配方法。文献[8]提出了一种基于超短期风电预测的自动发电控制方法。

我国北方风电的一个特点是集中外送，但是电网的建设滞后于风电的发展，网架相对薄弱，地区风电功率的随机波动和反调峰特性使得电网有必要在不同的断面给予约束，因此风电场容易受到输电断面安全的约束而弃风。目前国内的风电场有功调度主要采用如下两种方式。

(1) 人工调度方式。调度员根据断面稳定限值和电网运行情况给各个风电场下发控制指令。这种方式适用于风电场和断面约束较少的情况。对于大规模风电场集群且断面复杂的情况，这种方式则难以应对，可能造成风电资源的浪费。

(2) 发电计划方式。根据风电功率预测系统和负荷预测系统提供的数据制定各个风电场的发电计划，再将计划值下发至各个风电场执行，这种方式应用于实时发电调度时，存在预测结果不确定、预测精度较差、预测周期与控制周期不匹配等问题[9-10]。

### 4.1.2 风电场储能研究现状

目前，爱尔兰、德国、美国等国的科研机构或高校已经就大规模风电接入下的发电计划方法开展了相关研究工作，尽管实现方法上有所不同，但本质上，这些方法都是通过模拟风电实际功率产生多个风电模拟场景，然后根据生成的风电模拟场景来进行系统发电计划的制订。目前，这些方法多处于研究阶段。

发电计划中不考虑风电出力即将风电功率当做功率值为 0MW 的负荷节点，风电出力的波动即为该节点的负荷波动。电力系统在实际调度运行中，通过已有的备用容量来消纳系统负荷和风电的变化。在风电占比较小、风电功率预测等相关配套设施较为欠缺的地区，该种方法相当于降低了系统负荷预测的精度，发电计划结果不变，但会对电力系统实时调度运行造成一定的影响。在一定的范围内，系统仍可以通过已有的功率调节能力来保证系统运行的安全可靠性，但随着风电的大规模并网，风电功率预测误差将会对电网的安全可靠性产生不可忽略的影响。

依据风电功率预测值，在发电计划中将风电功率预测值当做“负负荷”处理，也可以理解成当做固定出力机组来处理。相比于将风电出力当做系统负荷预测误差，该方法可以减小风电对系统实时调度运行带来的影响。

研究表明，预测的时间尺度越大，预测误差也越大。基于这种理论，可以根据滚动发电计划方法，假定系统风电预测功率、负荷预测功率及机组运行状态都是每隔 $m$ 小时更新一次，这样，在每次信息更新时即进行未来 24h 的发电计划计算。$m=24$ 和 $m=6$ 时，滚动发电计划示意图如图 4.1 所示。

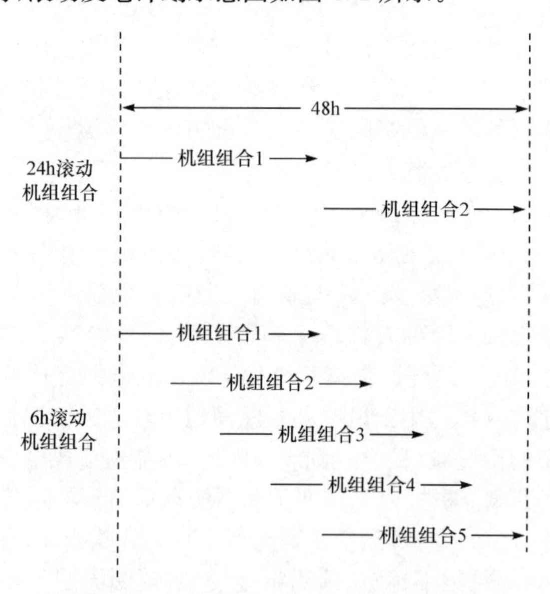


图 4.1　滚动发电计划示意图(24h 和 6h)

在 $m$ 较大时，这种方法是一种日前发电计划方法，在 $m$ 较小时是日内发电计划方法。该方法利用最新的系统数据制订滚动计划，能有效提高系统运行效率和对风电的消纳水平，降低运行成本。以加州独立运行机构（California Independent Operator，CAISO）为例，对于较大的 $m$ 值，发电计划计算在每次数据更新后，需要电网运行机构、协调机构、发电厂等共同参与，获得风电预测功率的时刻与计划对应时段之间均有较大时间间隔，在目前风电功率预测水平下，风电功率预测误差对系统调度运行带来的影响仍不可避免。

CAISO 电力市场构架、市场设计及技术升级（market redesign and technology upgrade，MRTU）、间歇性能源参与项目（participating intermittent resource program，PIRP），针对风电的调度在本质上也是一种基于风电预测功率进行日前及日内发电计划的方法。CAISO 在未来将逐步完善其日前及实时市场，也是缘于预测时间尺度越短，风电功率预测误差越小的特点。

基于 Benders 分解算法考虑网络约束及风电功率预测误差的发电计划方法，分为风电场景模拟和发电计划计算两部分。在风电场景模拟部分，首先假定风电预测功率误差服从正态分布，然后根据系统的风电预测功率值以及系统风电功率预测误差分布特性，通过改进的 Monte Carlo 方法随机产生大量风电模拟场景，然后通过筛选得到包含有限数目风电模拟场景的集合 $S$，$S$ 可看作是对风电实际功率值的模拟。发电计划计算部分会根据风电预测功率及风电模拟场景集 $S$ 进行发电计划计算，该部分问题又分为两大部分：第一部分为主问题，即根据风电功率预测值进行发电计划计算；第二部分为风电模拟场景校验，即对 $S$ 中的模拟场景进行可行性检验，若校验未通过，则通过向主问题中返回相关不等式约束，重新对主问题进行计算。

在现有系统条件下，该方法能够有效地提高系统对风电的接纳水平，但该方法主要有计算量大的缺点。对于日前 24 点风电计划，假定每个点有 5 个可能的风电功率值，那么总的风电场景数为 $5^{24}\approx6\times10^{16}$，仅风电场景筛选计算量就十分巨大。实际系统中可能采用 96 点计划，计算可能无法进行。此外，该方法对风电功率预测误差分布模型没有严格的论证，同时，它只是对单个风电机组问题进行了验证，对多个风电机组模拟场景的产生及处理方法并未进行分析。

根据场景树，首先根据风电预测功率值制订出确定的日前计划。假定在实时运行中，各火电机组状态、负荷预测值、风电预测值每隔 $m$ 小时更新一次，滚动发电计划则根据最新的信息，每 $m$ 小时进行一次从系统信息更新时刻到功率预测时间段末尾的随机发电计划计算。同时，在计算过程中，假定最初 $m$ 小时风电功率值同预测值相同，计划剩余时段包含一定数目的风电场景，并且其长度是变化的，该方法具体如图 4.2 所示。

火电机组在所有风电场景下的开停状态是相同的，目标函数为火电机组在所有风电场景下的总燃料费用期望值与火电机组开停费用之和最小，该方法最终得到所有机组的开停计划和次日第一个时段的机组出力计划。

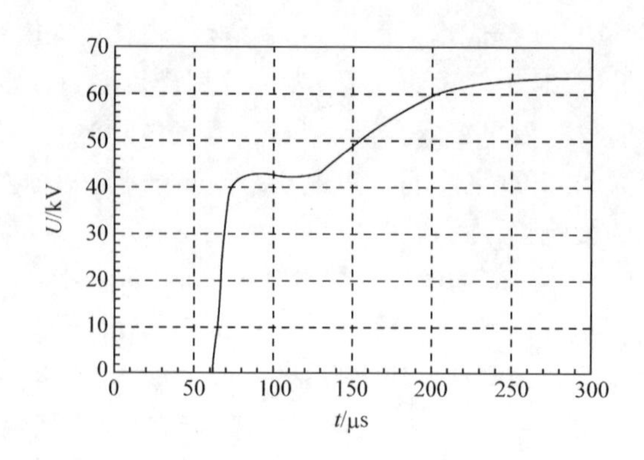


图 4.2　滚动随机发电计划示意图($m$=3 时)

滚动随机发电计划方法是一种考虑了风电功率预测误差、综合日前及日内的发电计划制订方法,它能够根据系统的最新信息提高计划的经济性及系统对风电的消纳水平。

ABB 公司的 Fabian Hess 在其报告中对储能系统的应用作了概述,如表 4.1 所示。给定储能系统的额定功率和额定容量后,表 4.1 根据地区是否可以建设抽水蓄能系统,从经济角度给出了储能系统的最佳选择。分析可知,化学储能在应用范围上要大于抽水蓄能系统,但在大功率及大容量储能系统选择上,抽水蓄能系统的建设具有更好的经济性,如果地区不能建设抽水蓄能系统,相同情况下,钠硫电池系统、钒流体电池系统及铅酸电池系统将具有较高的经济性。

**表 4.1　储能系统在电力系统中最佳选择**

<table>
<tr><th rowspan="2"></th><th>储能系统　功率/MW</th><th rowspan="2">1</th><th rowspan="2">3</th><th rowspan="2">10</th><th rowspan="2">30</th><th rowspan="2">100</th><th rowspan="2">300</th></tr>
<tr><th>容量/MWh</th></tr>
<tr><td rowspan="7">可以建设抽水蓄能</td><td>1</td><td>铅酸电池</td><td>铅酸电池<br>镍镉电池</td><td>—</td><td>—</td><td>—</td><td>—</td></tr>
<tr><td>3</td><td>铅酸电池<br>钠硫电池</td><td>铅酸电池</td><td>铅酸电池<br>镍镉电池</td><td>—</td><td>—</td><td>—</td></tr>
<tr><td>10</td><td>钠硫电池</td><td>抽水蓄能</td><td>抽水蓄能</td><td>铅酸电池<br>镍镉电池</td><td>—</td><td>—</td></tr>
<tr><td>30</td><td>抽水蓄能</td><td>抽水蓄能</td><td>抽水蓄能</td><td>抽水蓄能</td><td>抽水蓄能</td><td></td></tr>
<tr><td>100</td><td>—</td><td>抽水蓄能</td><td>抽水蓄能</td><td>抽水蓄能</td><td>抽水蓄能</td><td>抽水蓄能</td></tr>
<tr><td>300</td><td>—</td><td>—</td><td>抽水蓄能</td><td>抽水蓄能</td><td>抽水蓄能</td><td>抽水蓄能</td></tr>
<tr><td>1000</td><td>—</td><td>—</td><td>—</td><td>抽水蓄能</td><td>抽水蓄能</td><td>抽水蓄能</td></tr>
</table>

续表

| | 储能系统 功率/MW<br>容量/MWh | 1 | 3 | 10 | 30 | 100 | 300 |
|---|---|---|---|---|---|---|---|
| 不可以建设抽水蓄能 | 1 | 铅酸电池 | 铅酸电池<br>镍镉电池 | — | — | — | — |
| | 3 | 铅酸电池<br>钠硫电池 | 铅酸电池 | 铅酸电池<br>镍镉电池 | — | — | — |
| | 10 | 钠硫电池 | 铅酸电池<br>钠硫电池 | 铅酸电池 | 铅酸电池<br>镍镉电池 | — | — |
| | 30 | 钠硫电池<br>钒流体电池 | 钠硫电池 | 铅酸电池<br>钠硫电池 | 铅酸电池 | 铅酸电池<br>镍镉电池 | — |
| | 100 | — | 钠硫电池<br>钒流体电池 | 钠硫电池 | 铅酸电池<br>钠硫电池 | 铅酸电池 | 铅酸电池<br>镍镉电池 |
| | 300 | — | — | 钠硫电池<br>钒流体电池 | 钠硫电池 | 铅酸电池<br>钠硫电池 | 铅酸电池 |
| | 1000 | — | — | — | 钠硫电池<br>钒流体电池 | 钠硫电池 | 铅酸电池<br>钠硫电池 |

电力系统中已经成功应用的化学储能系统案例有：美国犹他州 Castle Valley 已运行三年的 250kW×8h 全钒液流电池储能系统，它主要用于负荷的削峰填谷，从而延迟配电网的改造升级；澳大利亚 King Island 的 250kW×4h 全钒液流电池储能系统，它同该区域新能源机组、柴油机组构成经济、环保、可控的联合机组，能有效提高孤岛电网的新能源接纳水平；日本 Sapporo 的 4MW×1.5h 全钒液流电池储能系统，其最大可承受功率为 6MW，可以实现新能源和储能系统的联合控制；中国上海电网的储能应用系统，它包括 34MW×7.2h 钠硫电池系统、4MW×1.5h 液流电池系统以及 2MW×0.25h 的锂电池系统，它主要用于配电网的削峰填谷、提供无功支撑、提高供电可靠性及新能源接入方面。化学储能系统由于建造成本高昂，并网容量有限，目前仅处于试验阶段或用于支撑微电网运行，单独并网的大容量储能系统在电网中应用有限。

## 4.2 工程需求

### 4.2.1 研究的目的及意义

与我国风电装机容量快速增长不相匹配的是我国风电发电量占全部发电量的比例，根据相关统计资料显示，2006～2009 年，我国的风电发电量占比分别为

0.1%、0.2%、0.4%和0.74%，远远落后于其他风电大国。风电占比较小时，系统增加备用容量即可平抑它所带来的功率波动，但在风电占比较高情况下，应在考虑电网安全约束的同时，尽可能提高系统对风电的消纳能力。

### 4.2.2 技术背景

1. 控制系统总体设计

1) 系统结构

AGC协调控制软件数据处理的流程如图4.3所示。

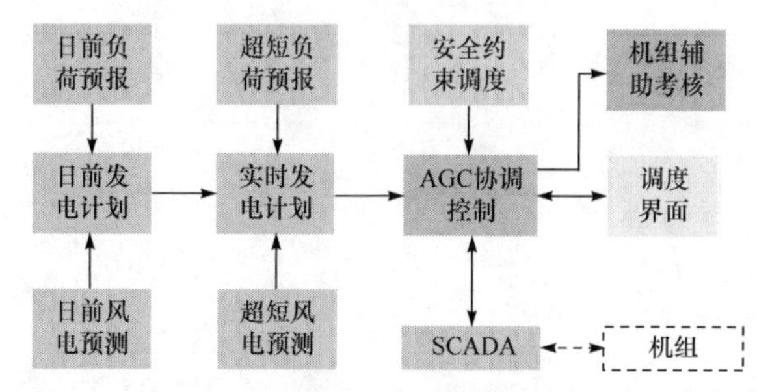


图4.3 AGC协调控制软件数据流程

2) 功能设计

实现新能源机组与常规机组的协调控制策略，通过优化常规机组备用，提高电网接纳风电的能力，提升电网运行的经济性；具备电场实时发电计划与AGC的一体化协调控制策略，实现有功波动的逐级消纳。图4.4为AGC协调控制功能模块。

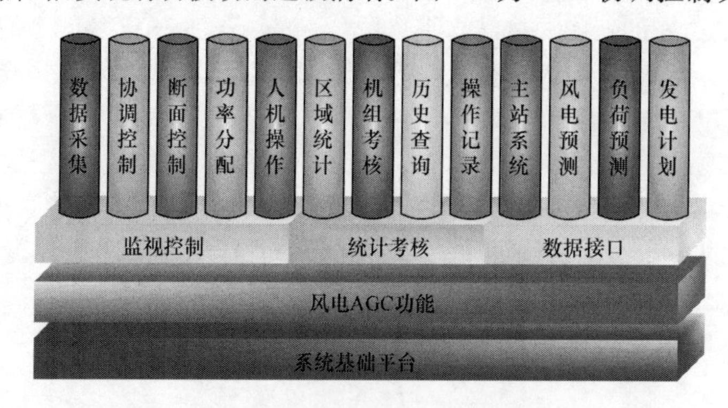


图4.4 AGC协调控制功能模块

2. 机组AGC控制方式

1) 火电机组

火电机组既可通过单机控制，也可进行全厂控制，通过电厂上送的相关遥测和遥信判断机组投入状态。

2）水电机组

水电厂也可进行单机控制或全厂控制，通过电厂上送的相关遥测和遥信判断机组投入状态。

3）风电机组

风场只对全场有功进行控制，指令下发到风场，再由风场将指令值分配到各风机。对于有多套监控系统的风场，在主站将该风场分开建模并分别控制。

4）储能电站

储能电站须上送 AGC 允许和投入信号，主站下发储能电站的充放电功率实现对储能的控制。

调节量分配方式：按分配因子、速率比例分配；按机组速率、容量等排序分配。图 4.5 为常规机组调节量分配。

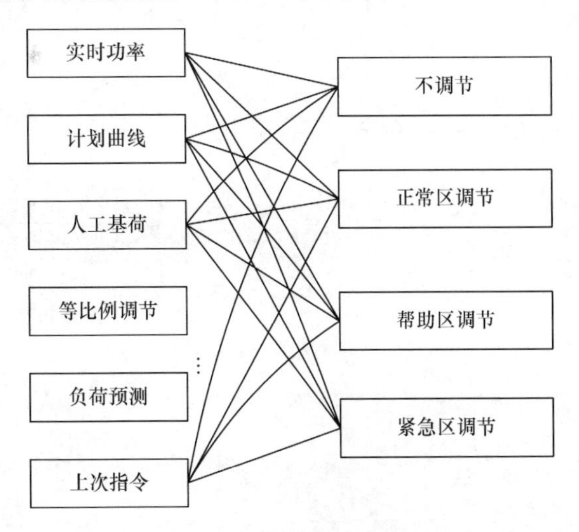


图 4.5　常规机组调节量分配

风电场 AGC 具有以下特性：

(1) 进行全场控制时可以通过对各风机变桨、停机或两种方式混搭来实现，图 4.6 为风机控制类型；

(2) 响应速度较快，单机调节速率通常在 40～70kW/s，全场控制指令执行周期通常不超过 1min；

(3) 有功和无功耦合度很低，AGC 调节中可以忽略无功的影响；

(4) 紧急情况下，可在 10s 内停机；

(5) 进行全场控制时，各类型风机的调节性能总和差别不大，无须区别对待；

(6) 风机在运行中有共振点，但风电场控制系统会自动调节使风机避开共振点。

风电 AGC 结构示意图及 AGC 机组运行监视如图 4.7 和图 4.8 所示。

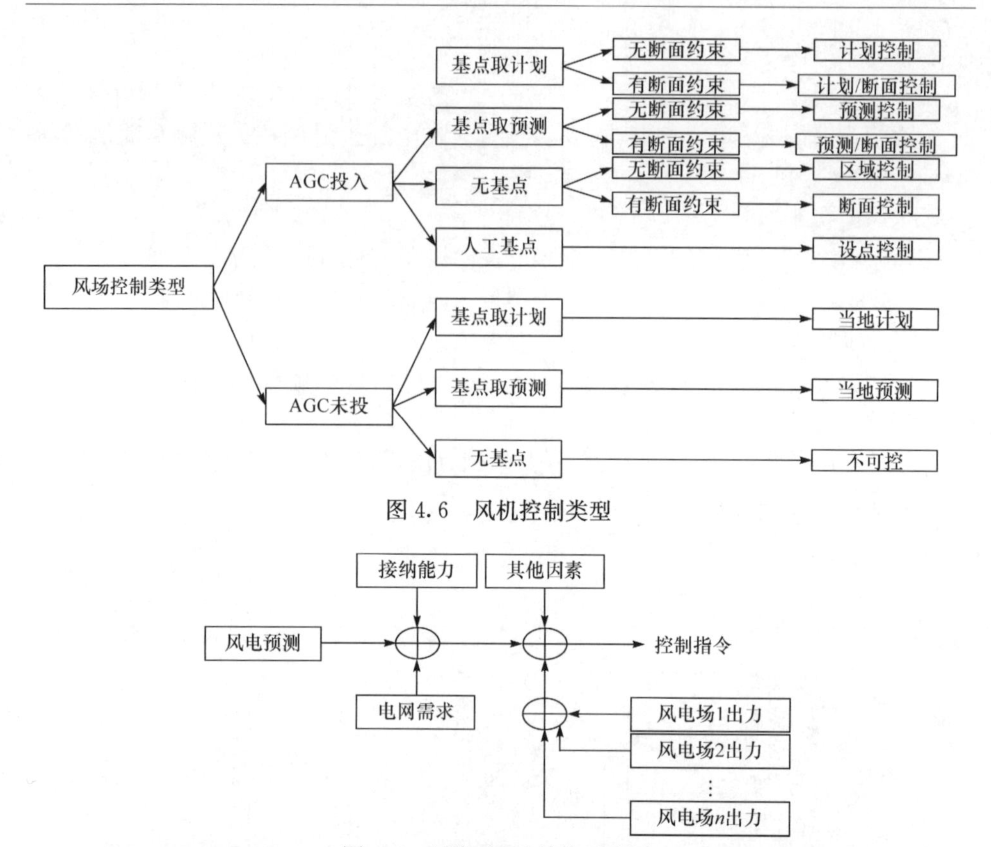


图 4.6　风机控制类型

图 4.7　风电 AGC 结构示意图

调度操作　考核统计　其它报告　系统维护　帮助　　2014-05-12 15:16:22

运行监视

AGC机组　火 水 风 全部　1 2 3

| [illegible] | [illegible] | [illegible] | [illegible] | ACE[illegible] | ACE[illegible] | ACE[illegible] | [illegible] | [illegible] | [illegible] | [illegible] | ACE | [illegible] | NOB[illegible] | NOB[illegible] |
|---|---|---|---|---|---|---|---|---|---|---|---|---|---|---|
| 辽宁电网 | [illegible] | 49.9527 | -181.41 | -249.69 | -264.28 | -233.11 | -100.0 | TBC | [illegible]ACE | CPS[illegible] | [illegible] | 339.79 | 1504.46 | 90.54 |

| [illegible] | [illegible] | [illegible] | [illegible] | [illegible] | [illegible] | [illegible] | [illegible] | [illegible] | [illegible] | [illegible] | [illegible] | [illegible] | [illegible] |
|---|---|---|---|---|---|---|---|---|---|---|---|---|---|
| [illegible]DC1 | 自动/基点调节 | NOB无基点调节 | 正常区调节 | 171.17 | 174.14 | 174.14 | 270.0 | 180.0 | 4.5 | 300.0 | 165.0 | 0 | 子站投/主站投 |
| [illegible]DC2 | 自动/基点调节 | BLO定负荷控制 | 不调节 | 171.17 | 165.0 | 165.0 | 165.0 | 180.0 | -4.04 | 300.0 | 165.0 | 0 | 子站投/主站投 |
| [illegible]DC2 | 自动/基点调节 | NOB无基点调节 | 正常区调节 | 193.69 | 195.47 | 195.47 | 175.0 | 215.0 | 5.3 | 350.0 | 175.0 | 0 | 子站投/主站投 |
| [illegible]DC1 | 自动/基点调节 | BLO定负荷控制 | 不调节 | 183.85 | 180.0 | 180.0 | 180.0 | 180.0 | -4.52 | 300.0 | 165.0 | 0 | 子站投/主站投 |
| 大连湾DC3 | 自动/基点调节 | BLO定负荷控制 | 不调节 | 216.12 | 210.0 | 210.0 | 210.0 | 215.0 | -4.46 | 350.0 | 210.0 | 0 | 子站投/主站投 |
| 大连湾DC4 | 自动/基点调节 | BLO定负荷控制 | 不调节 | 216.7 | 210.0 | 210.0 | 210.0 | 215.0 | -3.78 | 350.0 | 175.0 | 0 | 子站投/主站投 |
| [illegible]DC1 | 自动/基点调节 | BLO定负荷控制 | 不调节 | 183.28 | 180.0 | 180.0 | 180.0 | 180.0 | -0.85 | 300.0 | 165.0 | 0 | 子站投/主站投 |
| [illegible]DC2 | 自动/基点调节 | NOB无基点调节 | 正常区调节 | 176.89 | 176.31 | 176.31 | 200.0 | 180.0 | 4.3 | 300.0 | 165.0 | 0 | 子站投/主站投 |
| [illegible]DC2 | 自动/基点调节 | NOB无基点调节 | 正常区调节 | 175.12 | 179.5 | 179.5 | 200.0 | 180.0 | 6.68 | 300.0 | 175.0 | 0 | 子站投/主站投 |
| [illegible]DC1 | 自动/基点调节 | NOB无基点调节 | 正常区调节 | 120.19 | 123.0 | 123.0 | 170.0 | 120.0 | 5.19 | 200.0 | 120.0 | 0 | 子站投/主站投 |
| [illegible]DC4 | 自动/基点调节 | NOB无基点调节 | 正常区调节 | 204.56 | 208.74 | 208.74 | 210.0 | 215.0 | 6.43 | 350.0 | 200.0 | 0 | 子站投/主站投 |
| [illegible]DC2 | 自动/基点调节 | BLO定负荷控制 | 不调节 | 178.91 | 175.0 | 175.0 | 175.0 | 180.0 | -3.75 | 300.0 | 165.0 | 0 | 子站投/主站投 |

报警信息

| [illegible] | [illegible] |
|---|---|
| 15:16:05 | [illegible]DC1[illegible] |
| 15:15:00 | [illegible]DC1[illegible] |
| 15:15:00 | [illegible]DC2[illegible] |
| 15:15:00 | [illegible]DC2[illegible] |
| 15:13:30 | [illegible]DC2[illegible] |
| 15:12:00 | [illegible]DC1[illegible] |
| 15:12:00 | [illegible]DC2[illegible] |
| 15:10:30 | [illegible]DC1[illegible] |
| 15:10:30 | [illegible]DC2[illegible] |
| 15:09:00 | [illegible]DC1[illegible] |

下发记录

| [illegible] | [illegible] | [illegible] | [illegible] | [illegible] |
|---|---|---|---|---|
| [illegible]DC1 | 15:15:00 | 300.0 | 2.07 | 2.07 |
| [illegible]DC1 | 15:15:00 | 320.0 | 0.0 | -1.15 |
| [illegible]DC1 | 15:15:00 | 138.99 | 4.5 | 4.5 |
| [illegible]DC4 | 15:15:00 | 330.0 | 0.0 | -3.0 |
| [illegible]DC3 | 15:15:00 | 330.0 | 0.0 | -1.0 |
| [illegible]DC1 | 15:15:00 | 198.67 | 3.51 | 4.8 |
| [illegible]DC6 | 15:15:00 | 330.0 | 0.0 | -7.81 |
| [illegible]DC5 | 15:15:00 | 330.0 | 0.0 | -7.81 |
| [illegible]DC2 | 15:15:00 | 215.0 | 0.0 | 0.37 |
| [illegible]DC1 | 15:15:00 | 135.07 | 0.0 | -5.0 |

| [illegible] | [illegible] | [illegible] |
|---|---|---|
| [illegible] | -8200.16 | -8018.75 |

联络线信息

| [illegible] | [illegible] | [illegible] |
|---|---|---|
| [illegible] | -8200.16 | [illegible] |

图 4.8　AGC 机组运行监视

风电 AGC 系统通过实时监视风场对预测曲线的跟踪情况，判断该风场是否有能力跟踪预测曲线，对于没有能力跟踪预测曲线的风场，在将预测值下发到该风场的同时，该风场的预测值调节量将不再计入区域调节功率。

1）风电输送断面控制

将风电场投入断面控制时，风电场的控制模式为断面调整模式。在进行断面控制时，首先需要计算出控制断面的控制偏差，该控制偏差为断面输出潮流限值与断面实际潮流值，并留有一定的稳定裕度。风电场功率控制功能模块自动将断面控制偏差按照给定的风电场功率分配策略分配给各个参与调整的风电场，将参与断面控制分配得到的分配量对参与调整风电场原计划进行修正得到控制目标后，再将其发送至各个风电场。

断面在正常区：只有投入断面控制模式的风场承担断面的上调节量，保证电网优先接纳风电，在对断面下的风场进行功率分配时，按照“三公”调度要求进行合理安排，同时挖掘各风场的最大发电能力，实现对风电功率的多分层、多循环分配方案，提高电网接纳风电的能力。

断面在越限区：先调节常规机组出力，只有常规机组备用不足时才调节断面下的风场，在调节断面下风场时仍遵循上述在断面正常区的分配原则。

2）风电计划/断面控制

在风电场参与计划和断面控制时，风电场控制模式为计划/断面模式，风电场出力受断面和计划值的双重约束控制。

断面在正常区：该类风电场的目标出力仅由风电场的实时计划决定，不参与断面调节。风电控制模块实时或按照一定的时间间隔读取计划模块提供的日内（滚动）计划，再将读取到的风电场日内计划值实时或按一定时间间隔发送至风电场，风电场按照接收到的计划值调整风电场的实际出力。

断面在越限区：先下调断面下的常规机组出力，常规机组备用不足时，再下调断面下跟断面的风电场出力，当断面下常规机组、跟断面风场和备用都不能满足断面调节需求时，最后才下调断面下跟计划或预测控制模式的风场。

3）风电预测/断面控制

在风电场参与预测和断面控制时，风电场控制模式为预测/断面模式，风电场出力受断面和预测值的双重约束控制。

断面在正常区：风电场的目标出力仅由风电场的超短期风功率预测值决定，不参与断面调节。风电控制模块实时或按照一定的时间间隔读取预测模块提供的风功率预测值，再将读取到的风电场预测值实时或按一定时间间隔发送至风电场，风电场按照接收到的预测值调整风电场的实际出力。

断面在越限区：先下调断面下的常规机组出力，常规机组备用不足时，再下调断面下跟断面的风电场出力，当断面下常规机组、跟断面风场和备用都不能满足断面调节需求时，最后才下调断面下跟计划或预测控制模式的风场。

4）风电参与区域协调控制

在风电场参与区域协调控制时，风电场控制模式为区域控制模式。采用风电优先原则进行 AGC 协调控制，当电网有出力上调需求时，优先调节风电，风电上备用不够时才调节火电和水电；当电网有出力下调需求时，优先降火电和水电出力，只有火电和水电下备用不够时才下调风电出力。

区域在正常区时：参与区域协调控制的风场始终在当前出力的基础上保持一个步长的向上调节量，避免风电场限电，由常规机组响应区域的调节需求。

区域处于上紧急区时：对区域下的风电场进行反向出力调节闭锁，避免对区域进行反向调节，同时计算区域下常规机组的快速调节备用，当快速调节备用不足以在短时间内使电网恢复正常时，区域控制模式的风电场将按设定的分配方式，参与区域调节，使电网尽快恢复正常。

5）风电设点控制

在风电场参与设点控制时，风电场控制模式为设点控制模式。风电场 PLC 维持调度员给定的出力目标值，该类风场不再参与调节功率分配。风电系统 AGC 监控界面如图 4.9 所示。

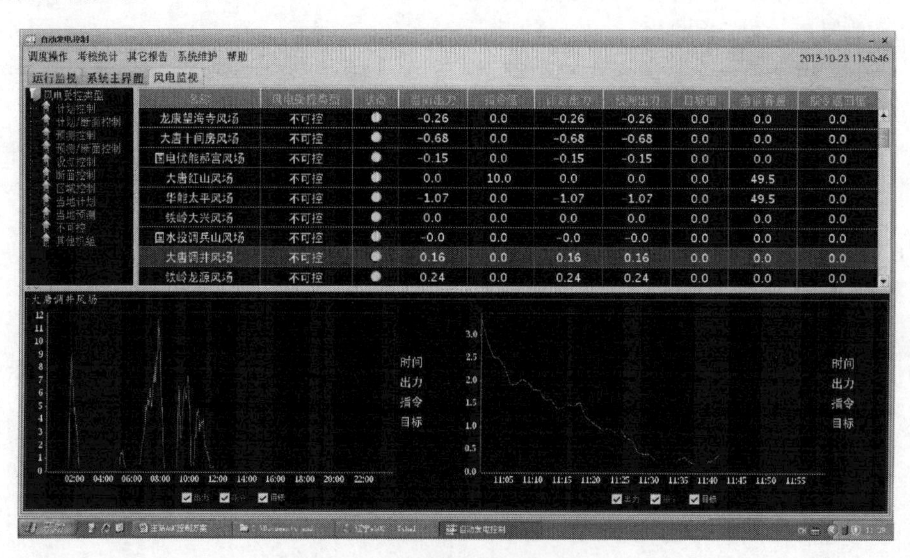


图 4.9　风电系统 AGC 监控界面

## 3. 储能电站控制方式

因为储能系统容量有限，且调节出力速度较快，故只有在系统即将进入紧急区的情况下才启动储能的调节作用，在死区和正常区时，使储能装置的电量维持在一个恒定值，以便为上调和下调出力时预留一定的调节空间。而其充放电功率则计入系统调节量需求。储能系统 AGC 监控界面如图 4.10 所示，储能控制策略示意图如图 4.11 所示。

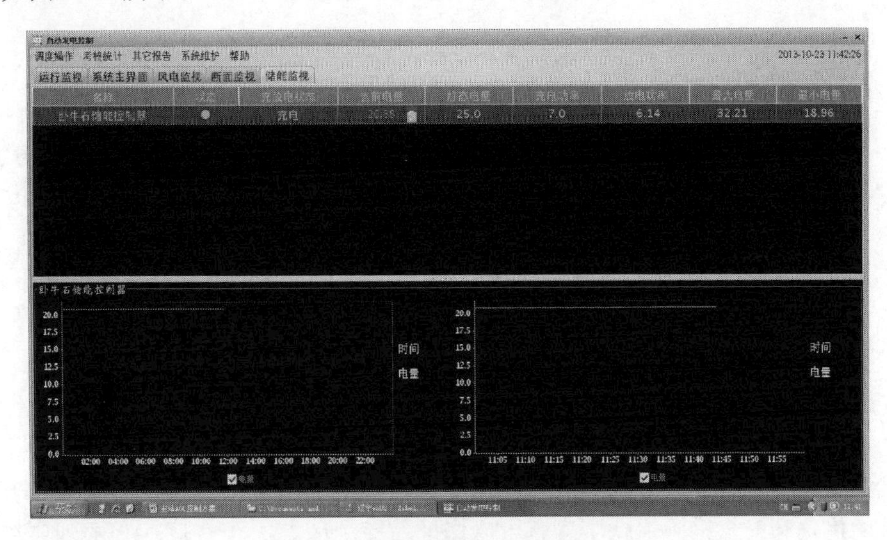


图 4.10　储能系统 AGC 监控界面

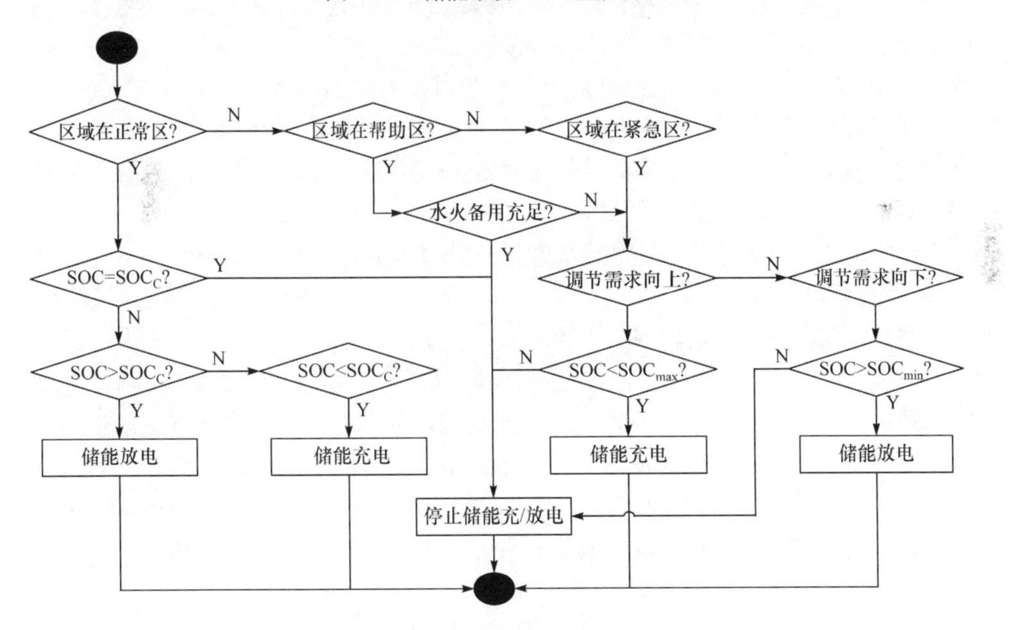


图 4.11　储能控制策略示意图

# 4.3 风电场储能关键技术原理

## 4.3.1 风电和储能系统接入对电力调度的影响

风电功率输出具有波动性、不可准确预测性及反调峰特性，本章从这三方面研究其对电力系统发电计划的影响。电网中的储能系统主要包括抽水蓄能电站和化学储能系统，抽水蓄能电站的功率特性整体上类似水电厂，不同之处在于它需要考虑蓄能环节。本书主要关注化学储能系统在发电计划中的建模及其影响分析。

目前风能的发电功率和发电量本质上源于自然界的大气流动和太阳辐射。自然能源的获取受到天气状况的影响和制约。当这些受自然因素影响的新型能源并网的比例达到一定程度后必然会对当前的调度方式产生影响。可以考虑两个极端方式情况下的电网调度方式：其一，风电装机相对于电网容量而言比例很小，调度现有的优化和安全措施保持不变就可以保证新能源能源的正常接入和解列（影响忽略不计）；其二，考虑只有风电发电的“纯绿色”电网的情况，为了保障电网的不间断平稳供电必须配备电能存储装置，以保障在没有风和阴天的情况下的能源获取。本书讨论的新能源调度问题主要是介于上述两种极端情况的“中间”状态，更准确的描述是在利用电网内部常规电源可以平抑间歇能源的波动性的情况下的电网调度问题。从原则上讲，大规模新能源调度的优化将要面对的问题就是包含新能源和常规能源及存储装置的协调优化。

综上所述，研究新能源调度问题需要考虑和解决的本质问题是风电、火电及水电间的协调和优化问题。

1）风电功率预测误差分析

风电功率预测一种方法是首先预测风速，然后利用风速与风机功率输出关系得到风电的功率预测值；另一种方法是建立风速、风向、温度、湿度等气象条件与风电厂有功输出功率之间的对应关系，根据预测的气象条件直接得到风电功率预测值。不管在哪种情况下，风电功率预测都起始于对风电厂所在地的气象预测，考虑到气象预测的不精确性以及功率计算模型或功率预测模型的不精确性，风电功率预测必然存在一定的误差，这种误差一般是 10 分钟或小时级的。

尽管风电功率预测存在一定的误差，但误差在整体上会呈现出一定的概率分布特性，可采用正态分布拟合，在拟合过程中，原始数据中相对误差绝对值大于 30％的仅占 0.67％，为了提高模型精度，在原始数据中将该部分数据剔除。

风电的功率预测误差为 10 分钟到 1 小时级，它主要对系统备用容量及火电机组爬坡能力产生影响。下面从数学角度进行分析。

系统风电功率预测误差特性可以用其分布模型典型参数——期望值和标准差来表示，具体如式(4.1)所示。

$$q=\left|\frac{P_f-P_{\text{act}}-\mu_{\text{wind}}\times P_{\text{wind,Cap}}}{P_{\text{wind,Cap}}\times\sigma_{\text{wind}}}\right| \tag{4.1}$$

式中，$P_f$ 为风电功率预测值；$P_{\text{act}}$为风电功率实测值；$\mu_{\text{wind}}$为风电功率预测相对误差期望；$\sigma_{\text{wind}}$为风电功率预测相对误差标准差；$P_{\text{wind,Cap}}$为系统风电装机容量。需要说明的是，在模型具体计算中，如果出现弃风现象，$P_f$ 应取为风电功率计划值。

本节定义 $q$ 为风电功率偏差系数，用来表征风电实际功率偏离预测值的程度。考虑到实际风电功率预测误差分布特性以及风电装机容量限制，在进行发电计划计算之前，风电预测偏差系数可以根据系统可靠性的要求给定一个上限值，记为 $q_{\text{given}}$。系统对风电预测功率偏差的消纳能力有限，因此偏差系数实际取值可能小于 $q_{\text{given}}$，其值在风电功率高于和低于预测值时分别记为 $q_{m,h}^{\text{up,actual}}(\geqslant 0)$和 $q_{m,h}^{\text{down,actual}}(\leqslant 0)$，对于各风电机组及各时段有不等式约束条件(4.2)。

$$\begin{cases}0\leqslant q_{m,h}^{\text{up,actual}}\leqslant q_{\text{given}}\\0\leqslant -q_{m,h}^{\text{down,actual}}\leqslant q_{\text{given}}\\m=1,\cdots,W;\quad h=1,\cdots,H\end{cases} \tag{4.2}$$

式中，$W$ 为系统风电机组总数；$m$ 为风电机组编号；$h$ 为计划时段标号；$H$ 为计划时段总数。

假定系统负荷预测是精确的，各个风电机组都有功率预测系统，它们的风电功率预测误差期望值为 0，并且各风电机组预测误差之间不存在相关性。《中华人民共和国可再生能源法》中规定："电网企业应全额收购其电网覆盖范围内可再生能源并网发电项目的上网电量。"据此，系统对备用容量的基本要求为：当风电出现系统所能容忍的最大偏差时，备用容量仍需满足给定的要求。实时调度中，风电功率预测误差需通过火电机组调整出力来予以消纳，这主要体现在系统对火电机组爬坡能力总和及单个火电机组的爬坡能力要求上。

图 4.12 中，$\text{PU}_{i,h}$ 及 $\text{PL}_{i,h}$ 分别为系统中风电在$h$ 时段出现低于预测值最大偏差和高于预测值最大偏差情况下火电机组 $i$ 所对应的功率值。例如，在 $h$ 时段，风电实际功率比预测值要高，火电机组需要减少总的出力来实现系统负荷平衡，系统火电机组因风电增加而需减少的功率值为 $\Delta P_{\text{sys,down},h}$，此时火电机组的总出力为 $\sum_{i=1}^{NG}\text{PL}_{i,h}$。风电功率低于、高于预测值最大功率偏差是与 $q_{\text{given}}$、$q_{m,h}^{\text{up,actual}}(\geqslant 0)$ 和 $q_{m,h}^{\text{down,actual}}(\leqslant 0)$ 相关的。当相邻时段出现风电功率偏差时，每个火电机组对应的 $\text{PL}_{i,h}$ 及 $\text{PU}_{i,h}$ 都应在其出力及爬坡能力范围内。

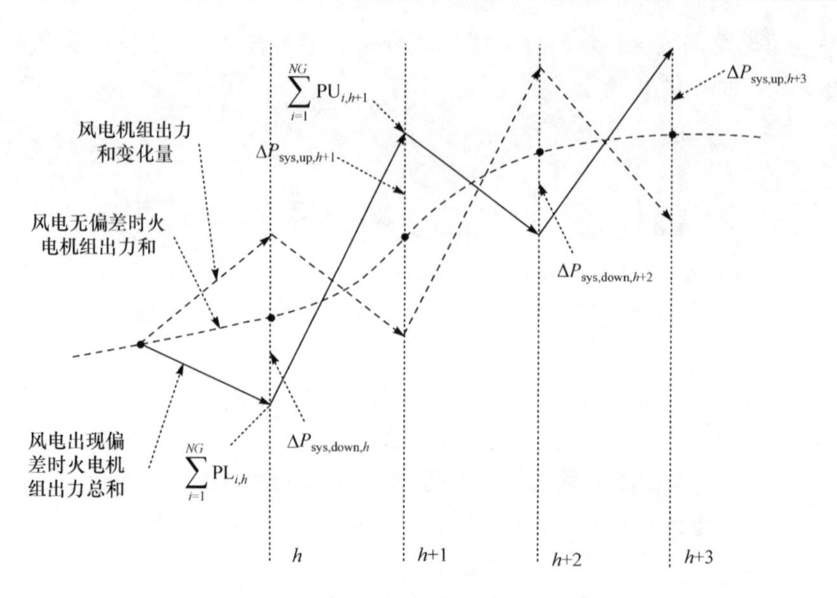


图 4.12　系统火电机组爬坡要求示意图

考虑风电功率预测误差后,发电计划模型对火电机组的备用及爬坡要求会有所提高,影响到火电机组的开停及出力,从而使系统具有更高的功率调节裕度来提高系统消纳风电的能力。

2) 风电的反调峰特性及影响

电力系统负荷峰值一般出现在白天,而谷值一般出现在凌晨,风电功率受气象条件影响明显,其峰值与谷值大多数情况与电力系统负荷恰好相反,此即风电的反调峰特性。图 4.12 为系统火电机组爬坡要求示意图。CAISO 在其报告中对风电反调峰特性所带来的过发电情况进行了深入讨论,其过发电主要发生在如下情形:①春季低负荷;②所有核电厂在线且满负荷运行;③水电站由于积雪快速融化而处在高功率运行阶段;④常规机组长时间处于开机状态并运行在最小出力水平;⑤由于地区稳定性及其他必须考虑原因,存在一定数目的必须开机机组;⑥风电处于高出力水平。在过发电的情况下,可控机组出力和其他电网输入的功率值都已在下限或关闭,而向外部电网输出功率值也达到上限,但此时系统电力仍然富余,电价成为负值,这也就意味着 CAISO 不得不付款来让邻近的电力运营商来消纳其富余的电能。此外,缺少日前风电功率预测、风电优先上网、电网运营商在期货市场中购买大量低价电能也会加剧过发电情况。

### 4.3.2　储能系统的特性和影响

化学储能系统是由多个储能电池建立的储能系统，储能电池主要有铅酸、镍镉、磷酸锂铁、钠硫及全钒液流体等种类。尽管化学储能系统可能包含不同种类的储能电池，从电网调度运行的角度来看，化学储能的功率特性整体上是类似的。化学储能系统不同于火电机组的主要特点在于如下方面。

(1) 它既可以作为电网运行中的电源，又可以作为负荷，并且存在电能容量约束。

(2) 储能电池的寿命同其充放电次数及充放电深度有着密切的联系，例如，ABB 公司设计的轻型 SVC 储能系统在 80%充放电深度下可实现 3000 次循环，而在 3%充放电深度下可以实现 100 万次循环，为了使储能系统有较长的寿命，储能系统在每个运行时段一般有存储电能上下限约束。

(3) 储能系统的充放电功率都存在额定值，当充放电功率超过其额定值时，它可以短时间运行，并且，储能系统最大充放电功率值与其对应时段的存储电能值相关。

(4) 储能系统可以实现充放电功率值以及充放电状态的迅速调整，单个储能电池从满充(放)状态到满放(充)状态的时间一般为秒级。

(5) 储能系统在充放电过程中会存在一定的功率损耗，即储能系统所充电能并不能全部释放，这可以用储能系统的充电能量效率系数和放电能量效率系数来表征。

储能系统中，抽水蓄能技术发展得比较成熟，其在电网调度运行中的主要作用是削峰填谷。相比于抽水蓄能电站，化学储能系统不仅可作为电源或负荷出现在电网中，同时它具有充放电状态及充放电功率快速可调、建设受地理环境影响弱等优点，随着生产制造成本的降低，化学储能系统必将有广阔的应用前景。在现发展阶段，小规模的化学储能系统一方面可以单独作为系统的 AGC 调节容量参与系统频率调节；另一方面，它可以通过公共连接点同风电厂在电网同一节点并网，并通过控制系统来平抑风电功率的波动性。随着储能规模的进一步扩大，化学储能系统同风电厂可以作为联合电厂上报计划曲线，联合电厂在发电计划中可以看作是一个各时段出力固定的常规机组，这也将大大减小风电功率预测误差或波动性给电网调度运行带来的影响。当化学储能系统发展到较大规模时，它可以作为一个独立的系统并入电网中，这时，化学储能系统的主要作用将类似于抽水蓄能电站。化学储能系统作为 AGC 备用不属于电力系统日前发电计划的研究范畴，而化学储能系统同风电厂组成联合电站运行情况，同传统发电计划方法中将风电当做“负负荷”处理方法是一致的，化学储能系统可以不出现在发电计划模型中。本节重点在于研究大规模储能系统作为独立系统并网的情形，建立发电计划中化学储能模型并验证其正确性，分析化学储能系统在发电计划中的作用、对系统消纳风电能力影响是本章的重点。

### 4.3.3 大规模风电系统接入的发电计划建模

电力系统发电计划模型是电网调度运行、制订发电计划的基础，模型能否如实反映电力系统的特性、模型精确程度都会直接影响最终计划的安全可靠性及经济性。随着风电的大规模并网，发电计划模型应考虑风电功率特性所带来的影响，实现考虑大规模风电并网的联合优化，提高系统对风电消纳能力、系统运行的安全可靠性和经济性。本节的研究重点是建立大规模风电及储能系统接入下的发电计划模型，模型中包含火电机组、风电机组、储能系统。火电机组考虑机组出力、爬坡、备用、最小开停机等约束，风电机组主要考虑其预测值及其功率预测误差的影响，同时考虑电网安全约束。为了便于后续比较分析，风电功率预测误差采用正态分布模型，并以算例对模型的有效性及发电计划结果进行了验证或分析。

1. 概述

考虑风电机组、储能系统构成的联合优化发电计划模型，它是在满足一定的约束条件下，计算目标函数最优解。适应大规模风电接入的发电计划模型是多目标和复杂约束的联合优化问题，计算目标是提高系统接纳风电的能力、降低系统总购电成本，约束条件需要满足系统负荷、火电机组及电网的运行或安全性要求，同时满足风电功率预测误差所带来的备用及火电机组爬坡要求。

2. 目标函数

大规模风电并网下发电计划的优化目标函数是降低系统总购电成本，同时提高系统消纳风电能力。系统的总购电成本包括两部分：一是火电机组的燃料费用，二是风电购电费用。系统对风电的消纳能力体现在两方面：一是系统弃风量，二是风电功率偏差系数绝对值在给定的范围内的取值。

火电机组燃料费用函数

$$F_{ci}(P_i)=a_i+b_iP_i+c_iP_i^2 \tag{4.3}$$

在实际计算中不采用机组费用函数的二次曲线直接计算，而是将费用的二次曲线用分段线性折线来表示。

风电购电费用函数

$$F(P_{f,m,h})=\sum_{i=1}^{NW}\sum_{h=1}^{H}(P_{f,m,h}\times F_{\text{wind}}) \tag{4.4}$$

风电功率预测偏差系数罚函数

$$F(q^{\mathrm{up}},q^{\mathrm{do}})=-M\times\sum_{m=1}^{NW}\sum_{h=1}^{H}(|q_{m,h}^{\mathrm{up}}|+|q_{m,h}^{\mathrm{do}}|) \tag{4.5}$$

系统弃风罚函数

$$F_q(p_{f,m,h})=N\times\sum_{m=1}^{NW}\sum_{h=1}^{H}(p_{f,m,h}^{f}-p_{f,m,h}) \tag{4.6}$$

模型总目标函数

$$\begin{aligned}\min\Bigg\{&\sum_{i=1}^{NG}\sum_{h=1}^{H}[F_{ci}(P_{i,h},I_{i,h})]+\sum_{i=1}^{NW}\sum_{h=1}^{H}(P_{f,m,h}\times F_{\mathrm{wind}})\\&-M\times\sum_{m=1}^{NW}\sum_{h=1}^{H}(|q_{m,h}^{\mathrm{up}}|+|q_{m,h}^{\mathrm{do}}|)+N\times\sum_{m=1}^{NW}\sum_{h=1}^{H}(p_{f,m,h}^{f}-p_{f,m,h})\Bigg\}\end{aligned} \tag{4.7}$$

3. 约束条件

发电计划功能能够满足系统平衡约束、网络约束和机组约束等约束条件，各约束条件可以灵活进行参数配置和生效设置。发电计划可支持如下约束种类。

(1) 火电机组出力约束。

考虑系统风功率预测误差时，当风电高于计划值时，火电机组对应时段出力 PL 应不高于其计划出力 $P$；当风电低于计划值时，火电机组对应时段出力 PU 应不低于其计划出力 $P$，约束条件如下式：

$$P_{i,\min}\times I_{i,h}\leqslant \mathrm{PL}_{i,h}\leqslant P_{i,h}\leqslant \mathrm{PU}_{i,h}\leqslant P_{i,\max}\times I_{i,h} \tag{4.8}$$

(2) 系统负荷平衡约束。

$$\begin{cases}\sum\limits_{i=1}^{NG}P_{i,h}\times I_{i,h}+\sum\limits_{m=1}^{NW}P_{f,m,h}=P_{D,h}\\\sum\limits_{i=1}^{NG}\mathrm{PU}_{i,h}\times I_{i,h}+\sum\limits_{m=1}^{NW}(P_{f,m,h}-q_{m,h}^{\mathrm{do}}\sigma_{\mathrm{wind},m,h})=P_{D,h}\\\sum\limits_{i=1}^{NG}\mathrm{PL}_{i,h}\times I_{i,h}+\sum\limits_{m=1}^{NW}(P_{f,m,h}-q_{m,h}^{\mathrm{up}}\sigma_{\mathrm{wind},m,h})=P_{D,h}\end{cases} \tag{4.9}$$

(3) 系统火电机组旋转备用容量。

$$\begin{cases}\sum\limits_{i=1}^{NG}(P_{i,\max}-\mathrm{PU}_{i,h})\times I_{i,h}\geqslant R_{\mathrm{up},h}\\\sum\limits_{i=1}^{NG}(\mathrm{PL}_{i,h}-P_{i,\min})\times I_{i,h}\geqslant R_{\mathrm{do},h}\end{cases} \tag{4.10}$$

(4) 火电机组爬坡约束。

系统在某个时段出现风电高(低)于计划值极大偏差，而在相邻时段出现风电低(高)于计划值极大情况下，各火电机组出力应在爬坡能力范围内。

$$\begin{cases}\mathrm{PU}_{i,h}-\mathrm{PL}_{i,h-1}\leqslant[1-I_{i,h}(1-I_{i,h-1})]\mathrm{UR}_i+I_{i,h}(1-I_{i,h-1})P_{i,\min}\\ \mathrm{PU}_{i,h-1}-\mathrm{PL}_{i,h}\leqslant[1-I_{i,h-1}(1-I_{i,h})]\mathrm{DR}_i+I_{i,h-1}(1-I_{i,h})P_{i,\min}\end{cases}\tag{4.11}$$

(5) 系统网络约束。

$$P_{\mathrm{Line},l,\min}\leqslant P_{\mathrm{Line},l,h}\leqslant P_{\mathrm{Line},l,\max}\tag{4.12}$$

(6) 风电功率计划值约束。

在不发生弃风情况下，风电功率计划值与其预测值相等，在发生弃风的情况下，风电功率计划值应小于其预测值。此外，当风电出现高于或低于其计划值的功率偏差时，其风电最小值不能小于0，最高不能超过其装机容量。

$$\begin{cases}0\leqslant P_{f,m,h}\leqslant P_{f,m.h}^{f}\\ P_{f,m,h}-q_{m,h}^{\mathrm{do}}\sigma_{\mathrm{wind},m,h}\geqslant 0\\ P_{f,m,h}+q_{m,h}^{\mathrm{up}}\sigma_{\mathrm{wind},m,h}\leqslant P_{\mathrm{cap},m}^{\mathrm{wind}}\end{cases}\tag{4.13}$$

(7) 风电功率预测偏差系数约束。

$$\begin{cases}0\leqslant q_{m,h}^{\mathrm{up}}\leqslant w\\ 0\leqslant -q_{m,h}^{\mathrm{do}}\leqslant w\end{cases}\tag{4.14}$$

### 4.3.4 储能系统接入的大规模风电发电计划建模

#### 1. 储能系统在优化调度中的数学模型

储能系统不同于传统的火电机组，在电力系统中既可作为电源，又可作为负荷。化学储能系统还具有充放电速率快的特点，同时受电能容量限制，随着电力系统中储能系统的快速发展，调度模型中应考虑储能系统功率特性。本节根据储能系统的功率特性，建立了其在优化调度中的数学模型。在调度模型中，主要考虑储能系统的功率-电能约束、充放电功率约束、爬坡约束、各时段电能上下限约束等。

#### 2. 利用储能系统提高清洁能源接入能力的优化调度方法

储能系统接入后，将成为联合优化调度模型的一部分，通过研究其参与系统备用、参与系统负荷平衡的方法，可以提高系统的清洁能源接入能力，通过以下方法实现联合调度的优化。

1) 并网下系统负荷平衡

储能系统并网后，系统电力供需仍然要时刻平衡，此时各时段火电机组、清洁能源及储能系统功率计划值之和应与系统对应时段的负荷值相等。考虑清洁能源功率预测误差后，模型中火电机组对应于清洁能源高于预测值时的出力以及对应于清洁能源低于预测值时的出力也要满足相应的功率等式约束。

2) 并网下系统备用容量

储能系统并网后，在各时段增加储能系统所能提供的备用容量值。

$$
\begin{cases}
\sum_{i=1}^{NG}(P_{i,\max}-\mathrm{PU}_{i,h})\times I_{i,h}+\sum_{s=1}^{S}R_{\mathrm{stor,up},s,h}\geqslant R_{\mathrm{up},h}(h=1,2,\cdots,H) \\
\sum_{i=1}^{NG}(\mathrm{PL}_{i,h}-P_{i,\min})\times I_{i,h}+\sum_{s=1}^{S}R_{\mathrm{stor,down},s,h}\geqslant R_{\mathrm{down},h}(h=1,2,\cdots,H)
\end{cases}
\tag{4.15}
$$

3）系统网络约束

储能系统并网后，它将作为一个发电机节点或负荷节点出现在电网中，储能系统在各时段的功率值也会影响到系统的网络潮流。系统网络约束不仅包含火电机组、风电机组的计划功率值，还应包括储能系统的计划功率值。发电机节点在 $h$ 时段有功出力构成的向量 $P_{G,h}$ 将变为 $NG+W+S$ 维，发电机节点与网络所有节点之间的关联矩阵 $Y_G$ 将变为 $N\times(NG+W+S)$ 维。

### 4.3.5　基于智能调度平台的发电计划调度系统

应用本节研究的优化算法实现基于智能调度平台的发电计划调度系统。总体方案如图 4.13 所示。整个方案包括联络线计划的确定、系统负荷以及母线预测、风电功率预测、系统备用容量的确定、系统检修计划的确定、系统发电计划的制订、系统发电计划的安全校核和日内计划调整等几个方面。与传统的系统运行相比，

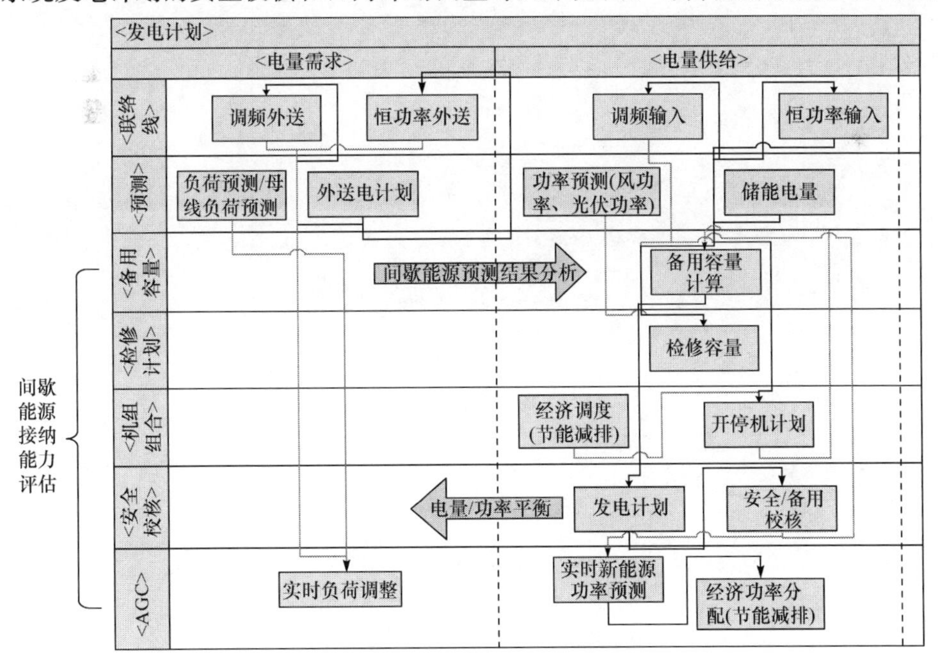


图 4.13　包含储能电站的清洁能源电网调度流

总体方案中添加了风电功率预测、储能电站的监控两项，但这两项对后续的备用容量确定以及检修、发电计划的制订产生较大的影响，风电功率预测以及对储能电站的实际监控效果在很大程度上影响着风光储输调度技术的运行效率。

实际画面如下。

(1) 主画面(图 4.14)。

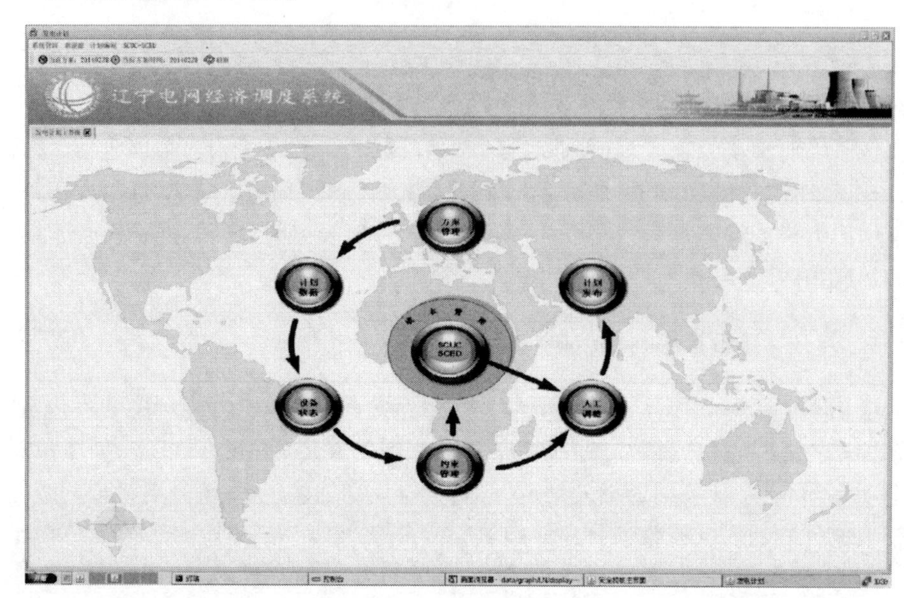


图 4.14　发电计划主画面

(2) 日期设置画面(图 4.15)。

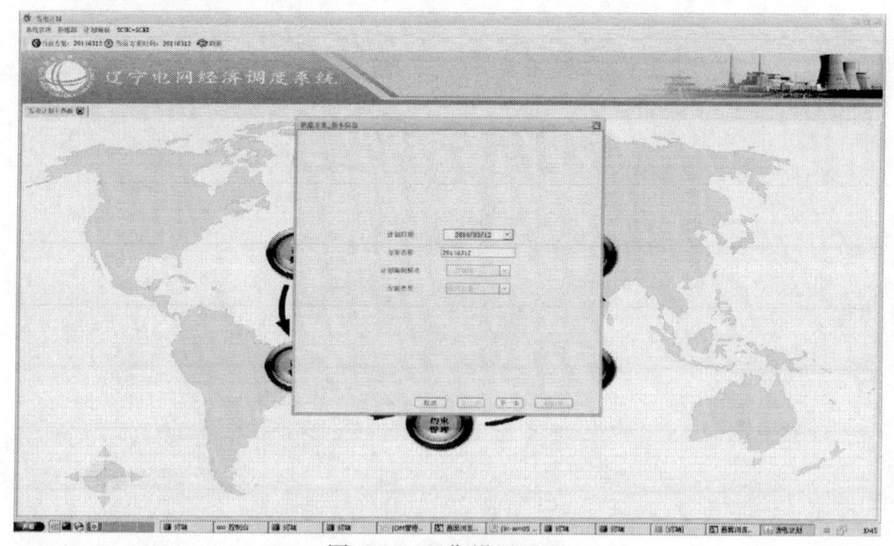


图 4.15　日期设置画面

(3) 计划数据画面(图 4.16)。

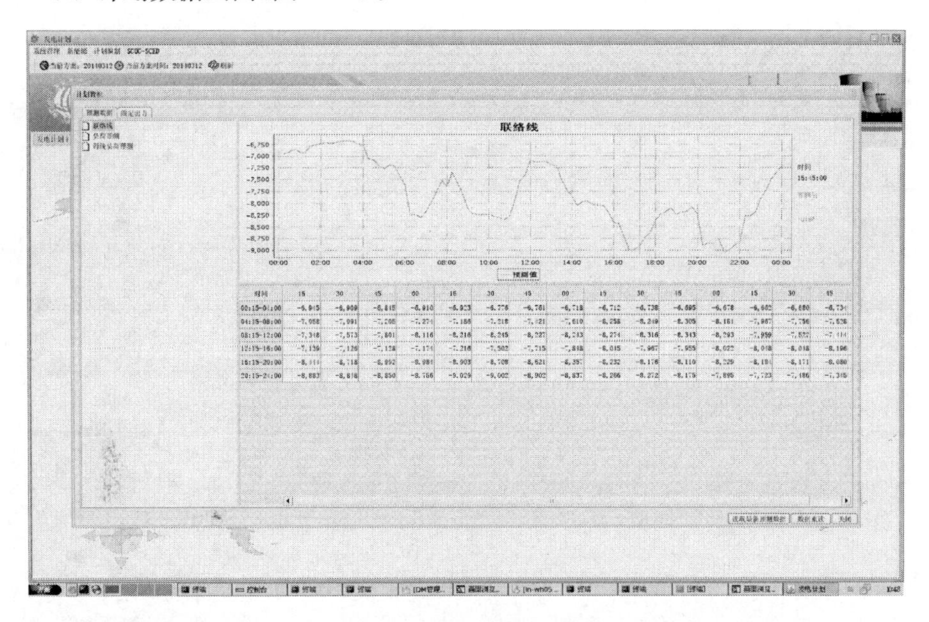


图 4.16　计划数据画面

(4) 机组限值画面(图 4.17)。

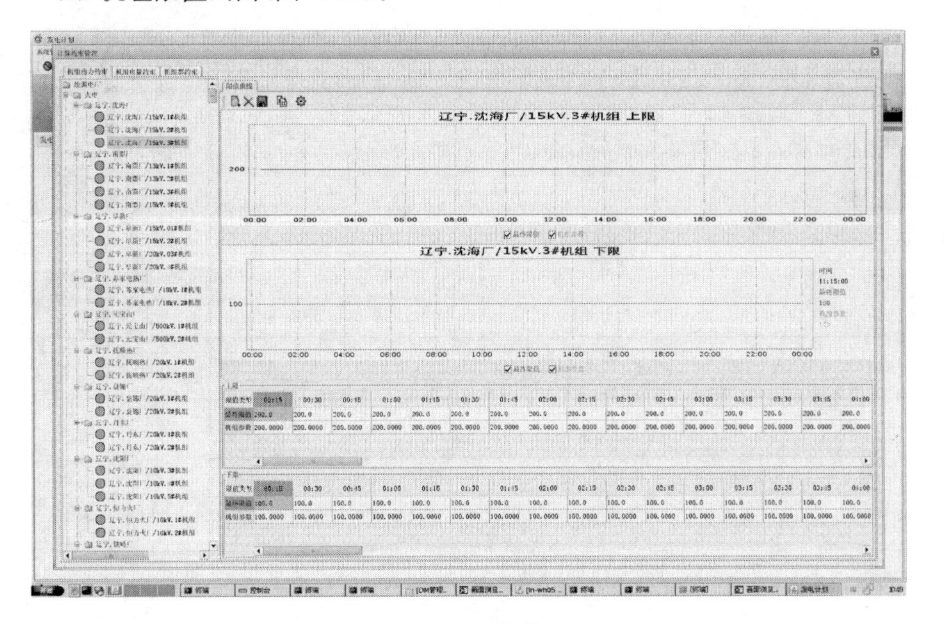


图 4.17　机组限值画面

(5) 机组状态画面(图 4.18)。

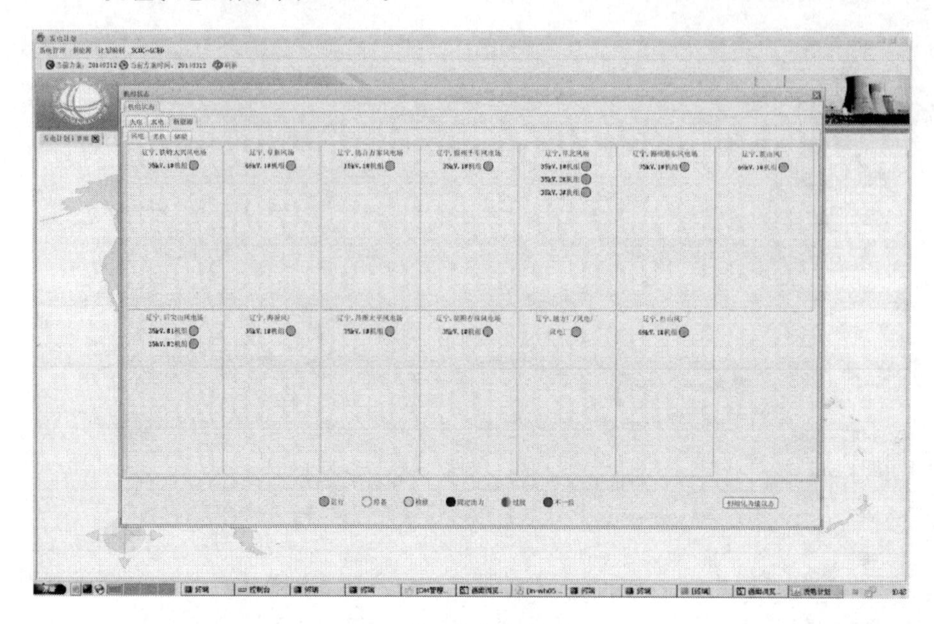

图 4.18　机组状态画面

(6) 计算流程画面(图 4.19)。

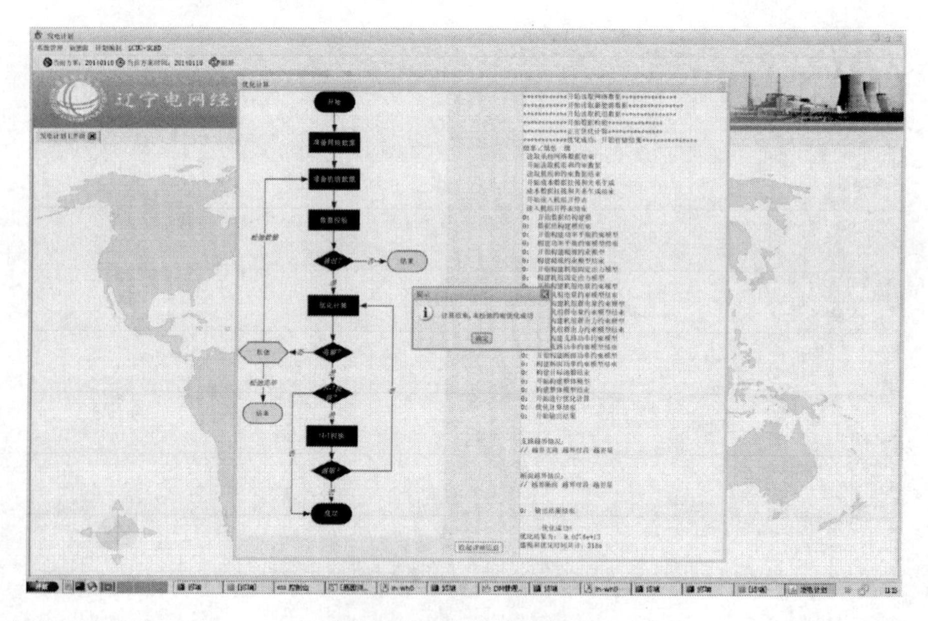

图 4.19　计算流程画面

(7) 日前计划画面(图 4.20)。

新能源评估

风电和光伏机组　储能装置

| 序号 | 机组名称 | 机组类型 | 预测功率最大输出 | 预测功率最大输出时刻 | 预测功率最小输出 | 预测功率最小输出时刻 | 预测最大值 | 预测最大时刻 |
|---|---|---|---|---|---|---|---|---|
| 3 | 辽宁.阜北风场/35kV.2#机组 | 风电 | 26.15 | 23:30 | 3.64 | 02:45 | 26.15 | 93 |
| 4 | 辽宁.海派风厂/35kV.1#机组 | 风电 | 40.62 | 00:15 | 0 | 21:45 | 40.62 | 0 |
| 5 | 辽宁.铁岭大兴风电场/35kV.1#机组 | 风电 | 26.15 | 23:30 | 3.64 | 02:45 | 26.15 | 93 |
| 6 | 辽宁.昌图太平风电场/35kV.1#机组 | 风电 | 24.59 | 24:00 | 0 | 00:15 | 24.59 | 95 |
| 7 | 辽宁.锦州千军风电场/35kV.1#机组 | 风电 | 9.82 | 20:15 | 0 | 15:30 | 9.82 | 80 |
| 8 | 辽宁.朝阳存择风电场/35kV.1#机组 | 风电 | 34.94 | 23:15 | 0.14 | 03:45 | 34.94 | 92 |
| 9 | 辽宁.驼山风厂/66kV.1#机组 | 风电 | 26.15 | 23:30 | 3.64 | 02:45 | 26.15 | 93 |
| 10 | 辽宁.红山风厂/66kV.1#机组 | 风电 | 7.96 | 24:00 | 0 | 02:30 | 7.96 | 95 |
| 11 | 辽宁.地方厂/风电厂 | 风电 | 1,307.64 | 23:30 | 182.19 | 02:45 | 1,307.64 | 93 |
| 12 | 辽宁.卧牛石风电场 | 风电 | 26.15 | 23:30 | 3.64 | 02:45 | 26.15 | 93 |
| 13 | 辽宁.阜北风场/35kV.1#机组 | 风电 | 26.15 | 23:30 | 3.64 | 02:45 | 26.15 | 93 |
| 14 | 辽宁.锦州迎东风电场/35kV.1#机组 | 风电 | 9.82 | 20:15 | 0 | 15:30 | 9.82 | 80 |
| 15 | 辽宁.阜北风场/35kV.3#机组 | 风电 | 26.15 | 23:30 | 3.64 | 02:45 | 26.15 | 93 |
| 16 | 辽宁.阜新风场/66kV.1#机组 | 风电 | 54.89 | 20:30 | 0 | 00:15 | 54.89 | 81 |

辽宁.卧牛石风电场

50 40 30 20 10 0

00:00 02:00 04:00 06:00 08:00 10:00 12:00 14:00 16:00 18:00 20:00 22:00 00:00

时间 17:15:00

预测值 13.42

功率波动上限　预测值　功率波动下限　实测值

14:40 2014/1/16

图 4.20　日前计划画面

(8) 日内计划画面(图 4.21)。

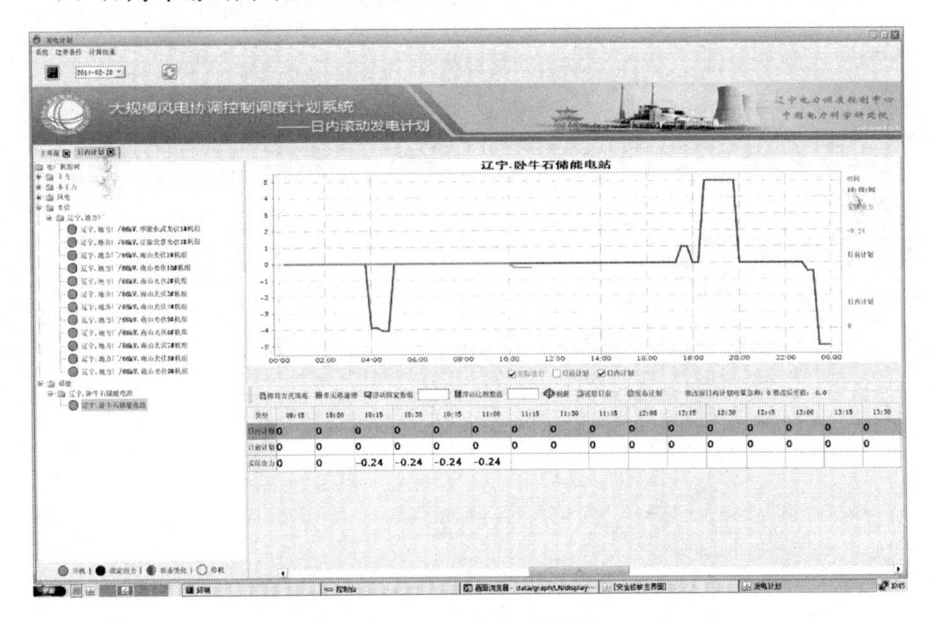


图 4.21　日内计划画面

(9) 安全校核画面(图 4.22)。

图 4.22　安全校核画面

(10) 安全校核输入数据画面(图 4.23)。

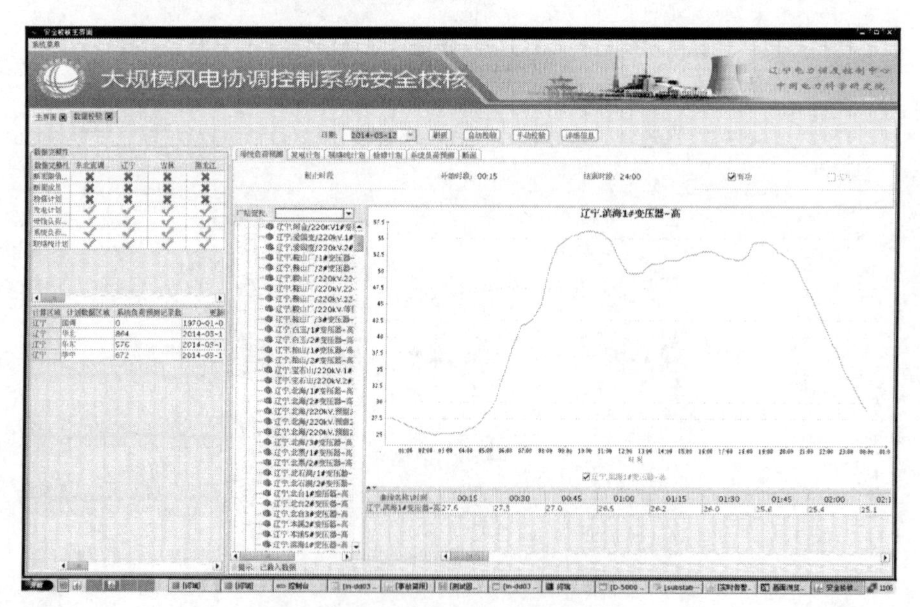


图 4.23　安全校核输入数据画面

(11) 安全校核计算画面(图 4.24)。

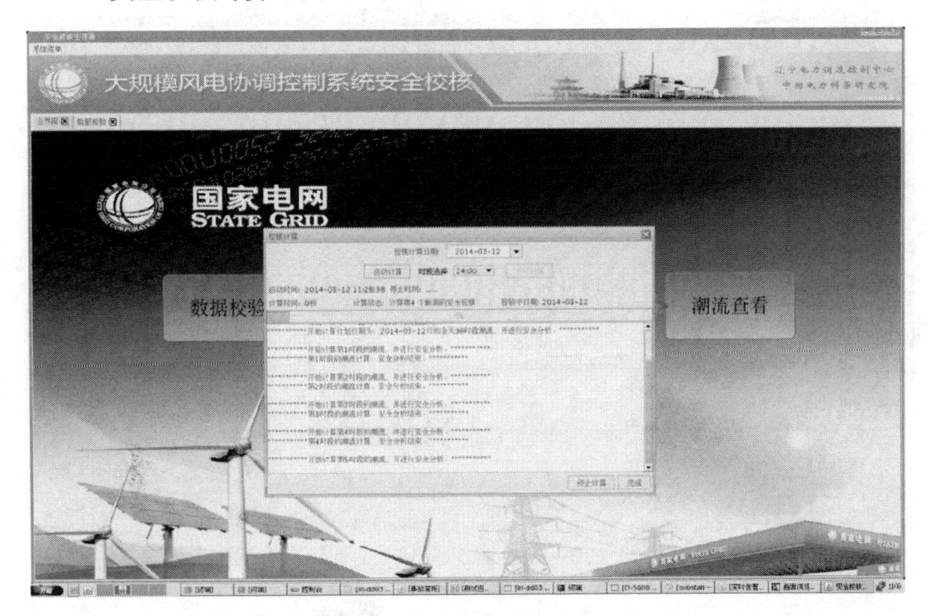


图 4.24　安全校核计算画面

(12) 安全校核越限查看画面(图 4.25)。

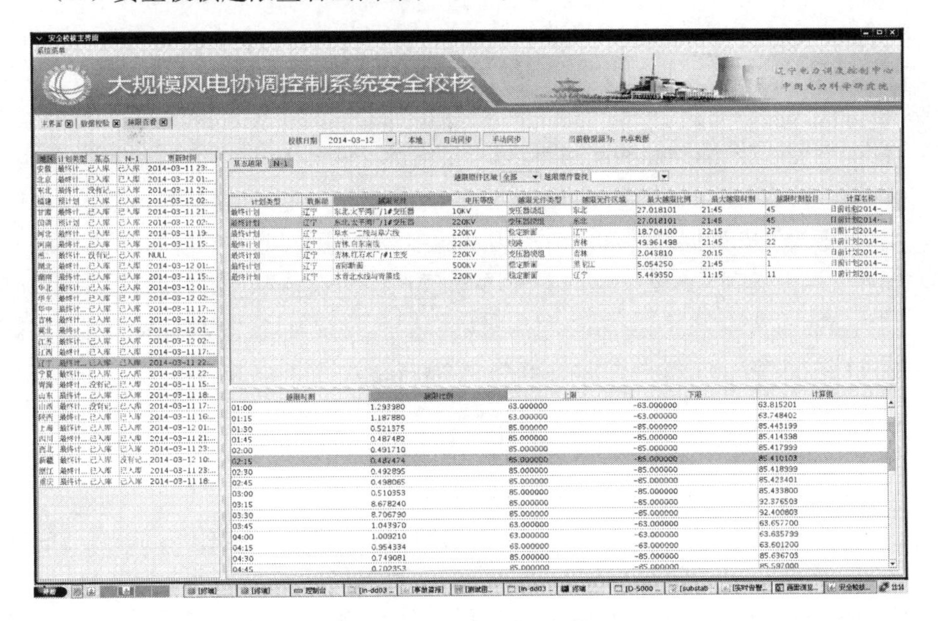


图 4.25　安全校核越限查看画面

(13) 安全校核潮流查看画面(图 4.26)。

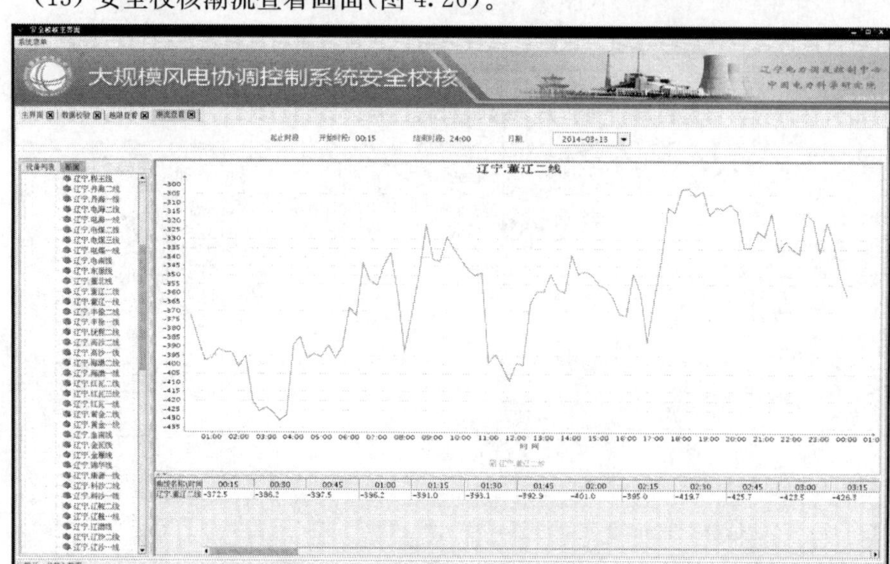


图 4.26　安全校核潮流查看画面

### 4.3.6　技术创新点

本章提出了考虑风电预测误差和储能系统特性的协调优化策略,构建了风电-火电-水电-储能多源协调的电力系统日前计划、滚动计划和实时调度三个尺度协调调度方法,通过厂站侧和系统侧的两级调控手段,实现了多时空尺度下储能系统与电网的广域优化协调调度的解耦控制,最大限度地发挥储能电站的杠杆作用。依托国网辽宁省 D5000 智能电网调度控制技术平台开发了适应于大规模风电储能系统接入的发电计划软件和实时风火水储多源协调控制系统,实现了省调端对储能电站、风电场和常规火力发电厂的多时间尺度协调控制。通过优化常规机组与风电、储能等新能源出力,实现对电网调频、调峰等功能,在保证电网安全的前提下,使电网最大能力接纳风电出力,提高电网运行的经济性。

## 4.4　应用情况

本项目为 49.5MW 风电场配备 10%比例储能系统(5MW),储能装置容量按 5MW×2h 配置。具有完整功能的储能型风电场的储能系统包括储能装置(包括电池系统和电池能量管理系统 BMS)、电网接入系统(或称 PCS、能量转换系统,里面包括变压器)、中央控制系统、风功率预测系统、能量管理系统、电网自动调度接口、环境控制单元等部分。储能装置建设在风电场升压站内。本项目及其配套并网工程，静态总投资 6955 万元。

风电场储能关键技术在卧牛石乡的示范工程介绍如下。

1. 卧牛石风电储能示范工程地理位置

卧牛石风电储能电站位于辽宁省法库县卧牛石乡附近。法库县距沈阳市中心距离 85km，风电场区域面积约 24km$^2$，场址所处位置地形地貌属低缓丘陵区，平均海拔在 120m 左右。储能电站建于风电场升压站东侧，采用全户内布置方式，占地面积超过 2000m$^2$。

2. 卧牛石风电储能示范工程的电气位置

卧牛石风电储能示范工程的风电场装机容量为 49.5MW，安装使用 33 台单机容量 1500kW 联合动力风电机组，风电场以一回 66kV 线路（龙恩线）接入 220kV 龙康变电站。

3. 卧牛石风电储能示范工程运行

本项目储能系统将用于跟踪计划发电（储能）、平滑风电功率输出；此外，还将具备暂态有功出力紧急响应、暂态电压紧急支撑功能。图 4.27 为电储能示范工程在龙康风电场中的电气位置。

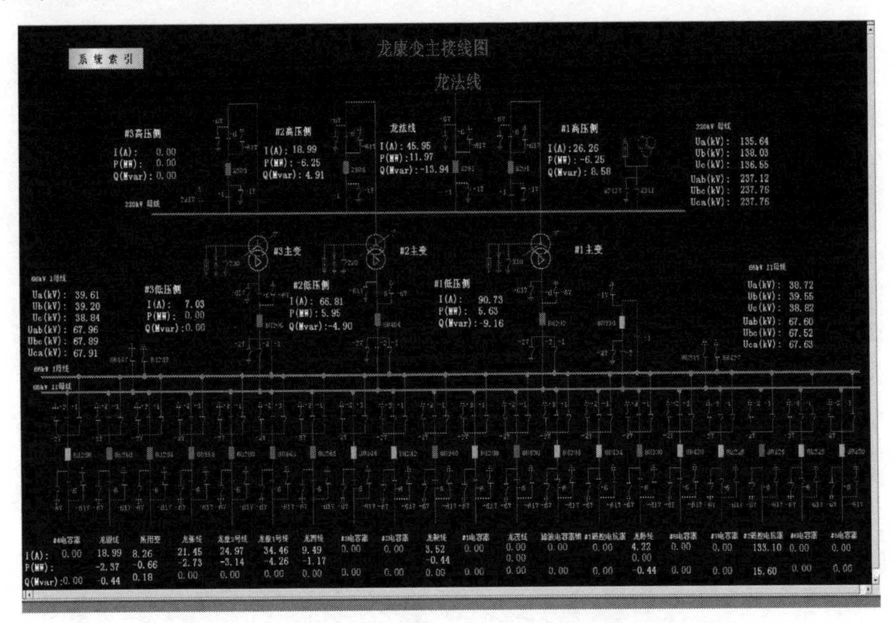


图 4.27　电储能示范工程在龙康风电场中的电气位置

对所有电池单元的操作，是通过两台互备工控电脑实现，这两台电脑可独立完成对 5MW 电池系统的所有操作。两台显示器可同时或独立显示切换各单元电池组的运行参数和运行方式，通过监控画面提示，鼠标单击相应对象，进行相应的操作。图 4.28 为卧牛石风电场的内部照片。

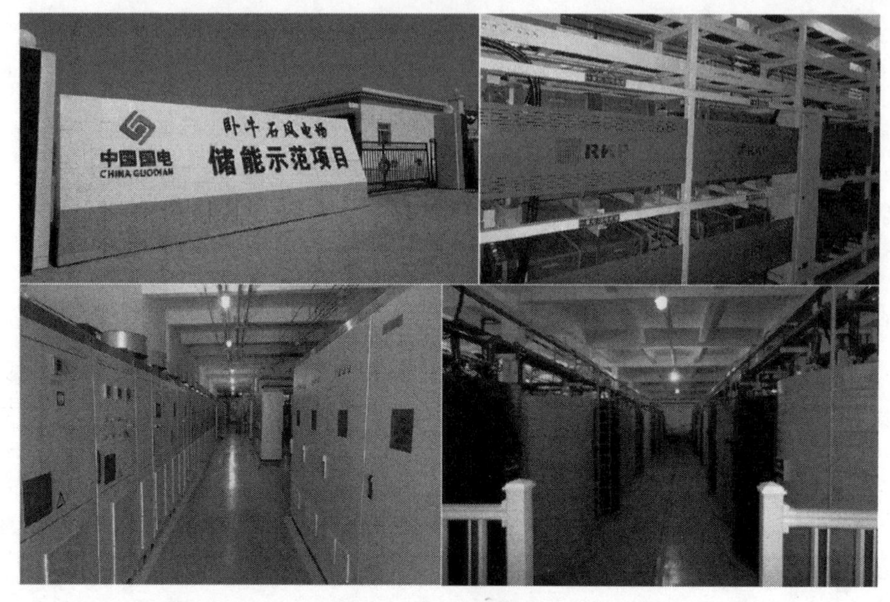


图 4.28　内部照片

1) 5MW 电池系统总监控功能画面

图 4.29 显示 5MW 电池系统共 15 组 352kW 单元电池组的主要参数：电池电压、电池电流、电池 SOC，以及电池组运行方式等。

图 4.29　电池系统总监控画面

图 4.30 框中 352kW 单元电池组 1 的下方左右设置两个按钮，一个按钮为“监控画面”，可切换至 352kW 单元电池组的工艺流程监控画面，另一个按钮为“参数总表”，可切换至 352kW 单元电池组的参数表。

历史数据查看和报警信息查看，可以通过选中画面上方的趋势、报警、报表标准选择操作按钮，按提示进行操作。图 4.30 为信息画面。

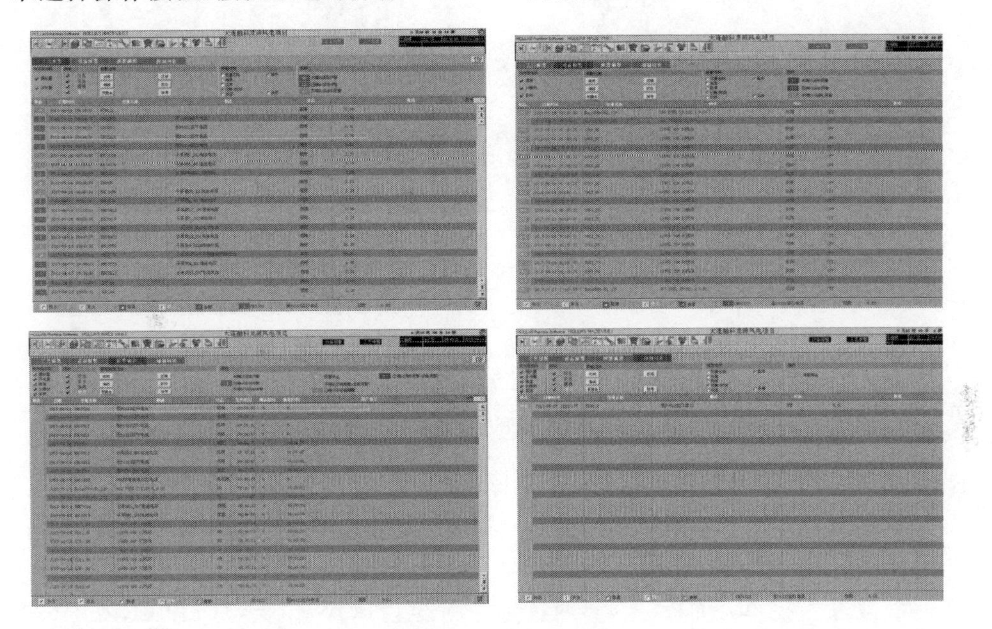

图 4.30　信息画面

报警画面显示包括工艺报警、设备报警、报警摘要、控制列表等信息。

2) 操作前准备

(1) 动力控制柜上电。

本项目分五个单元(每个单元为 1MW)，每单元由 1＃、2＃、3＃电池组组成(1 套 352kW 系统称为 1 个电池组)，共计 15 个电池组，每个电池组由 1 个动力控制柜控制。图 4.31 为动力控制柜柜门及内部布局图。

① 开电池组单元动力控制柜柜门，合上主断路器(图 4.31 中编号 1)，柜门电源指示灯 A、B、C 指示灯亮(图 4.31 左图)，代表电源正常。

② 依次合上变频器电源开关及现场电动阀门电源开关(6)。

③ 开启变频器(4,5)开关按钮，查看变频器状态指示灯 LED，正常时为绿色，故障时指示灯闪烁或者变红。

④ 无异常后，再确认变频器运行模式，通过按键 LOCAL/REMOTE 切换本地控制与远程控制，确认操作盘显示 REMOTE 远程且电机的旋转方向箭头为顺时针。

⑤ 合上动力控制柜柜门,动力控制柜上电结束。

图 4.31 动力控制柜柜门及内部布局图

1-主断路器开关;2-2#电池组断路器开关;3-3#电池组断路器开关;4-变频器 1;
5-变频器 2;6-变频器电源开关及现场电动阀门电源开关

(2) 主控机柜及扩展控制机柜上电。

① 打开电池组控制系统的主控制机柜和扩展控制机柜的柜门,闭合交流电源开关,闭合直流电源开关(1,2)。

② 观察主控单元面板(3,4),通过主控制器上 POWER(绿灯)和 ERROR(红灯)判断主控器工作是否正常。POWER 绿灯亮表示主控单元电源打开,ERROR 此时灯灭,表示正常运行,如红灯亮则表示主控单元运行错。

③ 各模块(以图中 5 为例)加电后,其面板上指示灯 RDY 和 COM 显示当前的工作和通信状态,RDY 和 COM 灯同时亮代表工作正常,都灭表示未上电或模块坏,RDY 灯闪。

COM 灯灭代表模块工作正常,通信未建立或者故障。待主控器和各模块工作正常,关上柜门。图 4.32 为系统控制机柜及内部布局图。

3) 352kW 电池组控制操作

电池系统是由 15 套 352kW 子单元组成,每套 352kW 单元都可分别进行组控制操作。在图“352kW 单元电池组的工艺流程监控画面”中,单击“电池组操作”按钮,弹出该 352kW 单元组控制画面(图 4.33)。系统默认为正常运行状态,单击“正常运行”按钮则变成维护状态。

(1) 本地手动控制模式。

在正常运行状态下:

① 单击本地/远程“本地”按钮来确定选择本地模式;

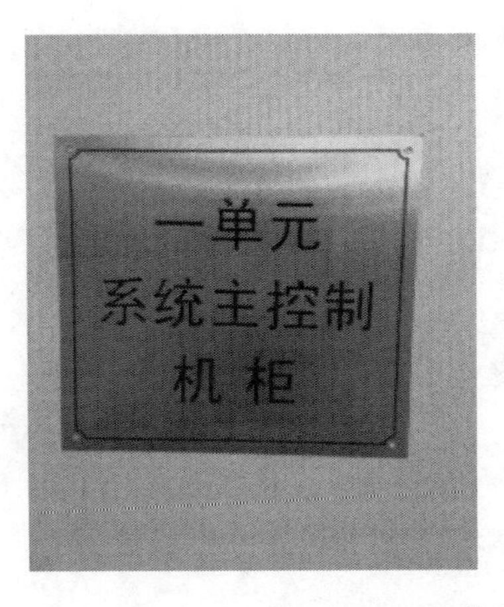

图 4.32　系统控制机柜及内部布局图

② 单击手动连锁“手动连锁”按钮选择手动启动模式；

③ 单击停止/启用电池组“使用电池组”按钮选中该 352kW 子单元；

④ 单击“电池组 1 启动”按钮启动系统，再次单击“电池组 1 停止”按钮停止系统。

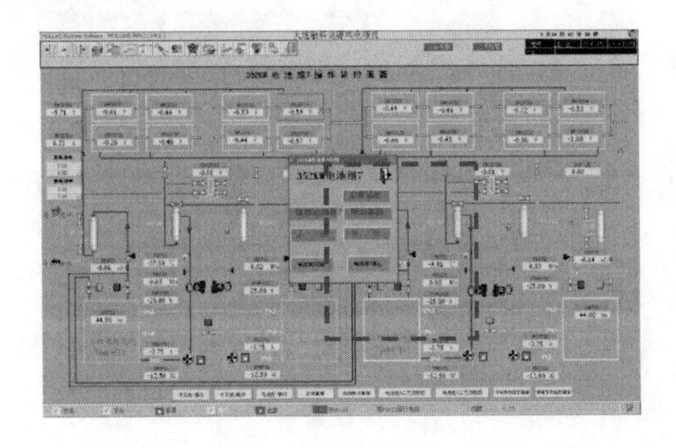

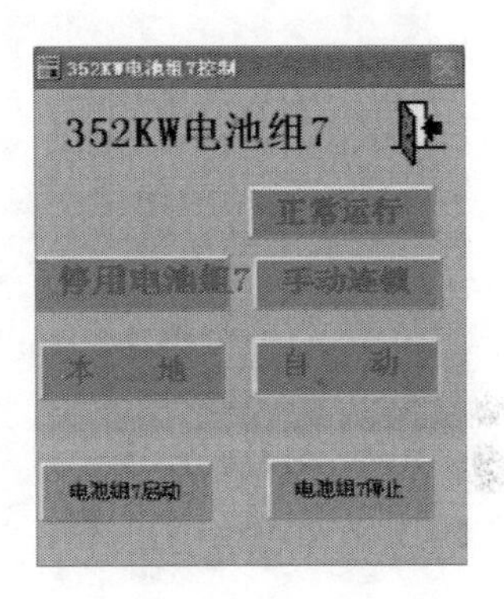


图 4.33　352kW 子单元 1 组控制画面

(2) 本地自动控制模式。

在正常状态下：

① 单击本地/远程“本地”按钮来确定选择本地模式；

② 单击“自动”按钮选择自动启动模式；

③ 单击“停用电池组”按钮选中该 352kW 子单元；

④ 系统的启动、停止由后台程序控制。

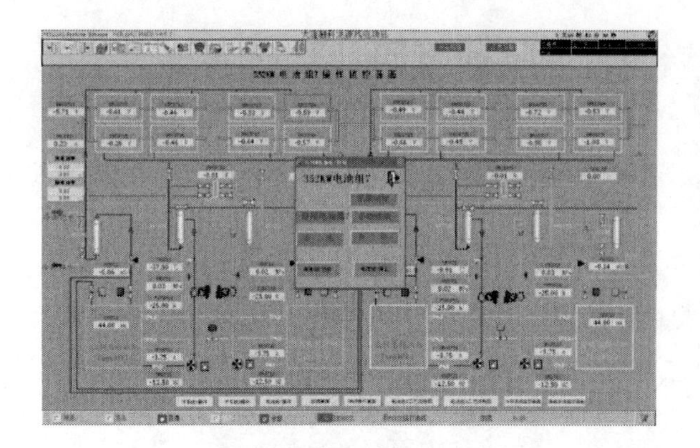

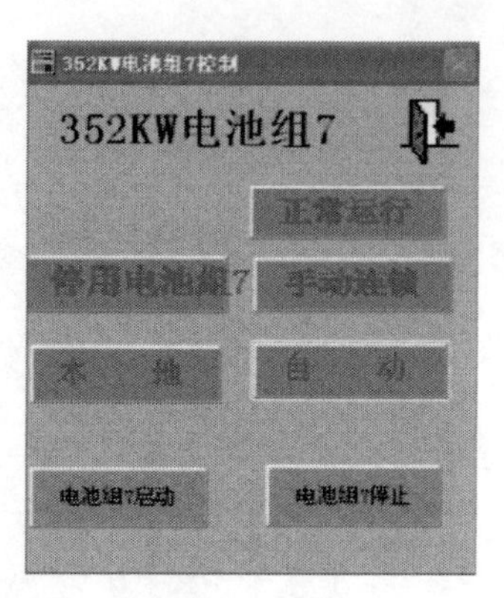


图 4.34　352kW 子单元 1 组控制画面

(3) 远程自动控制模式。

在正常状态下：

① 单击本地/远程“本地”按钮来确定选择远程模式；

② 系统的启动与停止是通过能量管理系统(EMS)或就地监控系统进行远程操作。

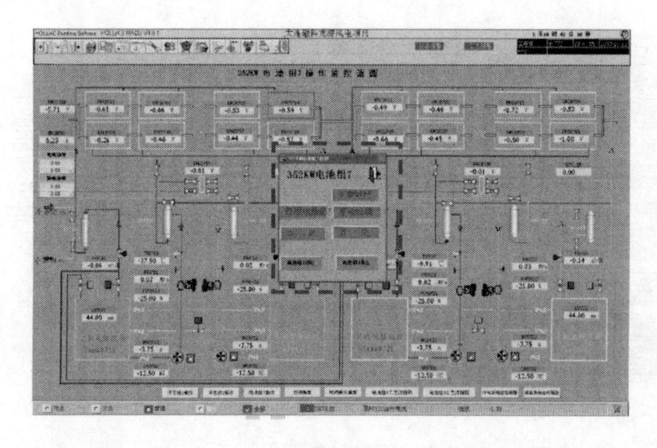

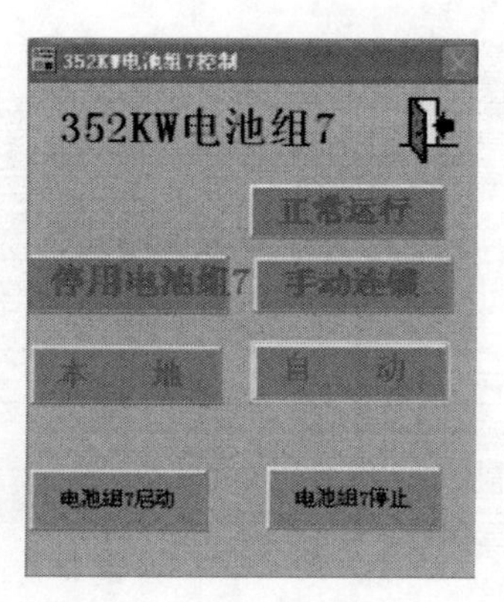


图 4.35　352kW 子单元 1 组控制画面

储能系统在风电场主控室安装有一套远程监控系统，可以实时监控整个储能系统的运行。

开启远程后台系统，根据监控画面及显示的信息掌握设备运行状态和运行参数。

双击桌面“储能电站监控系统”即可弹出如图 4.36 所示界面。

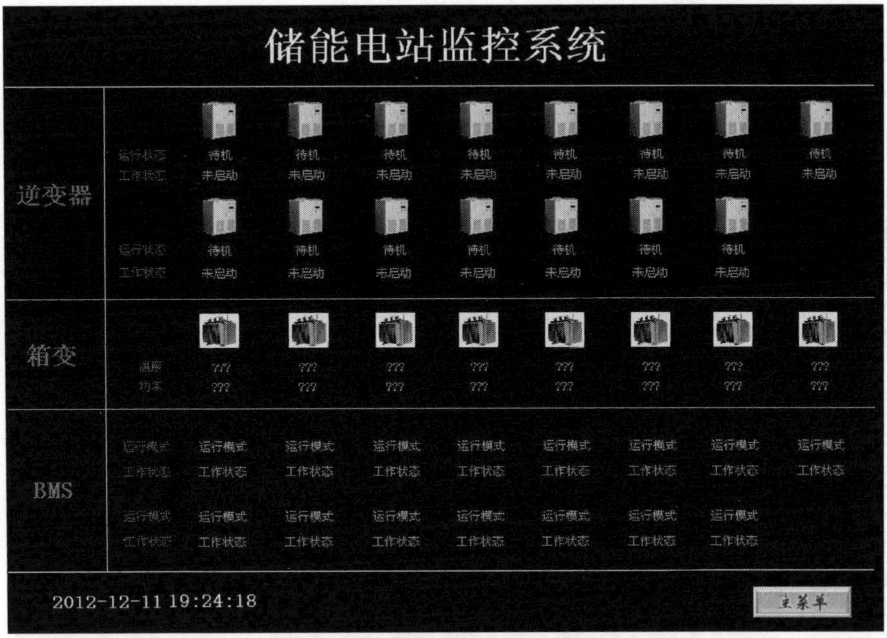

图 4.36 储能电站运行监控系统

直观显示电站的 PCS、箱变、BMS 的运行状态参数。

单击“主菜单”即可进入如图 4.37 所示的操作界面。

图 4.38 为储能逆变器实时参数监测，包括直流母线电压、电容电压、直流电流、散热器温度、充电总电量、放电总电量等参数信息。

按照电网调度部门对常规发电机组的调度模式，电网调度部门根据电网长期、短期负荷变化情况协调统一制订火力、风电、太阳能等各种电源的发电计划。针对风力发电，调度会提前下达每天随时间变化的发电计划曲线。但相对于常规火力发电机组，风电场出力具有较大的波动性和随机性。即使目前风电场已经普遍配置了功率预测系统，但由于风功率预测系统预测精度相对较低，根据风电场功率预测数据而制订的计划发电曲线与风电场实际发电输出功率曲线间也存在较大的偏差。所以在目前调度控制下，风电场不仅不被调度作为有效电源来对待，而是作为负荷来对待的。风电场发电并网功率的不可预测性，不仅对电网系统调峰提出了更高要求，也导致旋转备用机组容量大幅增加，降低了电网及发电系统运行经济效益。

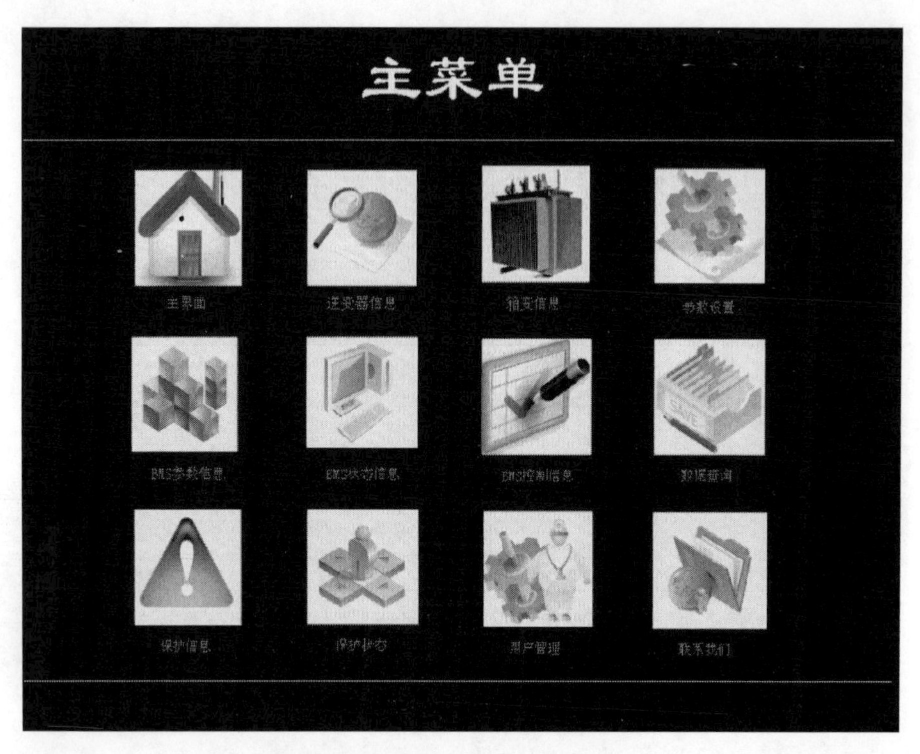


图 4.37　储能电站监控系统操作界面

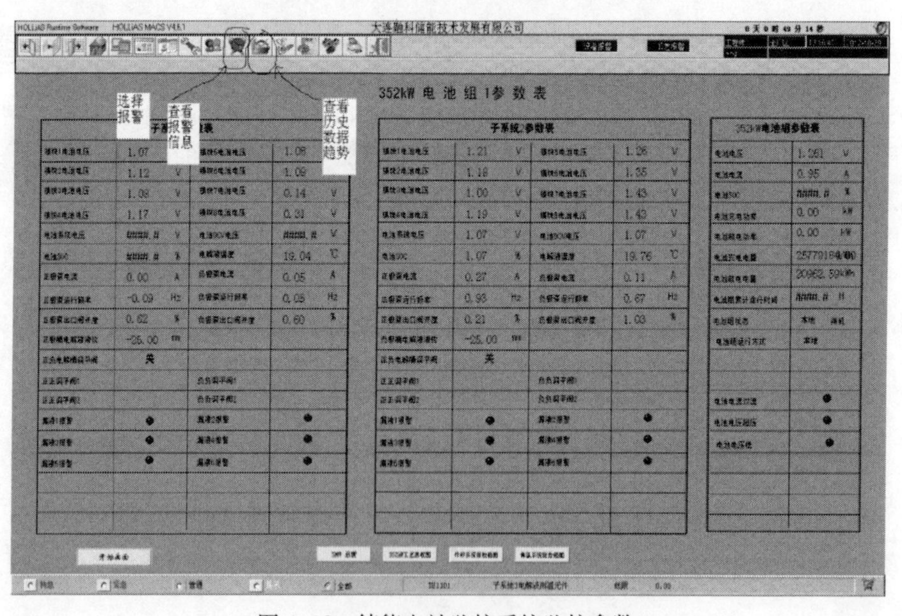


图 4.38　储能电站监控系统监控参数

在含储能系统的风电场中，该偏差可通过储能系统实时的吸收和释放有功功率进行弥补。从图可以看出，通过对储能系统的充放电调度，风电场可以较好地跟踪完成发电计划。

图4.39中曲线1为风力发电实时功率变化曲线，曲线3为储能系统实时充放电曲线，曲线2为风电场并网总功率变化曲线。图中纵坐标表示功率，横坐标表示运行日期及时间。

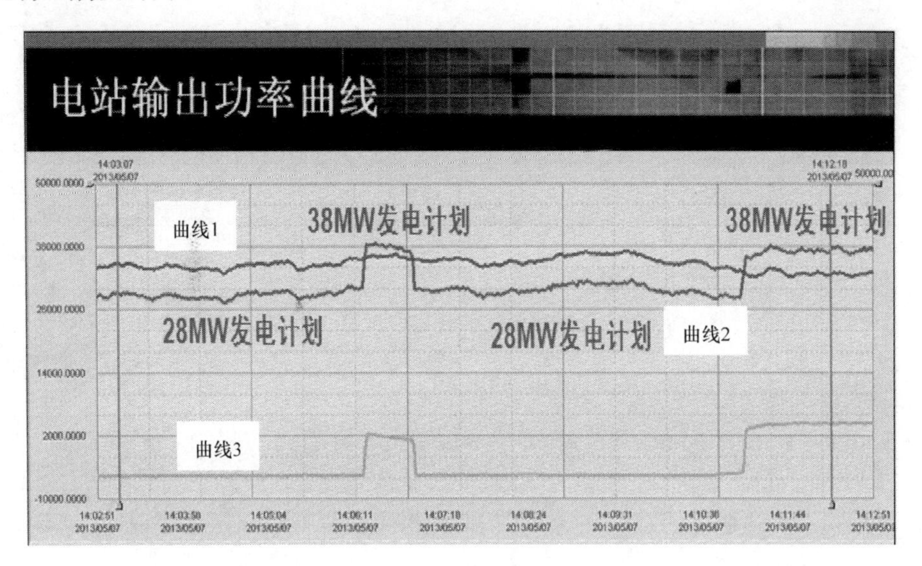


图4.39　风电场计划发电示意图

上述功能的实现可以有效地提高风电场输出功率的可控性和可调度性，使得风电场更加适应电力系统调度的运行需要，可作为有效电源来进行调度管理。从而切实提高电网对于风电的接纳能力和降低弃风限出力小时数，提高风电资源利用效率，实现能源多样化，促进节能减排。

## 4.5　小　结

卧牛石风电场5MW/10MWh全钒液流电池储能示范项目从平抑出力波动、跟踪发电计划、提高电网稳定性、辅助电网调频调峰等不同维度给出了用于提高间歇式电源接入能力的储能类型及容量选择方案，解决了“储能配多少”的问题；提出了包含系统经济性指标和运行安全性指标的储能电站广域配置的综合优化指标，构建了储能电站多点布局的双层规划模型，以成本效益综合最优为目标，指导储能电站布局方案选择，实现网源协调规划，解决了“储能建哪里”的问题。提出了考虑储能电站经济性及自身寿命的本地运行控制和能量管理策略，构建了多源系统（风电-火电-水电-储能)的日前计划、滚动计划和实时调度三个尺度协调调度方法，通过厂站侧和系统侧的两级调控手段，实现了多时空尺度下储能系统与电网的广域优化协调调度的解耦控制，突破了大规模风储系统接入的网源协调技术瓶颈，最大限度地发挥储能电站的杠杆作用。

## 参考文献


[1] Aigner T, Jaehnert S, Doorman G L, et al. The effect of large-scale wind power on system balancing in Northern Europe[J]. IEEE Transactions on Sustainable Energy, 2012, 3(4): 751-759.

[2] 王芝茗，苏安龙，鲁顺. 基于电力平衡的辽宁电网接纳风电能力分析[J]. 电力系统自动化，2012，34(3)：86-90.

[3] 张伯明，吴文传，郑太一，等. 消纳大规模风电的多时间尺度协调的有功调度系统设计[J]. 电力系统自动化，2011，35(1)：1-6.

[4] 侯佑华，房大中，白永祥，等. 大规模风电运行的调度模式设计[J]. 中国电力，2010，43(8)：67-72.

[5] 高宗和，腾贤亮，张小白. 适应大规模风电接入的互联电网有功调度与控制方案[J]. 电力系统自动化，2010，34(17)：37-41.

[6] 李茜，刘天琪，李兴源. 大规模风电接入的电力系统优化调度新方法[J]. 电网技术，2013，37(3)：733-739.

[7] 林俐，谢永俊，朱晨宸，等. 基于优先顺序法的风电场限出力有功控制策略[J]. 电网技术，2013，37(4)：960-966.

[8] 刘峻，周喜超. 基于超短期风电功率预测的风电场自动发电控制[J]. 中国电力，2011，44(2)：74-77.

[9] 乔颖，鲁宗相. 考虑电网约束的风电场自动有功控制[J]. 电力系统自动化，2009，33(26)：88-93.

[10] 王铮，王伟胜，刘纯，等. 基于风过程方法的风电功率预测结果不确定性估计[J]. 电网技术，2013，37(1)：242-247.

# 第 5 章　高集成度智能变电站关键技术研究及其在辽宁电网的示范工程

## 5.1　研究现状

### 5.1.1　智能变电站研究现状

在全面启动智能电网建设之初，智能变电站[1]作为智能电网建设环节的重要节点之一，无论是国内还是国外都没有现成的技术、设备和标准可以利用。我国立足自主创新，加强合作交流，发挥各方力量，围绕智能变电站技术标准、工程设计、设备研制、运行维护等课题，组织开展了全方位的科研攻关，安排了一系列科研项目来支撑智能变电站的研究及建设，着手进行设备智能化的核心技术开发和关键设备研制。

智能变电站的整体建设实施工作在"统筹规划、统一标准、试点先行、整体推进"工作方针的指导下进行。考虑我国智能电网的发展和国外有所不同，我国重点在一次设备智能化、电子式互感器、一次设备状态监测、高级应用、一体化电源、辅助系统智能化等方面进行建设。

一次设备智能化是智能变电站的重要标志之一。采用标准的信息接口，实现集状态监测、测控保护、信息通信等技术于一体的智能化一次设备，可满足整个智能电网电力流、信息流、业务流一体化的需求。智能化一次设备通过先进的状态监测手段和可靠的自评价体系，可以科学地判断一次设备的运行状态，识别故障的早期征兆，并根据分析诊断结果为设备运维管理部门合理安排检修和调度部门调整运行方式提供辅助决策依据，在发生故障时能对设备进行故障分析，对故障的部位、严重程度进行评估。大规模间歇发电和分布式发电接入，要求电网具有很高的灵活性，而一次设备智能化是满足这种要求的重要基础。

在智能变电站工程建设中，许继集团、西电集团、平高电气、特变电工、天威保变等厂家通过在一次设备上外挂或内嵌监测传感器，实现对变压器、开关设备等的状态监测。通过"一次设备＋传感器＋智能组件"的方式，初步实现了一次设备的智能化。在部分试点项目中，"测量、控制、监视、保护、计量"功能集成组合在一体化的智能柜中，首次实现了与高压设备本体相关的单间隔全部应用功能的集成。总的来说，目前智能组件装置集成度还不够高、结构松散，没有形成标准化，还需要对一次设备本体传感器配置、安装方式以及智能组件的布置方式、设备配置、对外接口等进行规范。

目前,智能变电站通过配置合并单元和智能终端进行就地采样控制[2-4],实现高压设备的测量数字化、控制网络化;通过传感器与设备的一体化安装实现设备状态可视化[5-6]。进一步通过对各类状态监测后台的集成,建立设备状态监测系统,为状态检修,校验自动化、远程化提供了条件,进而提高了高压设备的管理水平,延长了设备寿命,降低了设备全寿命周期成本[7-10]。

目前,主要的技术方案见表 5.1。

**表 5.1 智能变电站技术方案**

| 方案类型 | 方案要点 | 技术优势 |
|---|---|---|
| 直采直跳(典设方案) | 间隔内保护直接采样、直接跳闸;过程层 SV 和 GOOSE 可独立组网,也可共同组网 | 保护装置不依赖外部对时实现其保护功能,避免过程层网络对保护可靠性的影响 |
| 网络化方案 | 三网合一方案:过程层 SV、GOOSE 和 IEEE 1588 共网传输 | 实现了过程层信息的共网传输,网络结构清晰,简化交换机配置,节省了大量光缆,便于运维 |
| | 直采网跳方案:保护采用直接采样、网络跳闸模式 | 可减少母差、主变等跨间隔保护装置的光口数量,简化过程层光纤连接 |
| 集中式保护 | 设备面向功能配置,实现全站或部分间隔的保护、测控、计量等功能 | 二次功能优化集成,简化了二次设备配置及接线,大幅减少主控室屏体数量 |

### 5.1.2 研究成果及工程应用现状

高度集成智能变电站认真总结了之前的智能变电站工程建设中暴露的不足,研究取得了很多的创新成果。针对于现有的智能变电站,仍然按不同的线路、变压器、母联等分别配置保护、测控装置;保护控制策略的制定仅基于局部信息,导致了二次设备数量众多、网络结构复杂,智能性未达到目前可想到的最佳水平;首次提出跨间隔高度集成保护测控的设计思想。关键技术上,研究了实时可靠地接入全站大容量信息的网络技术,高性能的保护测控平台、后期运维检修便捷提升办法等,为设计理念的提升和实现打下了基础。

高度集成智能变电站取得的技术创新点及工程实际应用的效果如下。

(1) 按电压等级采用保护、测控、计量集中式一体化装置,取消电度表。装置集成多个间隔的保护、测控、计量功能,将常规设计的 40 面屏体优化为 4 面,解决屏位数量多、占地面积大问题。多间隔保护集成一体设计,保护间闭锁及启动信息通过 CPU 内部交互,解决装置间信息交互复杂、调试维护工作量的问题。

(2) 过程层采用综合智能终端,将合并单元与智能终端一体化集成设计,就地安装于汇控柜内，解决直采直跳模式光纤接口众多、光缆连接复杂的问题，减少点对点模式光纤接口，同时可降低装置发热，节约安装空间。

(3) 采用SV/GOOSE/1588三网合一传输技术，每个装置过程层只需提供1个过程层光纤接口。这样的结果就是网络架构清晰明了，网络共享传输极大地简化了网络架构，交换机数量减少了约2/3，相应的成本也降低了2/3；解决了直采直跳的一对一方式所带来的网络接口众多、光缆连接复杂、装置发热量高等诸多问题。采样值传输，按一台交换机对应4个间隔配置，实际测试的结果是采样值报文的传输延时不大于58μs，这完全满足采样值传输实时性的工程要求。网络跳闸，通过KEMA测试，在95%的网络负载的情况下，每秒发1000个GOOSE报文，无丢包情况。

(4) IEC 61588对时技术是三网合一的关键技术，其优点是对时精度高，通过网络实现对时，不需要额外对时接线，但如在实际工程中频繁发生对时报文错误可能会导致大范围保护闭锁的现象发生，因此目前的智能化变电站的建设中很少采用，对IEC 61588对时的应用可靠性还有顾虑，也阻碍了其在以后的工程应用。高度集成智能变电站系统性的提出协调解决策略，大幅提升1588对时系统可靠性，成功解决了此问题。在智能终端中应用的防误对时策略，巧妙地躲避了1588报文异常造成的时钟跳变。在有可能发生的各种状况下，可靠保证MU的时钟平稳连续。充分研究考虑了与众多条件的协调，及各种故障异常情况下的适应性、系统对时钟精度及守时精度的要求。这个对时策略通过大量动模试验证明了其可靠有效。在主时钟及交换机上实现了三个时钟跟踪互备的无缝切换策略及不影响继电保护功能的平滑调整策略。即使在两个主时钟同时失效的恶劣情况下交换机仍然能够维持智能终端的同步。容错的对时策略加健壮的主时钟系统在对时系统可靠性方面实现了重大突破，将推动1588对时技术的工程应用。

(5) 全站信息统一建模、统一标准，建立统一的数据处理平台，站控层采用信息一体化平台集中实现高级应用、信息子站等功能，取消了独立的信息子站。站内视频、火灾、防盗、采暖通风等辅助系统均采用IEC 61850标准与一体化信息平台通信，实现数据共享。

(6) 研制了变压器“一拖二”油色谱在线监测装置，提高了监测设备集成度，节约了检修维护成本。采用“六分阀”专利技术，解决了两台变压器共用一台油色谱装置的混油难题。

(7) 采用了HGIS外卡式光学电流互感器。基于Faraday磁光效应原理的磁光玻璃型光学电流互感器，采用零和御磁结构技术，设计成双半环对接的卡箍式结构，在不改变GIS或罐装断路器结构的情况下安装在壳外，实现了在不停电的情况下的检修或更换。

高度集成智能变电站的高度集成化的二次设备，有效地减少了控制室建筑面积、降低了建设成本；电子互感器的应用、光缆取代电缆等的实施，在绿色环保、节能降耗、安全运行等方面也体现了积极的效用。

## 5.2 工程需求

### 5.2.1 研究目的及意义

毫无疑问，智能变电站比起之前的变电站自动化系统，在技术进步上取得了突破和阶段性的飞跃；采用了 IEC 61850 标准和先进的网络技术、电子式互感器；实现了过程层信号、交流输入和开关控制的数字化、信息化，甚至网络化；达成了 IED 设备之间数据共享、交互和互操作性，也实现了一些高级应用，如顺序化操作等。然而，现阶段网络通信的某些关键技术难题影响了可靠性，为了回避这些技术难题，现有的智能变电站不得不采取了一些保守方案，例如：①继电保护所需要的来自电子式互感器的电流电压信息采用了光缆一对一连接方案，即光缆换电缆的所谓“直采直跳方案”。②为了简化保护控制设备，按单个设备对象（如每条线路、每个变压器）配置保护、测控设备；每增加一种功能就需要增加一种设备（如增加计量功能即需要增加专用的计量装置，增加一条线路就增加相应的保护装置、测控装置）；使得二次设备的数量增多，集成度低、主控室建筑面积大。

经过对现有智能变电站的工程实践总结，还发现有如下的问题：①二次装置数量多导致了通信网络节点众多，交换机级联、故障环节增加，降低了系统可靠性。除直采直跳接口，另需配置保护、测控、电度、录波、智能终端、合并单元等众多网络接口。例如，陕西 750kV 延安变电站一期配置交换机多达 92 台，成本接近 1000 万。②保护独立配置，增加系统复杂性。各保护装置独立配置，需通过 GOOSE 网络交互逻辑闭锁、保护启动等信息，装置配置复杂，增加调试周期和后期维护成本。③装置光纤接口数量多，光缆铺设复杂。采用直采直跳设计模式，装置光口数量很多，光缆连接复杂，增大了施工、调试工作量。例如，陕西 750kV 延安变电站光缆使用近 5 万 m，加上熔接费用近 100 万元成本。④控制室屏体布置多，集成度低。保护、测控、计量按传统变电站模式配置，各功能硬件独立，屏体数量与传统变电站相比并未减少。江苏 220kV 西径屏位数量约 140 面，占地面积大，未充分实现国网公司的“两型一化”的建设目标。⑤合并单元、智能终端独立配置，占用大量屏体安装位置。智能变电站试点工程合并单元均独立配置，集成安装于主控室屏体，占用安装位置的同时，增加了屏体内运行的环境温度。例如，辽宁 220kV 大石桥变配置 78 台合并单元、独立组装 20 面屏。

因此，现有的一、二次设备的界限将被打破，变压器、断路器等综合智能组件将集成保护、测量、控制、计量、状态监测等所有功能，并将与一次设备进行融合，实现一次设备的高度集成，进而从一次设备智能化过渡到智能一次设备；同一间隔内的合并单元和智能终端进行集成。

示范工程对技术发展的促进作用如下。

(1) 二次设备高度集成，大幅降低造价。

该工程二次设备的高度集成，主要体现在“五个首次”，即首次实现集中式保护测控装置按电压等级一体化布置，建筑面积减少51%；首次实现全站二次设备应用小尺寸屏柜(600×600)，屏柜数量减少62%；首次在220kV变电站内实现合并单元与智能终端二合一应用，交换机光口减少67%，220kV避雷器绝缘监测装置全部采用光伏供电系统，实现全无线缆安装，节省线缆用量和空间；首次依托工程研制了变压器“一拖二”油色谱在线监测装置，采用“六分阀”专利技术，解决了两台变压器共用一台油色谱装置的混油难题；首次实现了设备端子箱和汇控柜的整合，电缆用量减少50%，光纤用量减少67%。因此，也降低了变电站的造价。

(2) 智能化技术应用，提高运维效率。

该工程减少了运维人员的参与程度，运维工作量减少显著。首次应用手持配置终端，实现烦琐配置工作的自动化、多重化。增加继电保护动作出口表决机制功能，既提高了装置整体的防拒动和误动能力，又使运行更灵活、维护更简单；采用屏下电缆、屏上光缆的分层布线方式，有效减少光缆、电缆交叉，不仅降低相互间干扰，而且便于施工维护。

全站变电设备状态监测系统层次清晰简洁，实现了监测信息的规范化，集中存储、展示、查询、分析、预警五位一体的功能。提高了系统信息接入效率，减少了系统投资，并易于检修维护。

(3) 关键技术突破，助推新技术工程应用。

首次在HGIS上整站应用外卡式磁光玻璃互感器；推动光原理互感器工程应用。

创造性地将纵联光纤通道接入合并单元，解除了线路纵联保护网络采样对同步系统的依赖。在合并单元中采用高容错能力的对时策略以及主时钟系统无缝切换策略，消除了主时钟同步系统失效对母线及变压器保护的影响，提高了跨间隔继电保护网络采样可靠性，极大地推动了继电保护网络化工程应用。

首次实现无线通信技术与状态监测系统的真正融合，提高了集成化程度。推动无线通信技术在变电站中的应用。

### 5.2.2　示范工程背景

截至2017年6月，我国已经投运的智能变电站工程达千座以上，覆盖66～750kV电压等级，在标准制定、方案设计、设备研制、工程建设和运行维护等领域实现了重大突破，经济与社会效益显著，为新一代智能变电站的设计及研究打下坚实基础。

1）核心技术方面

依托“智能变电站技术体系研究”、“智能一次设备结构体系研究”等重点课题，通过科研单位、设备制造企业联合攻关，解决了一次设备智能化、自动化系统网络结构、同步采样、高级功能设计、系统集成等一系列关键技术难题。

2）关键设备方面

制定发布了《智能电网关键设备（系统）研制规划》，在依托工程建设的同时，依靠自主创新，一次、二次设备研制取得重大突破；实现了由“中国制造”向“中国创造”的转变，智能变电站相关技术处于国际领先地位。

3）标准制定方面

为规范和统一智能变电站技术标准，指导试点工程建设，在充分总结变电站技术现状的基础上，制定完成并正式发布了智能变电站系列标准，初步形成了系列化的可用于指导工程实施的技术标准体系。

4）工程建设方面

通过试点工程建设所取得的宝贵经验为今后新一代智能变电站的建设提供了基础，有利于智能变电站整体水平的进一步提升和完善。

5）运行维护方面

新技术、新设备、新功能在智能变电站中被大量使用，获取了宝贵的运行维护经验，为新一代智能变电站进一步的系统整合、模型标准化、网络安全化、高级应用功能的完善以及高效便捷地维护管理打下良好基础。

6）经济社会效益显著

智能变电站减少了变电站的占地面积，缩短了设备的调试周期，降低检修维护成本。智能变电站的建成投运，大幅提升设备运行可靠性，实现设备操作的自动化，提高资源使用和生产管理效率，使运行更加经济、节能和环保。同时还可提高供电可靠性和电能质量；可实时优化调整电网运行方式，有效降低电网电能损耗，带来可观的直接经济效益；同时，可实现对电网的实时监控，减少运维管理费用，可大大减少运行维护人员的工作量，社会效益十分显著。

### 5.2.3　技术背景

针对目前现有智能变电站所存在的问题，经研究我们采用高度集成智能变电站的技术方案来寻找解决之道。设计宗旨就是采用高度集成的方式，通过功能集成、结构紧凑、实现系统设备和屏柜数量的下降，减少通信网络节点和交换机数量，减少工程调试工作量和时间，提高系统的可靠性并且能够成本的降低。

总体方案思路是站控层系统功能集成；间隔层保护、测控及计量功能集成；过程层合并单元与智能终端功能集成；网络结构采用 SV/GOOSE/1588 共网传输，三网合一;保护测控装置多间隔集成;集中式保护装置上“功能软件化”。

设计理念上,将整个变电站作为控制对象,以变电站为对象实施集中式保护,采集全站的信息并汇总到集中式保护装置上,基于全局信息实现控制策略:①具有更佳的智能性;②极大地提高了设备的集成度;③设计理念上实现了“功能软件化”的应用。

IEC 61850 标准 LN 数据模型理论的建立为功能的自由分布和集成,为高度集成智能变电站的技术方案提供了实现的理论依据。强大的软硬件平台技术、网络平台技术又为高度集成智能变电站的技术方案的实施提供了坚强的技术支撑。功能集成一直是变电站自动化系统在保护装置微机化后的发展方向,例如,传统的功能单一实现的多种保护功能集成为一台成套保护装置,保护测控一体化装置的逐步出现。但受制于技术和理论的历史发展局限性,集成发展的跨度一直是渐进式的,其集成范围和思路也都是局限的,例如,一个保护测控装置的保护、测控功能从交流信号采集到采集数据输出仍然都是各自独立的配置单元分别完成的;一个自动化功能也只能在一个物理设备上完整实现,无法分布式网络化,因此存在有很多种的自动化装置,例如,专有的备自投装置等。IEC 61850 标准的出现从根本上打破了这样的技术和理论的瓶颈,因为只有实现了 IED 设备及功能间的互操作,才能从理论和技术思路上,提出变电站自动化功能的自由分布。也正是因为有了这种前所未有的理论灵活性,才打开了自动化装置功能的重新布置和优化、大级别集成,以及实现更为复杂先进的智能功能的技术思路。

在 IEC 61850 标准的推动下,加上计算机硬件水平的提高,变电站自动化系统的研究与建设进程,依次很快地被推进到了数字变电站、智能变电站的新发展阶段,这同时也形成了装置网络化、硬件平台化、功能软件化的“三化”技术指导原则。因此,这几年变电站自动化功能的智能化、集成化一直取得不断的进展,例如,取消了专有的备自投装置,实现了顺控等。而高度集成智能变电站应该是在总结之前的不足之后研究得到的、目前为止最新的、最高水平的技术成果,集成程度前所未有,取得了跨间隔高度集成的跨越式飞跃。

## 5.3　高集成度智能变电站关键技术原理

高度集成智能变电站的自动化体系结构在逻辑功能上宜由站控层、间隔层和过程层三层设备组成,并用分层、分布、开放式网络系统实现连接,整个体系结构为“三层两网”结构,如图 5.1 所示。

其过程层通信网络采用星型结构,通信网络接入方案如图 5.2 所示。

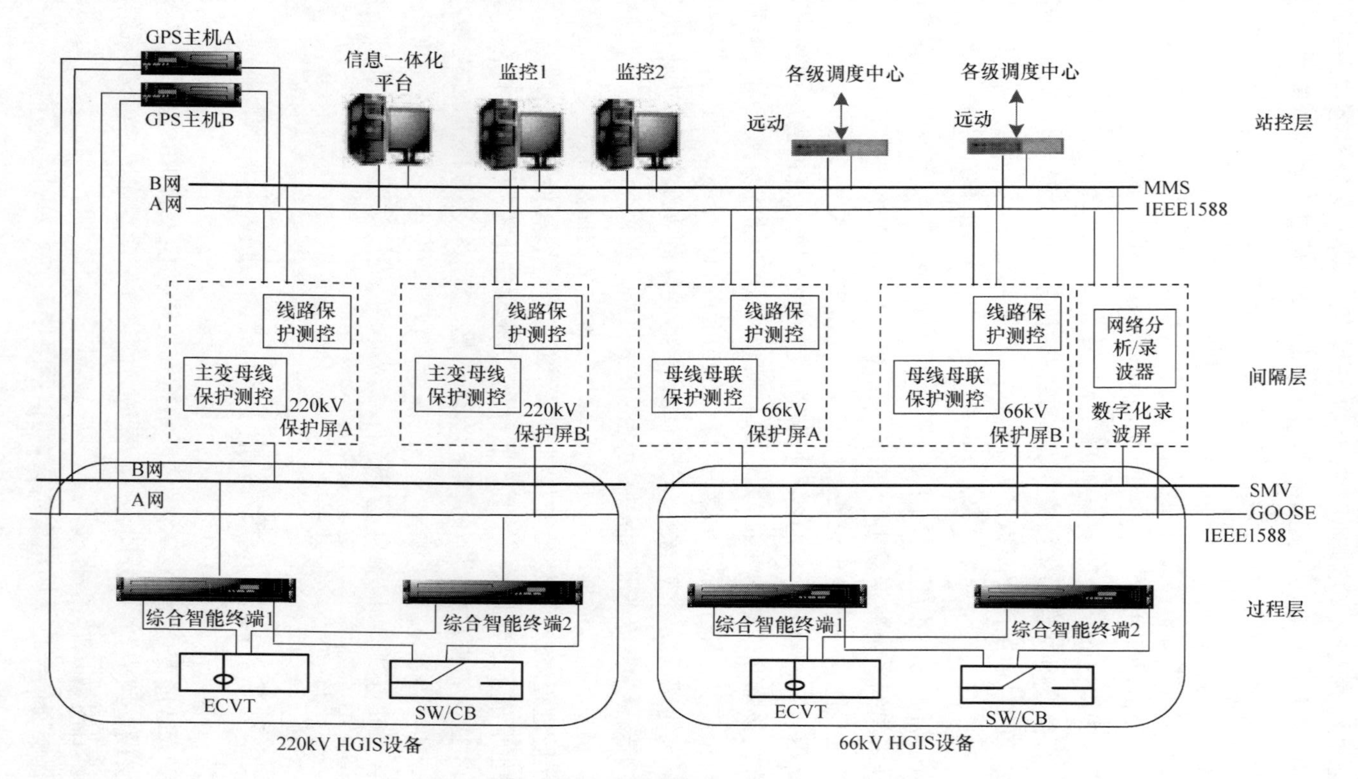


图 5.1　高度集成智能变电站的自动化体系结构

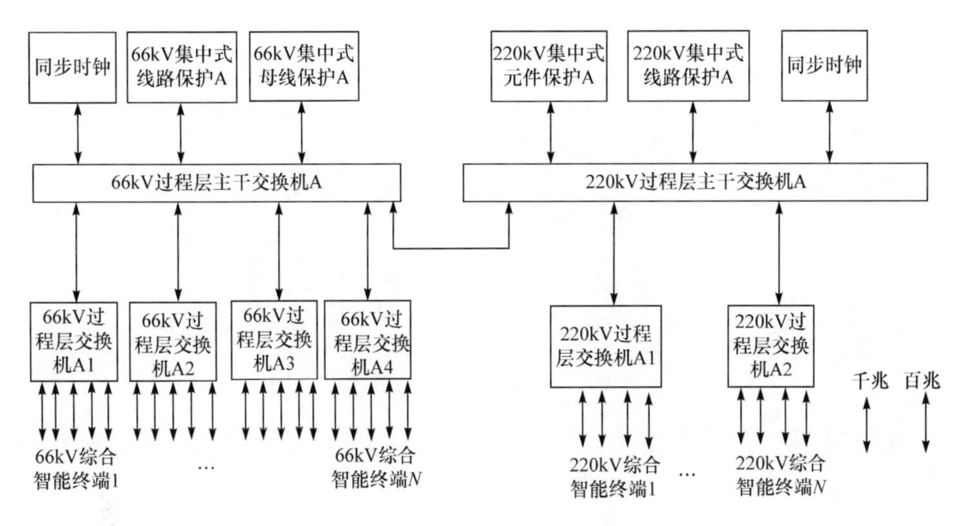


图 5.2　高度集成智能变电站的过程层通信网络接入方案

### 5.3.1　过程层三网合一技术

过程层网络用以连接间隔层设备和过程层设备，在智能变电站自动化系统中的地位和重要性尤为突出，其从功能上可以分为：传输采样值（电流、电压）的 SV 网络和传输变电站事件（如保护跳闸、开关变位等）的 GOOSE 网络。目前，过程层多采用 SV 网络和 GOOSE 网络独立组网，对时采用光 B 码的方案。对于集中式保护，单台装置集成多个间隔的保护（测控）功能，装置功能集成度高，为节省过程层光口数量，实现变电站信息的网络化共享，需采用“网采网跳”方式。而基于过程层 GOOSE、SV、IEC 61588 信息共网的“三网合一”技术，在满足集中式保护要求的同时，能够最大化实现站内信息共享，同时节省站内过程层交换机及光缆用量，简化二次接线，方便运维。

1. SV 网络流量分析

随着人们对 IEC 61850 标准的研究深入以及电子式互感器和过程层智能化设备在智能变电站示范工程中的逐步应用，变电站间隔层设备与过程层设备间以网络传输方式进行通信受到广泛关注。其中一个重要组成部分就是采样值传输。

2009 年 1 月 23 日，(57-990-INF) 正式通知各个国家委员会，宣布取消 IEC 61850-9-1，IEC 61850-9-2 通信协议成为智能变电站过程层采样值传输的主要应用协议。IEC 61850-9-2 更加灵活，适应性也更强，在对象模型方面充分体现了自我描述、灵活配置的特点，其逻辑设备、逻辑节点、数据集和采样值控制块均可以根据实际需要进行配置和选择，并通过配置文件进行描述，如图 5.3 所示。

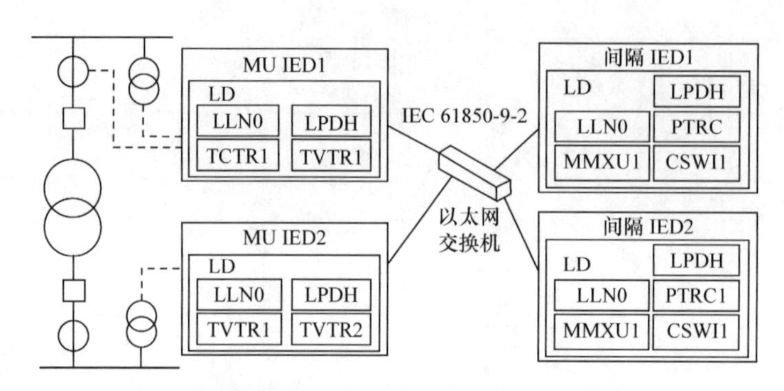


图 5.3　采用 IEC 61850-9-2 实现网络化采样示意图

智能变电站过程层“三网合一”技术区别于其他技术方案的最重要特点就是网络流量较大，且通信传输需要依赖交换机。

2. GOOSE 网络流量分析

在正常情况下，GOOSE 通信只维持心跳报文，网络流量可以忽略不计。当发生开关量变位时，考虑极端情况，最大数据吞吐量发生在智能终端连接的端口上(母线保护、线路保护、测控均下发命令)，共 3 个 GOOSE 报文，发送最快间隔按 2ms 计算，端口流量为 300Byte/2ms，占用交换机带宽大约为 1.2Mbit/s。

3. IEC 61588 流量分析

IEEE 1588 协议借鉴了 NTP 和 SNTP 技术，通过迭代消除了往返的路径延时，而且利用以太网媒体访问控制(MAC)层打时间戳技术，消除了设备响应时间同步报文的不确定延时，因此，很大程度地提高了时间同步精度。图 5.4 为 MAC 层打时间戳示意图。IEEE 1588 协议占用资源少，便于兼容各种时钟接收设备。IEEE 1588 协议还是一个自适应的系统，能够自己管理系统内的时钟节点，减少人工参与。

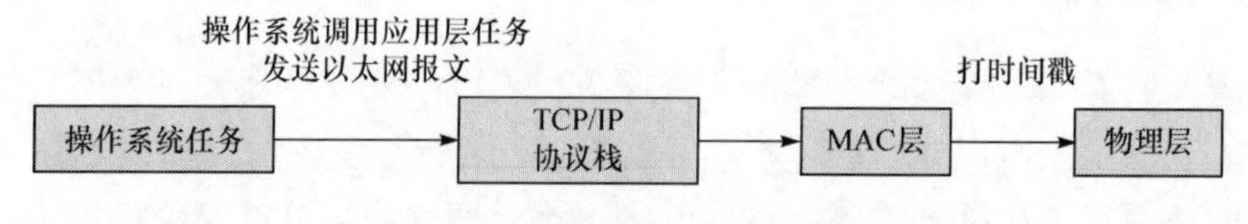


图 5.4　MAC 层打时间戳示意图

IEEE 1588 协议的核心算法包括最佳主时钟(BMC)算法和本地时钟同步(LCS)算法。BMC 算法主要完成选举主时钟和生成拓扑结构 2 个任务。主时钟选举是通过比较时钟属性(如是否指定主、从时钟)、时钟等级(IEEE 1588 协议用于标识时钟精度)、时钟类型(IEEE 1588 协议标识的时钟源类型，如时钟源来自铷钟、铯钟等)、时钟特性(如时钟的偏移、方差等)以及时钟地址和时钟端口号(当其他特征都一样时,IEEE 1588协议会选小的作为主时钟)等,来确定哪一个时钟节点会成为主时钟,进而产生拓扑结构。IEEE 1588协议会生成树形拓扑结构,将一些竞争失败的节点端口定义为禁用(disabled)状态、被动(passive)状态等,避免生成回路。

LCS算法主要完成本地时钟节点与主时钟的校准。图5.5所示为主时钟和从时钟校准流程。从时钟先通过报文传输的往返迭代得出路径延时(delay),然后计算出主、从时钟的时间偏移(offset),最后对从时钟进行调节同步,具体如下。

(1) 从时钟在 $t_{c2}$ 时刻收到主时钟发送的Sync广播报文。

(2) 在 $t_{c3}$ 时刻,从时钟收到主时钟发送的携带同一回合Sync报文发送时间 $t_{M1}$ 的FollowUp报文,从时钟与主时钟的时间偏移 $t_{\text{offset}}$ 为

$$t_{\text{offset}}=t_{c2}-t_{M1}-\tau$$

式中,$\tau$ 为线路延时。

(3) 从时钟在 $t_{c4}$ 时刻向主时钟发送DelayReq报文。

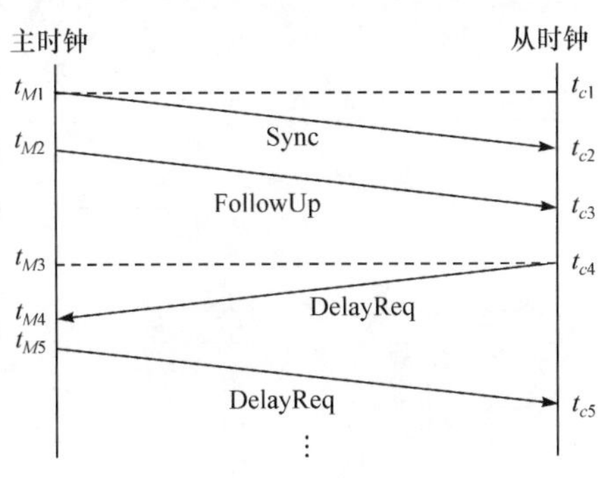


图5.5 LCS算法示意图

(4) 在 $t_{c5}$ 时刻,从时钟收到主时钟发送的与同一回合的DelayReq报文相对应的DelayReq报文,其包含了主时钟收到DelayReq的时刻 $t_{M4}$,其延时 $\tau$ 为

$$\tau=\frac{t_{c2}-t_{M1}+t_{M4}-t_{c4}}{2}$$

根据延时 $\tau$ 可以得出 $t_{\text{offset}}$,进而可以对从时钟进行调节。

可以看出,LCS算法的假设前提是报文往返的路径延时相等,或者说网络的往返传输延时是对称的,但在实际的以太网中这是不可能绝对满足的。

### 5.3.2 时钟源无缝切换策略

高度集成智能变电站全站配置了两套成都可为公司生产的CT-TSS2000B型GPS/北斗双卫星时间同步系统,采用IEEE 1588标准协议实现全站对时通信服务。站控层IEEE 1588对时通信服务与MMS共享网络资源给相关自动化设备对时;间隔层、过程层IEEE 1588对时通信服务与GOOSE、SV三网合一,共享网络资源,给220kV、66kV的集中保护测控计量一体化装置、综合智能终端提供对时同步服务。

系统结构图如图5.6所示,主、备及交换机边界时钟时间流接线示意图如图5.7所示。

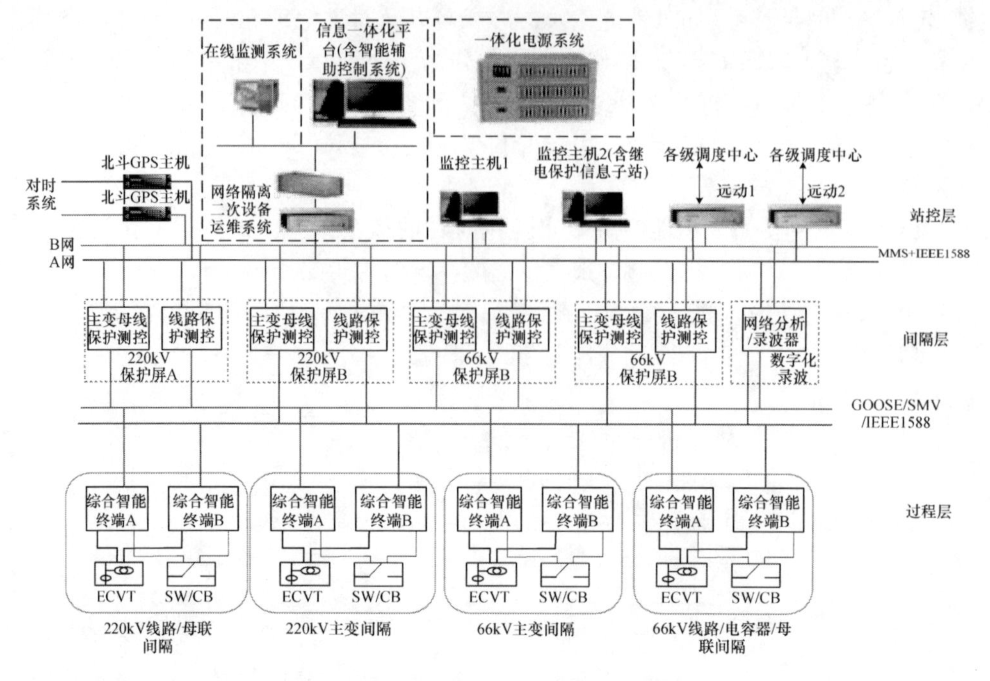


图 5.6　高度集成智能变电站的系统结构图

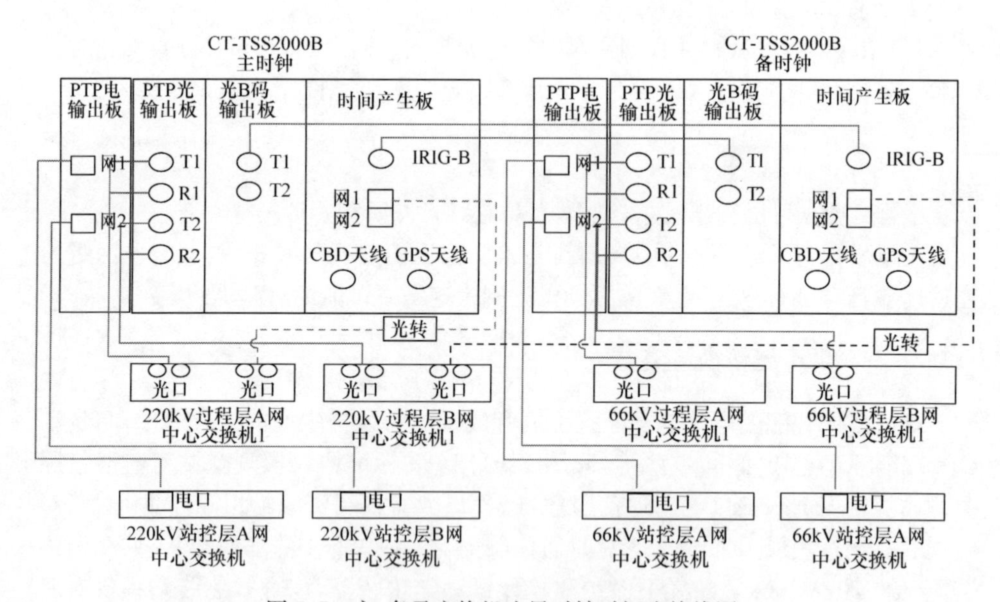


图 5.7　主、备及交换机边界时钟时间流接线图

图 5.7 中的 220kV、66kV 的 A 网通过 A 网交换机进行级联；220kV、66kV 的 B 网通过 B 网交换机进行级联，PTP 即 IEEE 1588 协议简称。

### 5.3.3　合并单元与对侧差动保护同步方案

随着智能变电站的电子式互感器的使用，合并单元代替了传统继电保护装置的电气量采集模块，继电保护装置的电气量采集由原来的模拟量输入变为全数字输入。电气量采集方式的变化给智能变电站中输电线路的光纤差动保护带来了新的课题，特别高度集成智能变电站中，如何对光纤差动保护与合并单元的功能整合，实现变电站的高度集成成为了一个重要的课题，本节就针对这一课题进行相关的研究。

1. *光纤差动保护及其采样同步法*

电流差动保护原理简单，不受系统振荡、电力线路串补电容、平行互感、系统非全相运行、单侧电源运行方式的影响，差动保护本身具有选相能力，保护动作速度快。近年来，随着光纤技术、DSP技术、通信技术、继电保护技术的迅速发展，光纤电流差动保护也逐渐成为了高压线路主保护的主流配置。

光纤电流差动保护是在传统的线路电流差动保护的基础上演化而来的，基本保护原理也是基于基尔霍夫电流定律，它能够理想地使保护实现单元化，原理简单，不受电网运行方式变化的影响，而且由于两侧的保护装置没有电联系，提高了运行的可靠性。目前电流差动保护在电力系统的主变压器、线路和母线上广泛使用，其灵敏度高、动作简单可靠快速、能适应电力系统震荡、非全相运行等优点，是其他保护形式所无法比拟的。光纤电流差动保护在继承了电流差动保护优点的同时，以其可靠稳定的光纤传输通道，保证了传送电流的幅值和相位正确可靠地传送到对侧。时间同步和误码校验问题，是光纤电流差动保护面临的主要技术问题。在复用通道的光纤保护上，保护与复用装置时间同步的问题，对于光纤电流差动保护的正确运行起到关键的作用，因此目前光纤差动电流保护都采用主从方式，以保证时钟的同步；由于目前光纤均采用2Mbit/s数字接口的光纤电流差动保护，能很好地解决误码校验精度的问题。

光纤通信技术的迅猛发展已经为光纤差动保护装置传送数字信号提供了可靠的光纤通道，而采样数据的同步性则成为保护装置所要解决的主要问题。目前解决数据同步问题的方法主要有：采样数据修正法、采样时刻调整法、时钟校正法、基于参考矢量的同步法、基于GPS的同步法。其中采样数据修正法、采样时刻调整法和时钟校正法都是基于假设传输通道两端数据传输延时相等的“乒乓法”的同步方法。而采样数据修正法在每次差动保护算法计算时都要进行数据修正处理，计算量大且比较复杂，不是理想选择。基于参考矢量的同步法计算量大，且由于电力线路模型的准确性和电气测量误差等因素的影响，也很少被采用。基于GPS的同步法虽然具有精度较高，不受光纤传输通道影响等优点，但需要硬件支持，又受到自然环境制约，而且对 GPS 系统具有依赖性，因此不能完全依赖于该方法。

2. 合并器采样同步方案

合并单元的采样同步方案有很多种，这里仅介绍应用于高度集成智能变电站的方案，具体结构如图 5.8 所示。智能变电站的数据源来自电子式互感器，经合并单元同步合并处理后发送给间隔层装置。合并单元到间隔层装置之间采用 IEC 61850-9-2 规约传输数字量采样值，组网模式是指合并单元将处理之后的采样值报文发送至过程层网络，间隔层装置从过程层网络获取所需要的采样数据。

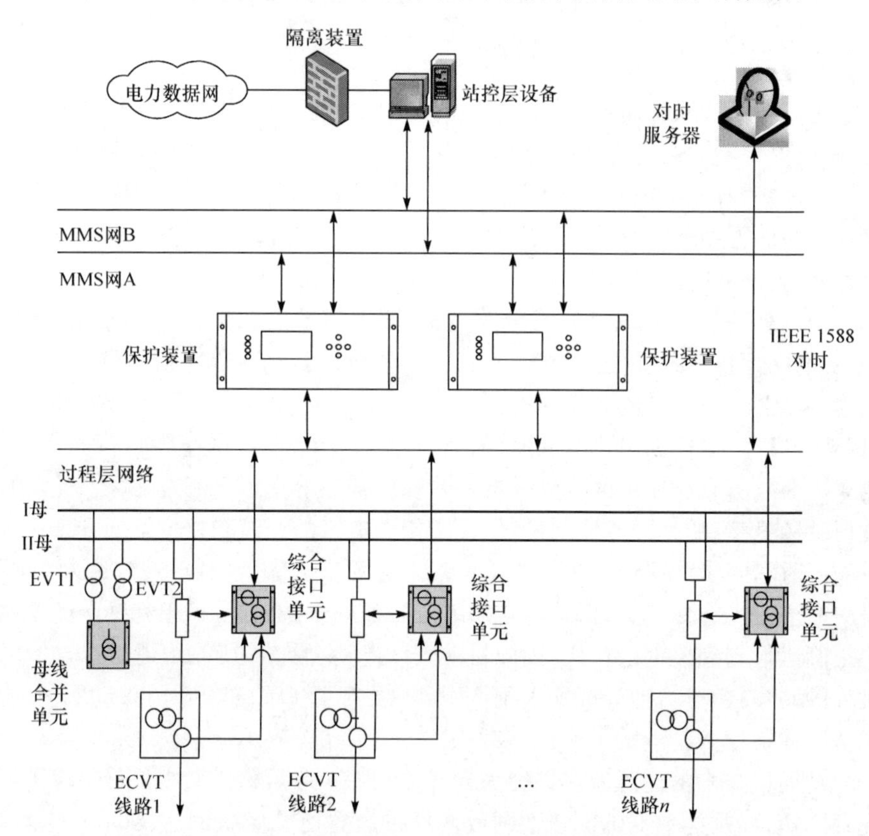


图 5.8　组网传输采样值系统结构示意图

基于电子式互感器的采样系统，其采样流程为：电子式互感器对模拟量信号进行采集，输出的数字量采样信号经过合并单元数据同步之后供保护装置使用。采样时序如图 5.9 所示。采集器到合并单元之间采用 IEC 60044-8 FT3 规约传输数字量采样值，由于 FT3 为串口通信，传输延时固定，电子互感器各自独立采样，并将采样的一次电流或电压数据以固定延时时间发送至合并单元，合并单元采用同步插值法完成各采集器间的采样同步。

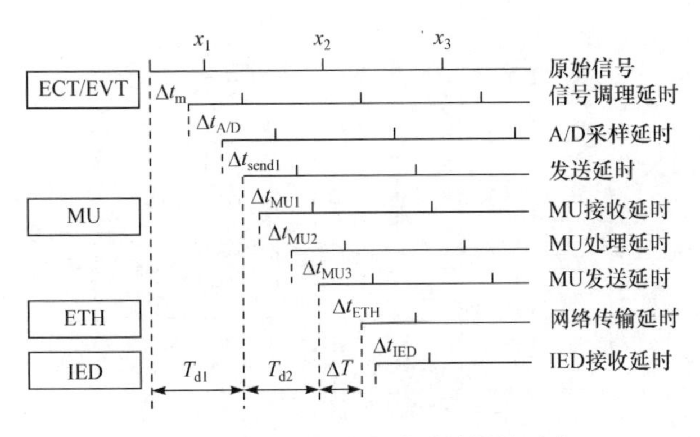


图 5.9　基于电子式互感器采样的时序

合并单元到保护装置之间采用组网模式传输采样值报文，合并单元输出的数字量采样值信号经以太网交换机共享至过程层总线，传输延时不稳定，所以应由过程层合并单元实现全站采样数据时间同步，间隔层保护装置仅需要对齐采样序号即可完成采样的同步。

3. 保护采样同步方案

关于光纤差动保护，传统变电站中站间保护装置之间采样同步均在间隔层保护设备中完成，站间保护装置之间的采样同步方法目前常用的有数据调整法、采样时刻调整法、时钟校正法、参考相量法以及 GPS 同步法等。而在智能变电站中，采用 SV 组网方式时，采样同步都是由过程层合并单元完成的，如果沿用传统变电站的做法，在保护装置内再对站间数据进行同步，就需要保护装置重复合并单元的功能，增加精确对时等硬件投入，硬件功能模块重复，不利于智能变电站的高度集成。在高度集成智能变电站中，利用合并单元的重采样模块完成站间数据的同步，对于变电站的集成度尤为重要，下面就讨论如何在合并单元里完成站间数据的同步。

在常规的合并单元中，同步模块仅完成间隔内采样数据的数据同步，要实现站间数据的同步，需在原合并单元功能基础之上增加独立功能模块以完成站间的采样同步功能。合并单元采样同步功能结构图如图 5.10 所示，在合并单元装置内部，站内采样同步模块和站间采样同步模块采用同一时钟信号。由于目前合并单元的采样率为 80 点/周波，与原保护装置的采样率不尽相同，为兼容原来的光纤通道，保护装置的站间同步采样率不能与合并单元的站内采样率保持一致，故站间采样同步需进行单独重采样，与合并单元的重采样同步模块相互独立。

站间数据同步模块具体流程如下。

(1) 直接对本侧采集器的数据进行重采样以获取所需采样频率的数据，将此

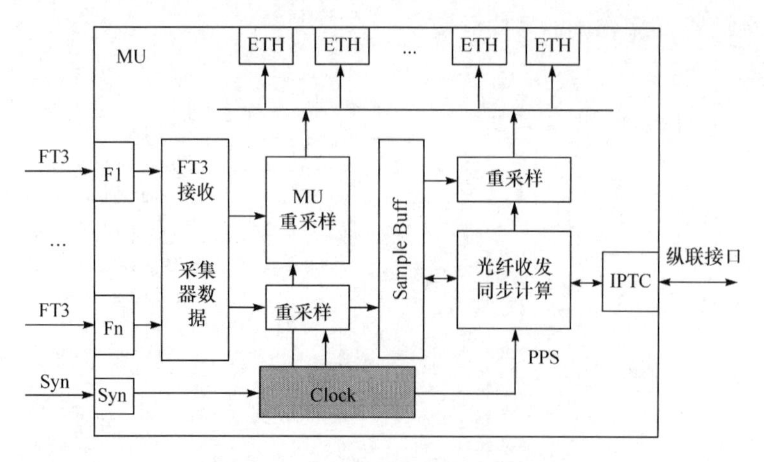


图 5.10 合并单元采样同步结构图

数据发送给对侧保护的同时存入采样缓存区。

(2) 实时进行同步计算以求出两侧的采样偏差。如果对侧为常规变电站或SV 直采方式时,直接调整对侧的采样时刻,完成两侧采样的同步,本书不再深入讨论。

(3) 将接收到的对侧采样数据也存入采样缓存区。

(4) 依据计算出的两端采样偏差对对侧采样值进行重采样,完成站间采样的同步。

(5) 将重采样之后的对侧数据以 IEC 61850-9-2 规约发送至保护装置。

合并单元发送的本侧和对侧采样值报文相同样本计数的采样值为同一时刻本侧和对侧的采样数据。保护装置根据样本计数完成站间采样同步。

站间采样数据同步包括三个环节:本侧数据重采样、站间采样偏差计算和对侧数据重采样同步。

为保证合并单元本身功能与站间同步功能相互独立,同时由于保护装置与合并单元的采样率可能不相同,向对侧发送的采样数据独立采样。为了保证数据同步,合并单元重采样和站间采样同步重采样基于相同的时钟信号,同时在整秒时刻采样序号均为 0。

4. 采样同步误差分析

在合并单元实现站间数据同步后,增加了一级数据重采样,会对数据采集带来误差。下面分析由合并单元进行站间采样同步带来的误差。

在目前的合并单元中,重采样方法一般采用插值算法,插值算法的算法简单,占有 CPU 资源较少。常用的插值算法包括 Lagrange 插值、Newton 插值等方法,较为常用是 Lagrange 插值,其公式为

$$L_n(x) = \sum_{i=0}^{n} f_i l_i(x) \tag{5.1}$$

式中，$l_i(x) = \prod_{\substack{j=0 \\ j \neq i}}^{n} \frac{(x - x_j)}{(x_i - x_j)}$。

利用式(5.1)进行插值所引起的误差可用下式表示：

$$R_n(x_i) = f(x_i) - L_n(x_i) = \frac{f^{(n+1)}(\xi)}{(n+1)!} \omega_n(x) \tag{5.2}$$

式中，$\omega_n(x) = \prod_{j=0}^{n} (x - x_j)$。

一次插值多项式即为线性插值多项式，二次插值多项式的图形为抛物线，所以二次插值也称为抛物线插值法。对于重采样算法，综合考虑数据精度和数据处理的复杂度，通常取 $n=2$，采用二次插值法，从而可以得到抛物线插值法的计算公式如下：

$$L_2(x) = \frac{(x-x_1)(x-x_2)}{(x_0-x_1)(x_0-x_2)} y_0 + \frac{(x-x_0)(x-x_2)}{(x_1-x_0)(x_1-x_2)} y_1 \tag{5.3}$$

误差计算公式为

$$R(x) = \frac{1}{6}(x-x_0)(x-x_1)(x-x_2) f^{(3)}(\xi) \tag{5.4}$$

假设采样的信号是频率为 50Hz 的正弦波，即 $f(t) = \sin(100\pi t)$，采样频率为每周波 80 点，采样间隔为 250μs，对每一个采样点，取其前两个点参与重采样计算，为了方便计算，我们可以取 $x_0$ 为坐标零点，这样就可以得到抛物线插值的三个点为 $x_0(0, f(x_0))$，$x_1(250\times10^{-6}, f(x_1))$，$x_2(500\times10^{-6}, f(x_2))$，取 $x = 450\times10^{-6}$，把这些点代入式(5.3)可以求得该采样点重采样后的值，并由式(5.4)可以得到抛物线插值重采样引起的误差为

$$|R_n(x_i)| \leqslant 2.3\times10^{-5} \tag{5.5}$$

由式(5.2)可以看出，对于给定的坐标点，频率越高计算误差越大。同样，可以计算出 13 次谐波的计算误差，即

$$|R_n(x_i)|_{13} \leqslant 5.0\times10^{-2} \tag{5.6}$$

### 5.3.4 集中式保护控制软硬件平台技术

1. 集中式保护控制系统硬件平台

目前，微机保护产品在继承常规保护成熟的技术原理的基础上，其智能化的特点日益突出，这不仅更好地满足了电力系统对可靠性和安全性的要求，而且为保护的测试试验和现场维护带来了更多的便利，随着电力系统对微机保护装置性能的

要求不断提高、保护原理和算法的研究和发展、硬件产品技术的进步，以及微机保护运行环境的更为复杂和严酷。新型的、高可靠的硬件平台系统成为网络化保护的实现基础；硬件平台系统作为网络化保护原理的载体和实现继电保护全部功能的基础。

集中式保护控制系统的硬件平台具备以下几个基本特点。

(1) 在保证可靠性、快速性、稳定性等原则的前提下，提供更丰富的硬件资源，使保护模块开发中的先进保护原理以及更高级应用的实现不再受硬件条件的限制、满足各种保护装置等多种智能 IED 的开发、为维护和升级提供了极大便利。

(2) 由于对多种产品的开发提供支撑，硬件平台提供多种通信接口 CAN、10/100/1000M 以太网等。

(3) 内部高速总线，采用模块化设计，具备硬件功能模块通用，灵活可配置，易于扩展、易于维护的特点。

平台主要包括如下 5 个硬件子系统。

1) 中央运算单元子系统

中央运算单元子系统是整个系统的基础，通过通信接口与其他硬件子系统互联，完成继电保护装置数据运算、保护逻辑判断的功能，主要包括中央处理器、非易失性存储体、DDR2 SDRAM 内存、通信接口等部分。更快(处理能力)、更强(功能)、更低(低成本和功耗)是电子产品持续发展的动力，变电站通信网络及系统的系列国际标准 IEC 61850 的逐步导入和推广，基于该标准发展起来的继保产品网络化发展趋势对当前所采用的硬件平台(特别是核心处理器)的性能可扩展性提出了严峻挑战，同时对核心处理器的通信能力和存储能力要求更高。

2) 人机接口子系统

新平台的人机接口支持普通按键、PC 键盘、触摸屏等。触摸屏作为一种新型的人机界面，简单易用，强大的功能以及优异的稳定性，使之非常适合于工业环境。触摸屏人机界面采用“人机对话”的控制方式，以触摸屏 HMI 作为操作人员和设备之间双向沟通的桥梁，用户可以自由的组合文字、按钮、图形、数字等来处理并监控管理设备，使用人机界面能够明确告知操作人员设备目前的工作状态，使操作变得简单生动。触摸屏人机界面由触控面板、液晶显示面板、主控机板三部分组成。在触摸屏人机界面上可以设置各种单状态或多状态的按钮、开关、指示灯，能利用多状态灯功能实现动态画面，形象、实时；可以设置键盘、拨盘开关，进行数字输入或修改系统的各个参数的设定；实现多通道动态数据的监控；也可以制作各种系统工作的流程图，动态显示工作过程中的各个控制状态的变化实况，界面形象，监管全面、直观；还可以设置系统报警记录，把系统工作中发生的各种故障记录下来；同时也可以制作故障提示窗口，便于操作者检修维护。

3) 过程层通信接口子系统

相对于传统的网络，过程层网络具有实时性要求高、数据量大、可靠性要求高等特点，这就要求过程层通信接口提供足够的数据带宽，同时又具有高速的数据处理能力，最大需满足 1000M 的接收和处理能力。

4）站控层通信接口子系统

站控层通信网络是站控层和间隔层之间数据传输通道，通信网络的性能直接影响着整个变电站自动化系统的性能。随着变电站通信网络及系统的系列国际标准 IEC 61850 的逐步推广和使用，基于该标准发展起来的继保产品网络化发展趋势对当前所采用的硬件平台的通信性能提出了严峻挑战。所以开发高性能的通信硬件平台势在必行。

5）开关电源子系统

开关电源为整个系统提供直流电源，其可靠性尤为重要，为了提高整个装置的可靠性，通过如下措施提高开关电源的可靠性。

开关电源可靠性热设计，除了电应力之外，温度是影响设备可靠性最重要的因素。电源设备内部的温升将导致元器件的失效，当温度超过一定值时，失效率将呈指数规律增加。国外统计资料表明电子元器件温度每升高 2℃，可靠性下降 10%；温升 50℃时的寿命只有温升 25℃时的 1/6。热设计的原则：一是减少发热量，即选用更优的控制方式和技术，如移相控制技术、同步整流技术来提高开关电源的效率等；二是选用低功耗的器件，减少发热器件的数目；三是加强散热，即利用传导、辐射、对流技术将热量转移。

冗余功能是提高系统可靠性的最简单和实用手段。在保护装置中采用两套独立电源插件分别对不同负荷插件进行供电，以保证系统在正常环境下每套电源的负载条件比较接近（小于额定输出 50%）。在任何一组电源失效的情况下，另一组电源可以无缝接入另外一组负荷。电源并机功能电路（oring control）可以保证并机插件在接入过程中不会产生瞬间相互干扰和掉电，并支持在带电条件下进行热插拔操作。此外，任何一组电源插件在本身失效情况下（其中任何一个器件在开路或短路失效情况下），供电系统不会垮掉。

### 2. 集中式保护控制系统软件平台

集中式保护控制系统的软件平台设计给集中式保护设备提供软件平台支撑，为应用层提供应用接口、各种管理和处理功能接口，使应用层专注于应用开发，完全脱离 BSP 层。

1）实时多任务操作系统应用设计

软件平台引进实时操作系统（RTOS）Nucleus Plus，Nucleus Plus 是实时的、抢先的、多任务的内核。图 5.11 为集中式保护控制系统软件平台示意图。随着软件规模的上升和对实时性要求的提高，靠用户自己编写一个实现上述功能的内核一般是不现实的。此外，为了缩短产品的研发周期，延长产品的市场生命，也迫使

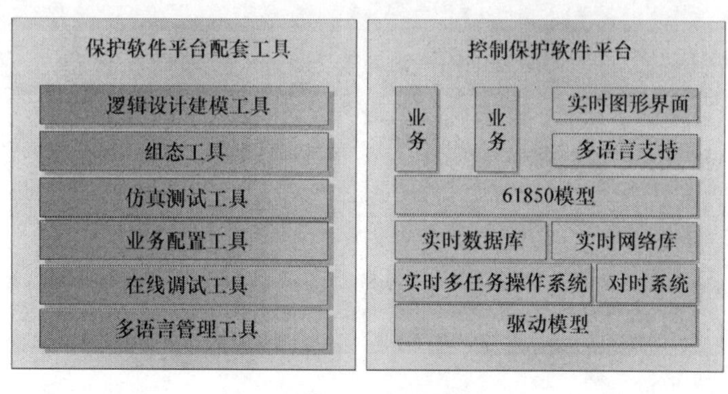


图 5.11 集中式保护控制系统软件平台示意图

管理人员寻找一种程序继承性和移植性强、多人并行开发的研发模式。在这种形势之下，使用由专业人员编写的、满足大多数用户需要的高性能 RTOS 内核是一种必然结果。

2）自描述实时数据模型管理系统设计

集中式保护控制系统软件平台对于信息的描述采用面向对象的自描述，没再使用“面向点”的数据描述方法。“面向点”的数据描述方法，在信息传送时收发双方必须对数据库进行约定，若增加或删除功能必须修改协议，从 MMI 到主站系统的数据库必须全部改动，这在目前的自动化系统中是很大的一部分工作量。面向对象的数据自描述，传输到接收方的数据都带有自我说明，不需要再对数据进行工程物理量的对应以及标度转换的工作，简化了数据管理和维护。

通过提炼不同保护产品中保护信息的共性，建立一个统一的保护数据结构模板，包含每种保护所需的一切信息，形成保护程序的一个统一的开发平台，定义保护程序和内核的接口，促进编制保护程序的标准化。降低了保护程序的开发难度，提高保护程序的可靠性。同时开发了一个通用的系列保护调试配置软件，对用户来说模糊不同类型保护产品的差别，降低使用系列保护控制产品的学习量和使用难度。

3）双层设备驱动模型设计

双层设备驱动模型分为硬件抽象层和硬件相关层的双层模型，每层都使用各自通用的接口，使得相似设备驱动程序的主要部分可以复用，简化了驱动的开发过程。应用程序对硬件设备的操作通过硬件抽象层来实现，这部分与所使用的硬件设备无关，易于跨平台和移植，增强了应用代码的可移植性和稳定性。硬件相关层与硬件设备直接相关，根据不同的硬件设备单独编译和加载，将硬件设备的变化局限到很小的范围内，提高了间隔层平台应对硬件变化的快速适应能力。

4）软件多模块自动加载管理系统设计

软件多模块自动加载管理系统，完全实现通信管理模块、人机接口、系统平台、设备驱动和应用模块的独立编译和下载，并在初始上电过程中，自动识别各软件模块，建立各模块的初始工作环境，自动执行软件模块的相关操作。这样，调试升级或系统功能变化时，只要对相关功能模块进行升级、编译和下载，从而将设计、调试、测试等缩小到一个有限的范围，既缩短了开发周期，又降低了软件开发的难度和复杂度。

5）保护多模块管理系统设计

保护多模块管理系统完全实现了多个保护模块各自独立的开发、编译、下载和操作展示功能，并在初始上电的过程中，动态加载各保护模块到各自独立的内存程序空间中，建立各模块独立的工作环境。这样，同类的保护设备只需执行简单的拷贝复制操作，即可自动产生多个保护设备，避免了大量的重复开发工作。同时，由于各模块有自己相对独立的程序、数据和存储空间，某台保护设备的升级不会影响其他保护模块的功能和整定值，从而将影响缩小到一个有限的范围，简化了现场使用和维护操作，同时，也有利于提高整体可靠性。

6）PC仿真系统设计

PC仿真系统主要以多窗口图形界面仿真、嵌入式操作系统仿真、嵌入式文件系统仿真、嵌入式硬件仿真为基础，并以多窗口图形界面系统仿真线程作为主线程来展开；其中主要包括几个分模块的仿真，嵌入式平台程序的仿真、嵌入式驱动程序的仿真、嵌入保护程序的仿真、嵌入式通信模块的仿真等。

7）可视化逻辑组态设计

可视化逻辑组态是嵌入式软件开发的一个发展方向，集中式保护控制系统可视化逻辑设计软件平台使装置开发过程变更为软件工厂模式："应用建模—标准元件代码—自动组装—产品维护"，代码设计集中于高度重用的标准元件上，装置功能由可视化工具（软件机器人）实现。由于产品开发基于高度重用的基础上，避免了重复开发，保证了产品的一致性，解决了个性化需求与产品通用性的矛盾。

### 5.3.5　集中式保护控制系统功能分解

#### 1. 集中式保护控制系统结构

高度集成的智能变电站关键技术之一在于二次保护控制功能的高度集成化的设计。常规变电站二次保护控制功能按照间隔及母线分别配置物理上独立的继电保护装置及测控装置计量装置等设备，以一个典型的220kV变电站为例，220kV电压等级的单套配置保护装置及测控装置各为20套左右，保护屏柜达40余面。高度集成的智能变电站采用集中式保护控制装置设计模式，物理上一台保护控制装置能够实现220kV电压等级的多个间隔保护、测控及计量功能。集中式保护控制装置采用高性能的硬件平台，单台物理装置最多可以完成8个间隔的保护、测控及计量功能，这样一个典型220kV变电站的220kV电压等级完全可以由两台集中式保护控制装置完成，如果两台集中式保护装置采用集中组屏方式，则一面屏柜即完成了常规变电站40余面屏柜的功能。

单台集中式保护控制装置需要同时运行多个间隔的模块，如何处理好同时运行多个模块的问题是实现集中式保护控制的难点。

集中式保护控制平台主要有以下功能：完成对过程层GOOSE、SV数据采集并发给保护CPU进行保护程序处理；与站控层设备进行通信并实现MMS报文的解析和处理；接收过程层对时命令实现装置对时。

集中式保护控制装置中各个间隔模块的运行配合接口关系，如图5.12所示。

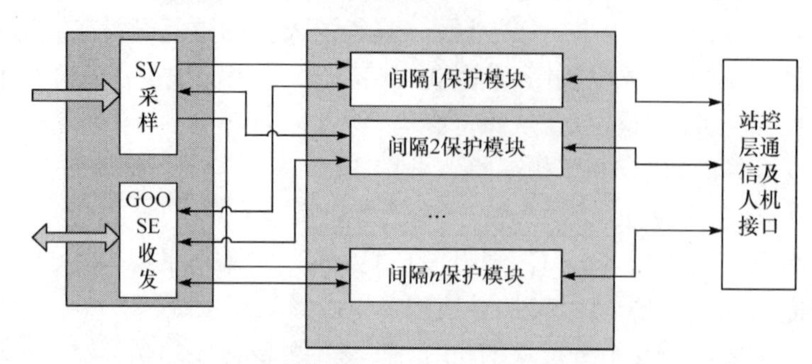


图5.12　集中式保护控制装置中各个间隔模块的运行配合接口关系

保护装置中每个模块具有独立的外部连接虚端子，工程设计仍按照独立间隔进行虚端子的连线配置，下载到集中式保护装置内部，将外部的输入信号自动分解传输到每个独立的软件模块中，集中式保护装置能够支持的间隔保护数量即为最多能够同时加载的软件模块，与硬件平台的内存空间及处理速度相关。采用高性能的多核处理器后一般能够同时运行较为复杂的保护模块数量可以达到10～20。

集中式保护控制装置包括多种保护测控功能，保护的开发难度大，如何简化程序的开发过程是需要考虑的一个重点问题。为此本方案提出了三点关键技术实现集中式保护控制软件平台，包括可视化编程技术、多模块自动加载技术、双核分布式处理技术。

### 2. 保护功能配置

目前应用最广的继电保护原理是电流差动保护，并且差动保护多数为工频量计算方法，也有采用瞬时值的差动计算方法。电流差动保护原理为基尔霍夫电流定律，原理较为简单，但灵敏度高，凡是电流差动保护应用之处必然配置为主保护，本保护装置功能的特别之处即增加了扩大化差动保护。

在继电保护系统中，断路器失灵是一个重要的问题，在传统保护系统中需设置断路器失灵保护，当发生断路器失灵时跳开接在同一母线上的所有电源支路断路器。在站域集中式继电保护系统中可方便地实现断路器失灵保护功能。当线路本间隔发生故障断路器失灵,装置检测到第一时间跳开开关后故障电流仍存在,则判断断路器失灵,由站域差动保护第二时限跳开本间隔相关的断路器,切除故障。

而站域集中式保护可以获取系统中多个测量点的故障电流,因而站域集中式保护中主保护和后备保护均可以采用差动保护。此处的站域扩大化差动保护作为元件差动保护的后备保护。以开关为单位(包括母联及分段开关)配置的自适应后备保护,采用差动保护原理,替代传统保护体系中的阶段式保护及断路器失灵保护、死区保护。基于装置能力,按功能类型集中配置在若干台保护装置中。采集该开关可能连接的元件(如双母线出线开关所连接的＃1 母线和＃2 母线)的对侧电流,完成差动保护功能,动作后第一时间跳本开关,第二时间跳该开关当前状况下所连接的元件开关。

以线路为例进行说明,如图 5.13 所示,CB1 为保护对象,差动保护引入与 CB1 相联系的相关电流量,具体为 CT6、CT2、CT3、CT4 作为差动保护的基本组成量,这样在 CB1 与 CB6 的线路上发生故障时,原来线路上配置的差动保护可以快速动作,若 CB1 因为一些原因不能跳开时,如 CB1 断路器失灵,或者故障点位于 CT1 与 CB1 之间的死区故障,新的基于 CB1 开关的差动保护能够动作,第一时间跳开 CB1,若 CB1 仍然有电流,则第二时间跳开与 CB1 相连的 CB2、CB3、CB4,达到隔离故障的目的。

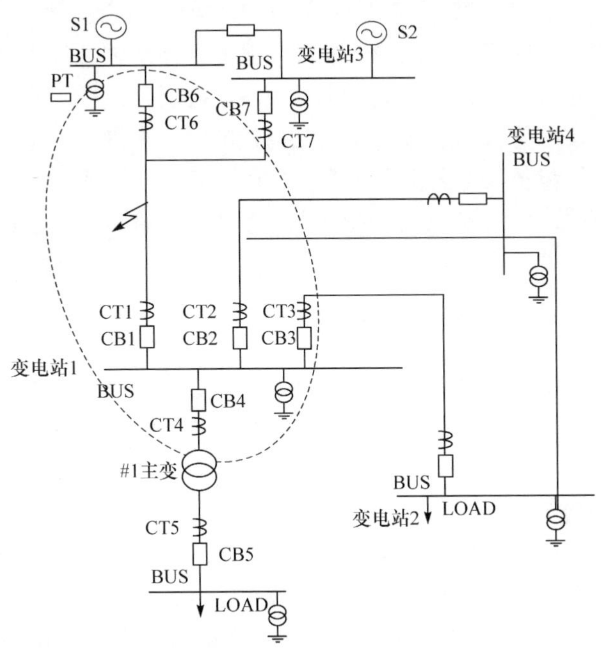


图 5.13　线路开关配置的自适应后备保护动作过程

### 5.3.6 HGIS外卡式光学电流互感器

外卡式光学互感器是结合HGIS应用所创新设计的一种最新的光学电流互感器的结构;其结构型式既有别于支柱式和悬挂式磁光晶体型的光学电流互感器,也有别于光纤式光学电流互感器。

外卡式光学电流互感器的结构设计充分利用了磁光晶体传感光路的结构特点,具有结构简单,安装调试灵活等优点。由于可以方便地组合安装于GIS、HGIS或罐式断路器等密闭设备的外部,不存在拆装设备主体,也不影响设备主体的绝缘,所以可与GIS、HGIS或罐式断路器等设备实现现场组装,可在不停电的情况下实现检修或更换。

因组合安装于一次高压密闭设备主体的外部,其设计结构不会改变一次设备绝缘状况,也消除了因互感器自身或连接法兰密闭不严而产生漏气的可能性。

### 5.3.7 变压器油色谱检测"一拖二"技术

1. 系统简介

MGA2000系列变压器油色谱在线监测系统(以下简称MGA2000系统)采用了气相色谱检测原理。其检测原理过程是变压器油在内置一体式油泵作用下进入油气分离装置进行油气分离,分离出溶解于变压器油中的特征气体;而经过油气分离后的变压器油仍流回变压器油箱。分离出来的特征气体在内置微型气泵的作用下进入到电磁六通阀的定量管中。定量管中的特征气体在载气作用下进入色谱柱,然后,检测器按各种气体成分所流出色谱柱的顺序分别将各组分离气体成分含量变换成电压信号量值,并通过RS485/CAN/100M以太网接口将数据上传至数据处理服务器(安装在主控室),最后由MGA200状态监测与预警软件进行数据处理和故障分析。

2. 一拖二配置工程实施方案

为了满足高度集成智能变电站的两台变压器集成共用一台MGA2000系统的配置(以下简称一拖二配置)要求,经认真研究及讨论,在设计方案的基础上确定以下实施方案。

1) 方案配置原理

本项目MGA2000一拖二配置采用二套循环取油的油气分离模块,共用一套色谱分离及检测模块。如图5.14所示,二台变压器各自独立配置一路油气分离装置,定量管1与定量管2中的特征气体通过特制十通阀进样装置切换控制后进入色谱柱,完成气体成分分离及含量检测。

2）方案工作流程

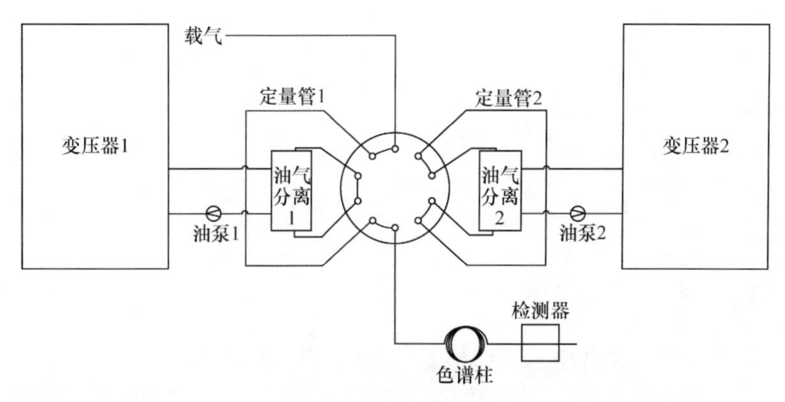


图5.14 一拖二油气分离原理图1(十通阀A状态)

(1) 初始A状态。

油气分离1、油气分离2同时进行油气分离。定量管1回路先进行气体进样检测。

(2) 切换成B状态。

十通阀切换成B状态时，如图5.15所示，定量管2回路进行进样检测，定量管1与油气分离1则进行气体置换。15min后，定量管2回路检测结束。

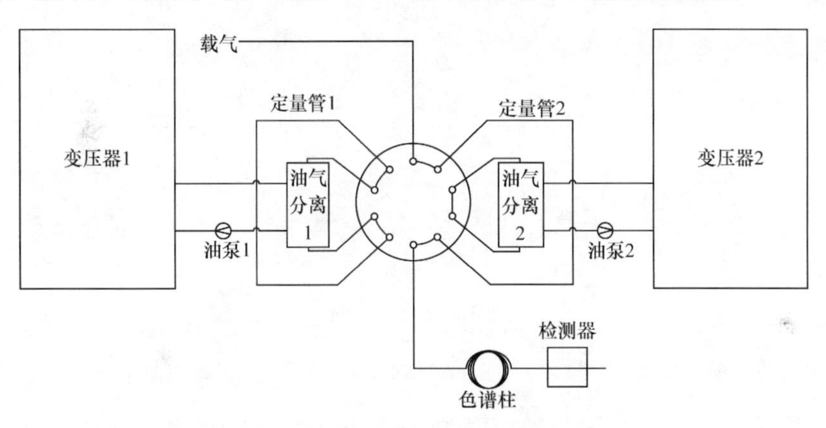


图5.15 一拖二油气分离原理图2(十通阀B状态)

(3) 切换成A状态。

再次将十通阀切换成A状态，如图5.15所示，定量管1回路重新进行进样检测，定量管2与油气分离2则进行气体置换。15min后，定量管1回路检测结束。

### 5.3.8 全无线式在线监测系统

高度集成智能变电站在线监测无线通信系统的研究和应用，采用了工业无线网络技术来实现。工业无线网络(wireless networks for industrial automation，WIA)技术是工信部重大课题的研究成果，是由中国科学院沈阳自动化研究所推出的，具有自主知识产权的高可靠、超低功耗的智能多跳无线传感器网络技术，该技术提供一种自组织、自治愈的智能 Mesh 网络路由机制，能够针对应用条件和环境的动态变化，保持网络性能的高可靠性和强稳定性。

WIA 工业无线技术经过化工、石油等行业实际应用验证，能够适合各种恶劣工业环境。

1. 在线监测无线通信系统结构

智能变电站的在线监测无线通信系统结构如图 5.16 所示。

如图 5.16 所示，本项目无线通信系统分为两层，下层为 WIA 通信网络，由 WIA 网关和各种监测装置组成，负责现场监测数据的采集；上层为 WiFi 通信网络，负责现场监测数据与后台主站之间的交互。现场每个综合监测单元都连接一个 WIA 通信网关且带有 WiFi 通信功能，负责完成相应区域的数据采集，并传送给后台主站，变电站现场有多个综合监测单元，组成多个 WIA 通信网络，每个网络具有不同的通信信道和网络 ID，保证各个网络之间不会存在干扰。

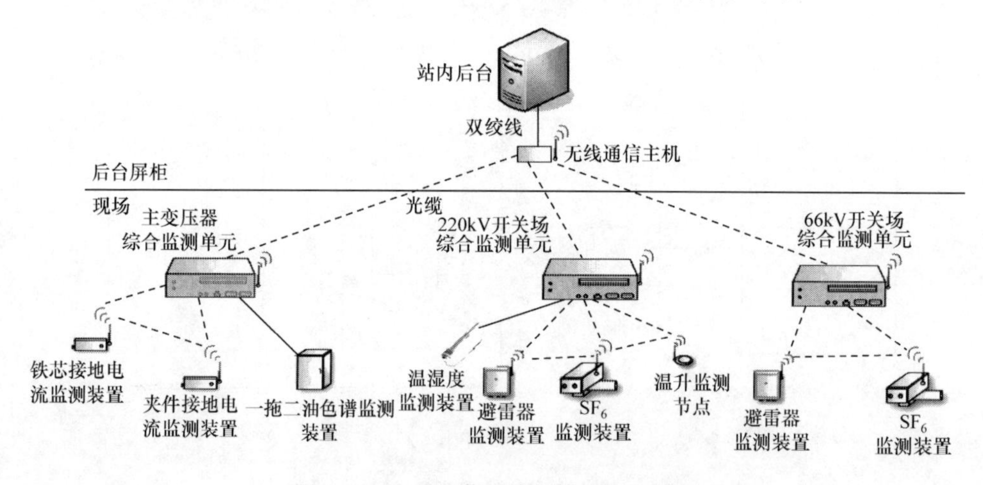


图 5.16　无线通信系统整体结构示意图

相对于传统的变电站设备状态系统监测，利用无线传感器网络的优势有以下几点。

(1) 无线传感器网络中的节点高度集成了数据采集、数据处理和通信等功能，大大简化了设备装置。

(2) 由于是无线通信模式，不需要复杂的通信线路的布线，降低了布线施工成本。

(3) 无线传感器网络的自组织性和动态性,可以提高系统通信的灵活性和可扩展性。

这些特点使得应用WIA技术的节点能够根据现场的应用情况任意改动,在变电站改造项目中,由于监测点位置的改变或者增减导致传统的有线监测方式改造复杂,工作量大,而WIA网络节点则可以很好地适应这种情况。另外,对节点单独离线维护不会影响网络的总体通信,从而大大提高了系统的可维护性。

2. 太阳能供电设计

避雷器监测装置采用太阳能板供电,无线模块和监测模块集成为一体,无需任何布线接线工作。

1) 光伏供电系统原理方案

由于智能变电站状态监测系统的避雷器绝缘在线监测设备功耗较低,所使用的光伏供电系统属于小型光伏供电系统。该系统的特点是系统中只有直流负载而且负载功率比较小,整个系统结构简单,操作简便。

为了更好地保护蓄电池,控制器对蓄电池的充放电电压的控制主要分为以下四个方面:①直充保护点电压:直充属于快速充电,一般都是在蓄电池电压较低的时候用大电流和相对高电压对蓄电池充电,但是有个保护点,当蓄电池两端电压高于这些保护值时,停止直充,防止过充对电池的损坏。②均充控制点电压:直充结束后,蓄电池会被静置一段时间,其电压自然下落,当下落到“恢复电压”值时,会进入均充状态。③浮充控制点电压:均充完毕后,蓄电池也被静置一段时间,使其端电压自然下落,当下落至“维护电压”点时,就进入浮充状态,目前均采用PWM方式,类似于“涓流充电”,以免电池温度持续升高。④过放保护终止电压:国标规定蓄电池放电不能低于这个值,为了安全起见,12V电池的过放保护点电压设置为11.10V。

2) 光伏供电系统结构及配置

高度集成智能变电站的集成度很高,占地面积较小,因此对避雷器绝缘在线监测装置进行供电的光伏供电系统的结构框图如图5.17所示,采用简单设计,符合简洁紧凑可靠的要求,变电站中的电磁环境恶劣,需设计合理可靠的保护电路。

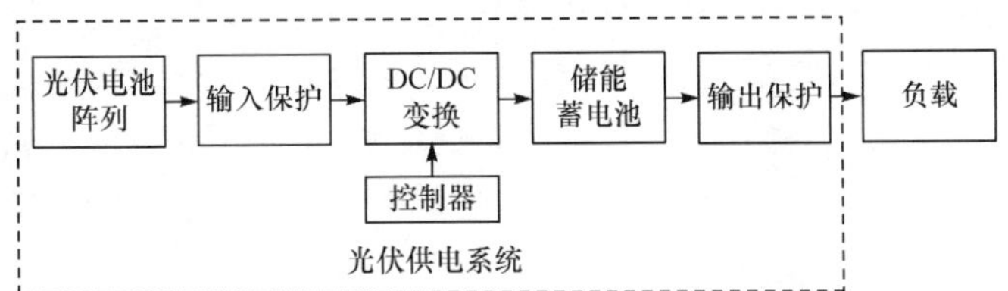


图5.17　避雷器绝缘在线监测装置光伏供电系统结构框图

### 5.3.9 技术创新点

(1) 按电压等级采用保护、测控、计量集中式一体化装置,取消电度表。装置集成多个间隔的保护、测控、计量功能,将常规设计的 40 面屏体优化为 4 面,解决屏位数量多、占地面积大问题。多间隔保护集成一体设计,保护间闭锁及启动信息通过 CPU 内部交互,解决装置间信息交互复杂、调试维护工作量的问题。

(2) 过程层采用综合智能终端,将合并单元与智能终端一体化集成设计,就地安装于汇控柜内,解决直采直跳模式光纤接口众多、光缆连接复杂的问题,减少点对点模式光纤接口 90%,同时可降低装置发热,节约安装空间。

(3) 采用 SV/GOOSE/1588 三网合一传输技术,每个装置过程层只需提供 1 个过程层光纤接口。这样的结果就是网络架构清晰明了,网络共享传输极大地简化了网络架构,交换机数量减少了约 2/3,相应的成本也降低了 2/3;解决了直采直跳的一对一方式所带来的网络接口众多、光缆连接复杂、装置发热量高等诸多问题。采样值传输,按一台交换机对应 4 个间隔配置,实际测试的结果是采样值报文的传输延时不大于 58μs,这完全满足采样值传输实时性的工程要求。网络跳闸,通过 KEMA 测试,在 95%的网络负载的情况下,每秒发 1000 个 GOOSE 报文,无丢包情况。

(4) IEC 61588 对时技术是三网合一的关键技术,其优点是对时精度高,通过网络实现对时,不需要额外对时接线,但如在实际工程中频繁发生对时报文错误可能会导致大范围保护闭锁的现象发生,因此目前的智能化变电站建设中很少采用,对 IEC 61588 对时的应用可靠性还有顾虑,也阻碍了其在以后的工程应用。高度集成智能变电站系统性的提出协调解决策略,大幅提升 1588 对时系统可靠性,成功解决了此问题问题。在智能终端中应用的防误对时策略,巧妙地躲避了 1588 报文异常造成的时钟跳变。在有可能发生的各种状况下,可靠保证 MU 的时钟平稳连续。充分研究考虑了与众多条件的协调,及各种故障异常情况下的适应性、系统对时钟精度及守时精度的要求。这个对时策略通过大量动模试验证明了其可靠有效。在主时钟及交换机上实现了三个时钟跟踪互备的无缝切换策略及不影响继电保护功能的平滑调整策略。即使在两个主时钟同时失效的恶劣情况下交换机仍然能够维持智能终端的同步。容错的对时策略加主时钟系统在对时系统可靠性方面实现了重大突破,将推动 1588 对时技术的工程应用。

(5) 全站信息统一建模、统一标准,建立统一的数据处理平台,站控层采用信息一体化平台集中实现高级应用、信息子站等功能,取消了独立的信息子站。站内视频、火灾、防盗、采暖通风等辅助系统均采用 IEC 61850 标准与一体化信息平台通信,实现数据共享。

(6) 研制了变压器"一拖二"油色谱在线监测装置,提高了监测设备集成度,节约了检修维护成本。采用“六分阀”专利技术，解决了两台变压器共用一台油色谱装置的混油难题。

(7) 实现了设备端子箱和汇控柜的整合，电缆用量减少 50%，光纤用量减少 67%。

(8) 应用手持配置终端，一键实现装置的程序升级、定值读写、配置恢复等功能，实现烦琐配置工作的自动化、多重化；减少了运维人员的参与程度，运维工作量减少显著，提高运维效率。由于集中式保护相较于常规保护在装置数量上减少了很多，在运行和检修上可以最大限度地降低运行和检修人员的工作量，减少变电站的运行维护成本。

(9) 创造性地将纵联光纤通道接入合并单元，解除了线路纵联保护网络采样对同步系统的依赖。在合并单元中采用高容错能力的对时策略以及主时钟系统无缝切换策略，消除了主时钟同步系统失效对母线及变压器保护的影响，提高了跨间隔继电保护网络采样可靠性。

(10) 报文记录仪集成故障录波功能。报文记录仪记录的报文涵盖故障录波需要的信息，故障录波信息与报文记录存储在不同硬盘，因此两项功能做到高效融合、互不影响。

(11) 采用太阳能供电模式的无线通信技术，实现了在线监测系统安全隔离。由于监测数据采样间隔长，可以采用多次重复策略提升可靠性。在过程层及站控层间采用无线通信技术，在能够满足技术要求的前提下，节省大量电缆，降低施工成本、实现与一次系统、二次系统相隔离，提高变电站运行可靠性。

(12) 实现了单网双套集中式保护装置的检修方案，在各种运行方式及切换过程中均满足继电保护的性能要求，解决集中式保护故障、检修时影响范围较大、停电时间加长的问题，任一装置故障不降低继电保护的可靠性。

(13) 采用了 HGIS 外卡式光学电流互感器。基于 Faraday 磁光效应原理的磁光玻璃型光学电流互感器，采用零和御磁结构技术，设计成双半环对接的卡箍式结构，在不改变 GIS 或罐装断路器结构的情况下安装在壳外，实现了在不停电情况下的检修或更换。

高度集成智能变电站的高度集成化的二次设备，有效地减少了控制室建筑面积、降低了建设成本；电子互感器的应用、光缆取代电缆等的实施，在绿色环保、节能降耗、安全运行等方面也体现了积极的效用。

## 5.4　应用情况

辽宁省电力有限公司联合许继集团有限公司在充分调研国内外智能电网研究发展现状和智能变电站技术经验成果基础上，依托辽宁何家 220kV 变电站工程开展高度集成智能变电站试点建设。工程以变电站为整体保护对象，基于高性能的保护控制设备，显著提高二次设备集成度，简化变电站自动化系统。

本工程方案设计采用集中式保护、三网合一同步技术、网络化的保护技术，网络化的信号传递及跳合闸技术等多项技术创新；通过站级系统动模试验验证保护控制系统可靠性；从全寿命周期管理上节约建设、运维成本。

### 5.4.1 高集成度智能变电站关键技术在辽宁电网的示范工程

1. 工程概况

1) 建设规模

辽宁省电力有限公司何家 220kV 电站工程建设规模详见表 5.2。

表 5.2 辽宁何家变工程建设规模表

| 序号 | 项目 | 远期规模 | 本期规模 |
|---|---|---|---|
| 1 | 主变压器 | 3×180MVA | 2×180MVA |
| 2 | 220kV 出线 | 8 回 | 4 回 |
| 3 | 66kV 出线 | 26 回 | 10 回 |
| 4 | 66kV 电容器 | 6 组 | 4 组 |
| 5 | 66kV 所用变 | 1 台 | 1 台 |

2) 电气主接线

220kV 本期采用双母线接线，设有专用母联，远期仍采用双母线接线型式。66kV 本期采用双母线接线，设有专用母联断路器，远期采用双母线单分段接线型式。

3) 配电装置形式

220kV、66kV 均采用 HGIS 结构，户外布置。220kV 采用外卡式磁光玻璃电流互感器，66kV 采用罗氏原理电子式互感器，与 HGIS 集成安装。

2. 配置方案

变电站自动化体系结构由站控层、间隔层和过程层三层设备组成，并用分层、分布、开放式网络系统实现连接，全站三层设备及网络结构如图 5.18 所示。

(1) 站控层配置采用综合应用服务器实现高级应用、信息子站等功能。

(2) 间隔层配置按电压等级采用保护、测控、计量集中式一体化装置。

(3) 过程层配置采用过程层合并单元与智能终端合一装置。

(4) 过程层网络采用 SV/GOOSE/1588 三网合一传输技术。

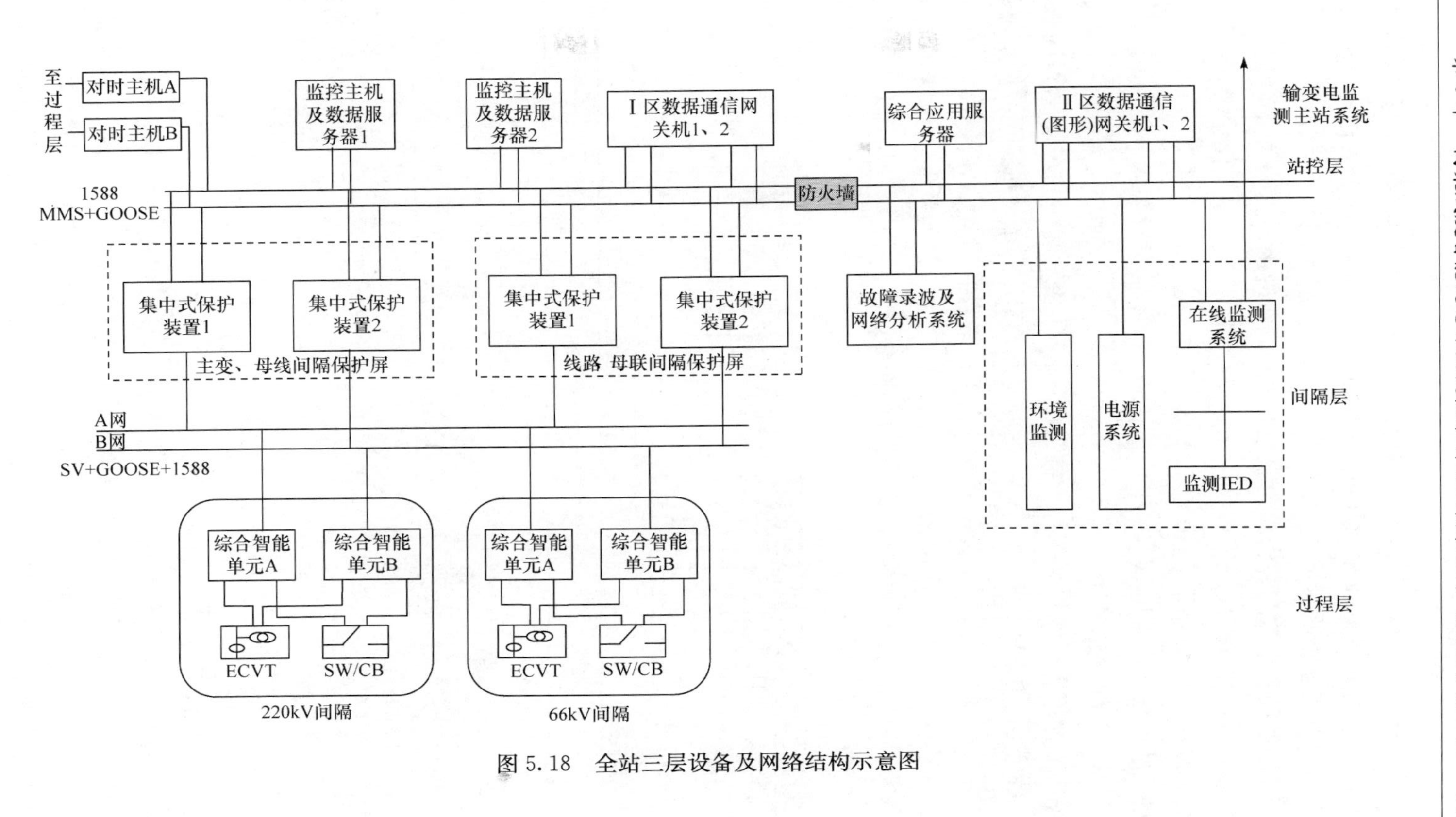


图 5.18　全站三层设备及网络结构示意图

(5) 电子式互感器部分，一部分电流互感器采用磁光玻璃型互感器，另一部分电流互感器采用 Rogowski 线圈(罗氏线圈)式互感器，电压互感器全部采用阻容分压电子式电压互感器。

(6) 站控层配置采用综合应用服务器实现高级应用、信息子站等功能。

(7) 间隔层配置按电压等级采用保护、测控、计量集中式一体化装置。

(8) 过程层配置采用过程层合并单元与智能终端合一装置。

(9) 过程层网络采用 SV/GOOSE/1588 三网合一传输技术。

1) 站控层配置方案

站控层网络采用双星型拓扑结构，冗余网络采用双网双工方式运行；网络采用 MMS/GOOSE/IEEE1588 三网合一，站控层设备组成一个网络实现智能变电站系统高度集成一体化。采用符合 IEC 61850 标准的监控、远动系统，故障信息子站，监控系统集成工程师站、VQC、五防一体化、程序化控制等功能，与间隔层保护测控设备采用 100M 双光纤环型以太网通信，通信协议采用 IEC 61850-8-1 规约。站控层系统功能分布如图 5.19 所示。

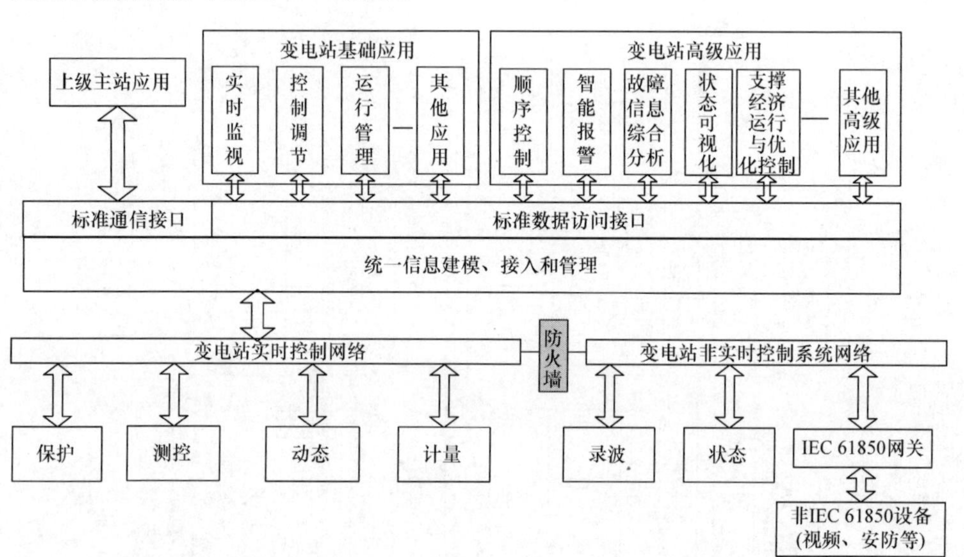


图 5.19 站控层系统功能分布及信息传输示意图

2) 间隔层配置方案

间隔层按电压等级配置双重化集中式装置，装置集成多个间隔的保护、测控、计量功能。220kV 电压等级的 8 条线路，母联、主变、母线保护组成 1 面屏(双重化配置后为 2 面屏)，这 1 面屏可以独立实现一套本站的 220kV 保护(安装于主控室)。每面屏含两台集成一体化服务器，一台实现线路保护，一台实现母线、母联和主变保护。另外配置两台热备用的装置用于集中式保护检修。

66kV 保护按照双重化配置原则实现，双重化配置后为 1 面屏。1 面屏共 4 台装置双重化实现 66kV 全部的保护测控计量功能。其中一台装置实现 13 条 66kV 线路间隔保护测控计量功能，一台装置实现电容器、所用变、母联和母线保护测控计量的功能。

何家变集中式保护屏体布置如图 5.20 所示。

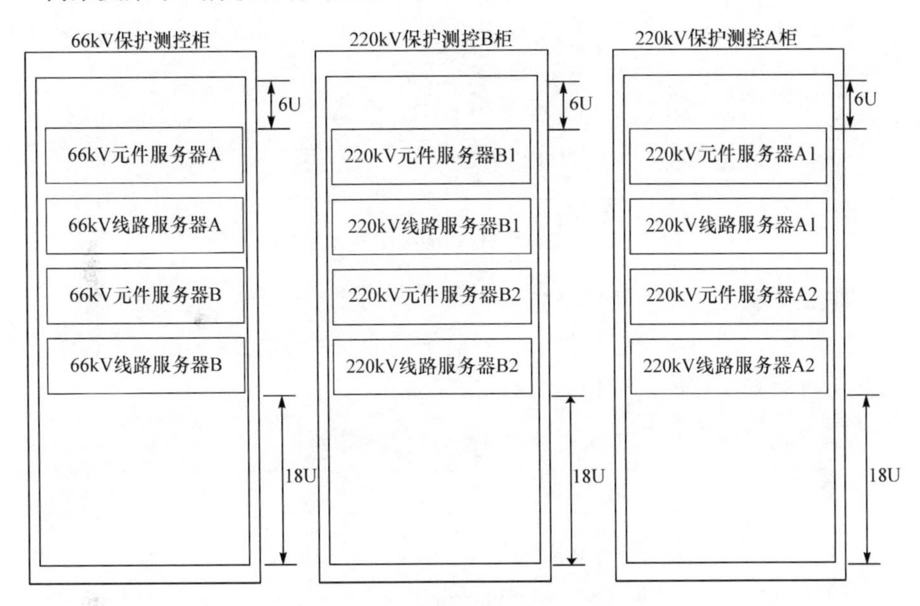


图 5.20　间隔层屏体布置示意图

3）过程层配置方案

过程层采用综合智能终端按间隔双重化配置，单台装置一个 CPU 实现合并单元与智能终端的全部功能，进一步减少了装置的数量，节约了安装空间。装置配置 1 个过程层光纤接口，SV/GOOSE/IEC 61588 共网传输，解决了网络节点众多的问题，减少了交换机接口数量，网络架构清晰明了。综合智能终端配置有 9 路 FT3 的接收和合并功能、分相断路器控制输出触点和刀闸控制输出触点以及多路开关量输入。系统连接结构如图 5.21 所示。

本工程创造性地将纵联保护光纤通道接入合并单元，由合并单元来实现本侧与线路对侧保护采样值的同步，从而取消了线路保护装置所必须实现的采样同步的功能，实现了网络采样技术的重大突破，提高了线路继电保护的可靠性水平。

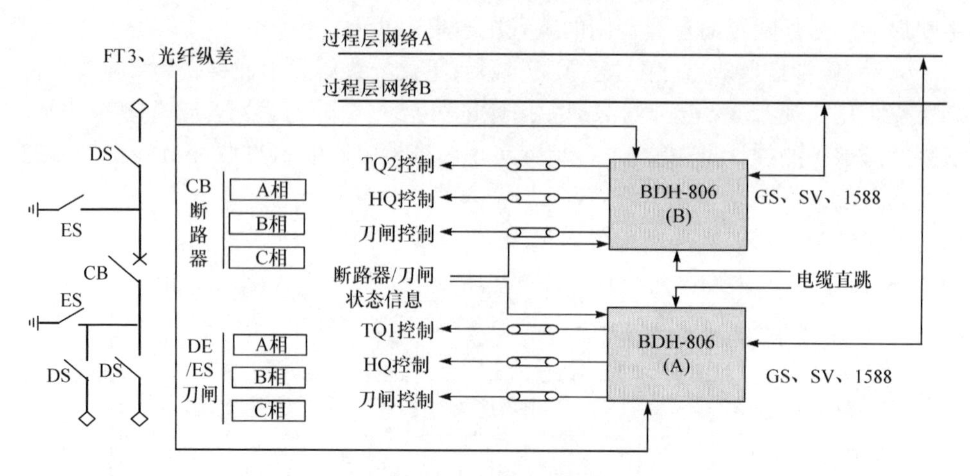


图 5.21　过程层综合智能终端配置示意图

4）变电设备状态监测系统方案

变电站内采用“一次设备本体＋传感器＋智能组件”的方式实现一次设备智能化，智能组件布置于智能汇控柜，监测范围见表 5.3。

**表 5.3　智能一次设备监测范围**

| 一次设备 | 监测项目 | 监测参数 |
|---|---|---|
| 变压器 | 油中溶解气体及含水量 | $H_2$、$H_2O$、$CH_4$、$C_2H_6$、$C_2H_4$、$C_2H_2$、CO、$CO_2$ |
| | 铁心、夹件接地电流 | 接地电流 |
| HGIS | $SF_6$ 气体、压力、密度、温度 | 微水、密度、压力、温度 |
| 避雷器 | 绝缘监测 | 全电流、阻性电流、放电次数，最后一次放电时间 |
| 一次连接点 | 无线测温 | 温升 |
| 环境 | 温湿度 | 温度、湿度 |

何家智能变电站的在线监测系统项目是国家工信部重大科技专项“新一代宽带无线通信”中“面向智能电网的安全监控、输电效率、计量及用户交互的传感器网络研发与应用验证”子课题的主要试点项目。变电站设备状态监测系统首次实现了基于无线通信的全站在线监测系统及专用太阳能供电系统，实现了“无缆线”安装方式。省去通信电缆的同时进一步简化了供电方案。使整个系统在保证稳定的前提下实现简洁、高效的目标，使安装、调试以及后续的系统扩展和运维更加便捷。

站内部分采用三层结构，即由站控层、间隔层和过程层组成。三层之间通过两个网络进行通信，站控层与间隔层由站控层网络连接，站控层与过程层之间通过过程层网络连接。站端与远方之间通过综合数据网进行通信。

整个变电设备状态监测系统的硬件由传感器、就地的综合监测单元、监测装置、站内后台等部分组成。软件则由 IEC 61850 服务器、IEC 61850 客户端、数据服务、Web 服务、管理配置、状态评估、故障诊断专家系统等部分组成。整个系统的结构符合智能化的要求，采用分层分布式结构，用 IEC 61850 标准进行建模和通信，并提供符合 PMS 系统模型的数据接口，提供灵活的传感器及软件接口模式，整个系统安全可靠，运行稳定，能够根据现场需求灵活配置，并能够提供丰富的展现方式以及便捷的分析诊断手段，为现场的运行监视以及远方的故障分析提供完整的解决方案。

5）互感器配置方案

220kV 间隔配置磁光玻璃型电子式电流互感器，66kV 间隔配置罗氏原理的电子式互感器。互感器在 HGIS 的安装方式通过设计联络会与相关厂家最终确定，采用一体化设计，一体化安装。电子式互感器配置表见表 5.4。

**表 5.4　电子式互感器配置表**

| 类别 | 型式 | 电压等级/kV | 互感器类型 | 数量/台 |
| --- | --- | --- | --- | --- |
| 220kV 母线电压互感器 | HGIS | 220 | 罗氏电压互感器 | 7 |
| 66kV 母线电压互感器 | HGIS | 66 | 罗氏原理电压互感器 | 6 |
| 220kV 进出线 | HGIS | 220 | 磁光玻璃电流互感器 | 12 |
| 220kV 母联 | HGIS | 220 | 磁光玻璃电流互感器 | 3 |
| 主变高压侧 | HGIS | 220 | 磁光玻璃电流互感器 | 6 |
| 主变低压侧 | HGIS | 66 | 罗氏原理电流互感器 | 6 |
| 主变中性点 | 支柱式 | 35 | 罗氏原理电流互感器 | 4 |
| 66kV 出线 | HGIS | 66 | 罗氏原理电流互感器 | 30 |
| 66kV 母联 | HGIS | 66 | 罗氏原理电流互感器 | 3 |
| 电容器 | HGIS | 66 | 罗氏原理电流互感器 | 12 |
| 所变高压侧 | HGIS | 66 | 罗氏原理电流互感器 | 3 |
| 所变低压侧零序电流互感器 | — | 0.38 | 罗氏原理电流互感器 | 1 |

220kV 光学互感器采用外卡结构，便于运行维护。互感器采用自愈光学电流传感、零和御磁结构、共模差分消振、容错光学电流传感、非接触光连接等五项核心技术，有效保证温度稳定性、抗外磁场干扰能力、抗振动能力以及运行可靠性。互感器采用一侧加绝缘法兰的方法去除环流，误差低于 2%。

6）手持式一体化运维终端

为了更好地保证集中式保护装置系统的稳定可靠，全站配置一套手持式一体化运维终端。一体化运维终端采用 Ghost 技术，实现集中式保护装置中所有保护程序及配置文件的一键备份和恢复；另外工具辅以定值（含压板）离线编辑软件，对集中式保护装置中的定值实现离线编辑、在线一键整定，在整定过程中使用差异比对等关键技术，实现了定值整定工作的快捷、准确和高效。

手持式一体化运维终端直观可视化地展现了 SV、GOOSE 等虚端子的连接关系和实时状态，并提供装置自检信息、报告等的查看功能和调试阶段的自动对点服务。为装置的快速调试、方便维护提供了有效的技术手段，实现了烦琐配置工作的自动化，消除了人为操作错误的隐患，减少了变电站的运行维护成本，从而降低变电站自动化系统全寿命周期成本。

### 5.4.2 高集成度智能变电站关键技术在辽宁电网的效益分析

1) 二次设备高度集成，大幅降低造价

该工程二次设备的高度集成，主要体现在“五个首次”，即首次实现集中式保护测控装置按电压等级一体化布置，建筑面积减少 51%；首次实现全站二次设备应用小尺寸屏柜（600×600），屏柜数量减少 62%；首次在 220kV 变电站内实现合并单元与智能终端二合一应用，交换机光口减少 67%，220kV 避雷器绝缘监测装置全部采用光伏供电系统，实现全无线缆安装，节省线缆用量和空间；首次依托工程研制了变压器“一拖二”油色谱在线监测装置，采用“六分阀”专利技术，解决了两台变压器共用一台油色谱装置的混油难题；首次实现了设备端子箱和汇控柜的整合，电缆用量减少 50%，光纤用量减少 67%（见表 5.5、表 5.6）。因此，也降低了变电站的造价（见表 5.7、表 5.8）。

**表 5.5　典型常规智能站与何家智能站对比表**

| 项目 | 常规同规模智能站 | 何家智能站 | 占比/% |
|---|---|---|---|
| 场区占地面积/m$^2$ | 25887.5 | 19466 | 75 |
| 建筑面积/m$^2$ | 430 | 210 | 48.8 |
| 控制保护屏/面 | 80 | 30 | 37.5 |
| 控制电缆/km | 20 | 10 | 50.0 |
| 光纤/km | 40 | 13 | 32.5 |
| 交换机/台 | 40(16 口) | 24(9 口) | 60.0 |
| 光口/个 | 1100 | 360 | 32.7 |

**表 5.6　与同规模常规智能变电站对比分析**

| 项目 | 同规模常规智能站 | 本站 | 占比/% | 资金比较/万元 | | |
|---|---|---|---|---|---|---|
| | | | | 单价 | 小计 | 合计 |
| 建筑面积/$m^2$ | 350 | 210 | 60 | 0.38 | −53.2 | 减少 158.58 |
| 控制保护屏/面 | 43 | 10 | 23.3 | 1.0 | −33 | |
| 光纤/km | 30 | 11.5 | 38.3 | 0.9 | −16.65 | |
| 交换机/(含站控层/台) | 40(16 口) | 24(9 口) | 60.0 | 3/4 | −24 | |
| 光口/个 | 1100 | 360 | 32.7 | 0.002 | −1.48 | |
| 控制电缆/km | 13 | 0.9 | 6.92 | 2.5 | −30.25 | |

**表 5.7　与同规模常规智能变电站造价对比**　(单位:万元)

| 变电站名称 | 总造价 | 主控楼造价 |
|---|---|---|
| 何家 | 12132 | 79 |
| 常规智能站 | 12605 | 133 |

**表 5.8　与同规模常规智能变电站二次系统造价对比**　(单位:万元)

| 变电站名称 | 监控系统 | 保护测控 | 直流系统 | 图像监视 | 火灾报警 | 通信系统 | 远动计量 | 数据网及安防 | 小计 |
|---|---|---|---|---|---|---|---|---|---|
| 何家 | 86 | 637 | 53 | 36 | 15 | 37 | 10 | 90 | 964 |
| 常规智能站 | 271 | 753 | 49 | 31 | 15 | 35 | 38 | 86 | 1278 |

2) 智能化技术应用,提高运维效率

该工程减少了运维人员的参与程度,运维工作量减少显著。首次应用手持配置终端,实现烦琐配置工作的自动化、多重化。增加继电保护动作出口表决机制功能,既提高了装置整体的防拒动和误动能力,又使运行更灵活、维护更简单;采用屏下电缆、屏上光缆的分层布线方式,有效减少光缆、电缆交叉,不仅降低相互间干扰,而且便于施工维护。

3) 关键技术突破,助推新技术工程应用

首次在 HGIS 上整站应用外卡式磁光玻璃互感器;推动了光原理互感器的工程应用。创造性地将纵联光纤通道接入合并单元,解除了线路纵联保护网络采样对同步系统的依赖。在合并单元中采用高容错能力的对时策略以及主时钟系统无缝切换策略,消除了主时钟同步系统失效对母线及变压器保护的影响,提高了跨间隔继电保护网络采样可靠性。极大地推动了继电保护网络化工程应用。

首次实现无线通信技术与状态监测系统的真正融合,提高了集成化程度。推动了无线通信技术在变电站中的应用。

## 5.5 小　　结

智能变电站作为智能电网建设的重要环节之一，是电网最为重要的基础运行参量采集点、管控执行点和未来智能电网的支撑点，其发展建设的水平将直接影响到我国智能电网建设的总体高度。我国智能变电站未来技术的发展将遵循坚强智能电网总体发展规划，在“两型一化”(资源节约型、环境友好型，工业化)、通用设计的相关原则指导下，围绕“安全可靠、节约环保、功能集成、配置优化、工艺一流、经济合理”的核心理念，结合采用新技术、新设备和新工艺的应用，全面提升智能变电站的总体水平。

可靠性的设备是变电站坚强和智能的基础，综合分析、自动协同控制是变电站智能化的关键，设备信息数字化、功能集成化、结构紧凑化、检修状态化是发展方向，运维高效化是最终目标。未来，智能变电站将通过全网运行数据分层分级的广域实时信息统一断面采集，实现变电站智能柔性集群及自协调区域控制保护，支撑各级电网的安全稳定运行和各类高级应用；通过设备信息和运维策略与电力调度的全面互动，实现基于状态监测的设备全寿命周期综合优化管理；通过全站设备的智能化和信息的数字化、标准化进一步拓展变电站自动化系统的功能，实现高水平的智能变电站，具体如下。

1) 设备高度集成

现有的一、二次设备的界限将被打破，变压器、断路器等综合智能组件将集成保护、测量、控制、计量、状态监测等所有功能，并将与一次设备进行融合，实现一次设备的高度集成，进而从一次设备智能化过渡到智能一次设备。

2) 信息模型标准化

变电站将实现全站信息的时间同步，同时能够实现变电站内部稳态、暂态和动态的全景信息的采集，为变电站高级应用功能的实现提供全面、准确、同步的信息。所有信息将参照 IEC 61850 标准以及我国自身应用的特点，为所有设备的信息交互定义统一的模型，同时也为各项高级应用功能定义统一的接口模型，有效确保全站信息流交互规范的统一，实现站内信息的无缝连接。

3) 安全网络化传输

变电站设备或系统内部将采用高速总线或者信息总线、服务总线的方式实现数据的传输；变电站内部所有设备和系统对外信息的传输全部采用网络传输，传输接口采用电气以太网口或者光纤以太网口，支持百兆或者千兆网络的传输。全站采用并行冗余协议和高速无缝环技术实现网络的安全稳定传输。

4) 高级功能及辅助功能应用

智能变电站具备众多完善的高级应用功能，如顺序控制、源端维护、故障综合分析和智能告警、经济运行与优化控制、分布式状态估计等；同时具有众多辅助功能的应用，如新能源接入、高性价比的智能巡检机器人、高性能电力滤波装置和无功补偿装置、地热、冰蓄冷系统等节能环保技术的应用。

5）设备状态和功能可视化

能够通过视频监控、3D 技术等实现全站所有设备及功能的可视化展示，让变电站的整个运行流程和环节更加透明，能够为运行维护提供便捷。

## 参考文献


[1] 胡道徐，沃建栋．基于 IEC 61850 的智能变电站虚回路体系[J]．电力系统自动化，2010，34(17)：78-82.

[2] 郑文彬，王瑞彪．智能变电站虚端子导入导出方法研究[J]．华电技术，2015，37(2)：16-21.

[3] 高翔，杨漪俊，姜健宁，等．基于 SCD 的二次回路监测主要技术方案介绍与分析[J]．电力系统保护与控制，2014，42(15)：149-154.

[4] 张巧霞，贾华伟，叶海明．智能变电站虚拟二次回路监视方案设计及应用[J]．电力系统保护与控制，2015，43(10)：124-128.

[5] 熊华强，万勇，桂小智．智能变电站 SCD 文件可视化管理和分析决策系统的设计与实现[J]．电力自动化设备，2015，35(5)：166-171.

[6] 刘蔚，杜丽艳，杨庆伟．智能变电站虚回路可视化方案研究与应用[J]．电网与清洁能源，2014，30(10)：33-37.

[7] 刘彬，林俊．数字化变电站虚回路智能检测软件开发与应用[J]．广西电力，2011，34(2)：5-7.

[8] 于蕾，吴海，黄建英．智能变电站虚拟二次回路自动测试系统开发与应用[J]．内蒙古电力技术，2015，33(5)：53-57.

[9] 孙鹏，张大国，汪发明，等．智能变电站调试与运行技术[M]．北京：中国电力出版社，2014.

[10] 王天锷，潘丽丽．智能变电站二次系统调试技术[M]．北京：中国电力出版社，2013.

# 第 6 章　无功补偿关键技术研究及其在辽宁受端电网的国产化示范工程

## 6.1　研究现状

### 6.1.1　动态无功技术在辽宁电网的应用

无功功率补偿可以提高负载和系统的功率因数，提高供电质量，减少无功大范围攒动，降低系统网损，提高供电效益，平衡三相负载的有功和无功功率，提高电力系统稳定水平，提高输电线路稳态传输功率极限和交直流远距离输电能力，抑制系统过电压，阻尼电力系统功率振荡等。

目前，除了传统的固定电容器组，国内电网的主要无功补偿装置主要有：SVC、STATCOM。它们的性能比较见表 6.1。

**表 6.1　国内电网主要动态无功补偿装置性能比较**

| 型式 | TCR 型 SVC | MCR 型 SVC | TSC 型 SVC | SVG |
|---|---|---|---|---|
| 响应时间 | 约 10ms | 0.3～0.5s | 10～20ms | 5～10ms |
| 限制过压 | 好 | 好 | 不能 | 好 |
| 抑制闪变 | 可以 | 可以 | 可以，但能力不足 | 可以 |
| 分相调节 | 可以 | 可以 | 可以 | 不能 |
| 无功输出 | 连续<br>感/容性 | 连续<br>感/容性 | 级差<br>容性 | 连续<br>感/容性 |
| 自生谐波 | 有 | 小 | 无 | 小 |
| 噪声 | 较小 | 稍大 | 很小 | 很小 |
| 损耗 | 0.5%～0.7% | 0.7%～1% | 0.3%～0.5% | 0.3%～0.5% |
| 控制难度 | 较大 | 小 | 较大 | 非常大 |
| 控制灵活性 | 好 | 好 | 好 | 好 |
| 线性度 | 好 | 好 | 好 | 好 |
| 运行维护 | 较复杂 | 简单 | 较复杂 | 非常复杂 |
| 制作成本 | 较大 | 大 | 大 | 非常大 |
| 技术成熟程度 | 成熟 | 成熟 | 成熟 | 较成熟 |

续表

| 型式 | TCR 型 SVC | MCR 型 SVC | TSC 型 SVC | SVG |
|---|---|---|---|---|
| 应用实例 | 东鞍山 220kV 变电站(补偿容量 100000kvar)、李石寨 220kV 变电站(补偿容量 90000kvar) | 张官 220kV 变电站(补偿容量 20000kvar) | | 66kV 横道变电站(补偿容量 5000kvar)等 21 个变电站 |

动态无功补偿技术是随着大功率电力电子器件和微控制器技术一同发展起来的,经过近 20 年的发展,功率器件由原来的晶闸管发展到现在的 IGBT、IEGT,控制芯片由原来的单片机发展到现在的 DSP、FPGA,补偿方式由原来的分组容性补偿到现在的连续双极性补偿,补偿电压和容量也越来越高,越来越大。截至 2017 年底,辽宁电网共有各类容性无功补偿设备容量 24216.34Mvar。其中, SVC、STATCOM 等新型动态无功补偿设备容量 3395.296Mvar。以下几个典型工程实例代表了无功补偿技术在辽宁电网推广应用的各个发展阶段。

第一阶段,第一套全国产化的电力系统大容量、高电压 SVC。

2004 年 9 月,辽宁鞍山红旗堡 220kV 变电站 SVC 示范工程正式投入运行。此设备电压等级 35kV,输出范围 −100～56Mvar。该 SVC 项目在输电网 SVC 调节控制策略及实现技术、多微处理器协调控制和多重监控及保护技术等方面处于当时国际先进水平,拥有独立自主的知识产权,多项技术属国内首创,填补了国产 SVC 在电力系统应用领域空白,为我国培养了一批设计、开发、运行和维护的专业人才。

第二阶段,世界第一套直挂 66kV 母线光控 SVC。

2009 年,辽宁鞍山东鞍山 220kV 变电站直挂 66kV 母线光控 SVC 示范工程正式投入运行。此设备电压等级 66kV,国际国内上直挂电压等级最高,输出范围 −100～56Mvar。该 SVC 采用的 LTT 直挂 66kV 阀组技术,能够突破国内 SVC 领域只能完成 35kV 及以下电压等级的工程应用的极限,同时对提高国家新技术推广、改善电网电能质量、促进国内其他厂家加快技术变革、完成国家科技创新任务起到了巨大的推动作用。

随后,在 2011 年,辽宁抚顺李石寨 220kV 变电站直挂 66kV 母线光控 SVC 示范工程也投入运行。此设备总结分析了东鞍山变电站 SVC 装置的运行数据,在阀组结构、触发方式等细节上进行了技术创新和改进,完善了整个直挂 66kV SVC 技术。

第三阶段,第三代动态无功补偿技术(SVG)。

2011 年 6 月,辽宁电网首套链式 SVG 装置在朝阳 66kV 刀尔登变电站投运。

此设备电压等级10kV，输出容量±5000kvar。此套装置，通过发出连续的双极性无功，调节了刀尔登变10kV母线电压，降低线损，提高了该地区的供电质量。

2011年11月，可移动集装箱式SVG装置在鞍山66kV偏岭变电站投运。此套SVG装置采用了集装箱式壳体，可以根据电网结构或者建设需要更换安装地点，实现无功补偿的最优化。

2013年6月，集约式SVG装置在朝阳66kV马场变电站投运。此套SVG装置采用了集约型功率单元和故障旁路设计，设备整体体积大幅缩小，装置的抗干扰性能力得到增强。

### 6.1.2 静止无功补偿器

静止无功补偿器(SVC)是一种静止的并联无功发生或者吸收装置，是国内外各行各业一致认可的最成熟、最可靠的先进动态无功补偿装置。1978年，世界上第一台SVC由美国GE电气公司制造并应用于输电系统，随后BBC公司和ASEA公司还有Siemens公司也研制出TCR型SVC，并尝试应用于工业用户。后来，SVC技术逐渐被大家广泛认可，在全世界输配电领域得到了广泛的应用。

SVC在电力系统中的作用主要有如下三个方面。

(1) 保障用户的电压质量。当今用户的负荷种类多种多样，其中有冲击负荷，如轧钢机、电弧炉、中频率、高压电机，还有对电压质量较敏感的精密设备，如各类计算机、精密电子设备。由于冲击负荷的无功变化往往很快，相应的电压也会闪变。SVC具有快速补偿无功的能力，可以实时跟踪无功变化予以治理。

(2) 减少电力传输中功率损耗。大部分电力系统元器件及大多数用户都需要消耗系统中的无功功率，而SVC装置通过补偿无功功率，使其达到就地平衡，从而减少输电线路的无功功率流动，降低损耗。

(3) 提高电网运行经济性。不依靠新建线路和变电站，仅通过安装SVC即可在保证系统稳定运行的前提下，最大限度的发挥输电系统的输送能力。

为了实现上述第一方面目标，往往在电力系统安装的小容量SVC(补偿容量30Mvar左右)，用来抑制冲击负荷的影响，调节功率因数；实现第二、三方面目标，需要采用中、大容量SVC(补偿容量100Mvar以上)则用来调节系统电压、降低线损、提高输电能力和改善电网潮流分布。这些在电力系统应用的SVC大部分采用晶闸管作为核心器件，主要有三种结构：TCR(晶闸管控制电抗器)+FC(固定电容器)、TSC(晶闸管投切电容器)、TCR+TSC，其中由于TCR型+FC型SVC由于性价比最高，被大部分现场所采用。

20世纪80年代初期，我国一些机械企业开始引进国外的SVC技术，但是由于装置本身可靠性较差、自动化水平较低，而没有推广开来。直到90年代初期，我国电力系统开始尝试在电网应用TCR型的SVC，分别为：武汉凤凰山500kV变电站、广东江门 500kV 变电站、郑州小刘 500kV 变电站、沈阳沙岭 500kV 变电站、株洲云田 500kV 变电站。目前，六套 SVC 可以稳定运行，1992 年河南、湖南、湖北、广东 SVC 的投入率分别达到 92%、87%、98%、100%。六套 SVC 的可靠投入，不但在调压、调相方面起了很大作用，而且明显提高了电网输送功率极限。

进入 21 世纪，我国科研人员经过不断努力，先后在 SVC 数字化控制系统、冷却系统、阀组触发系统取得了突破，于 2001 年开发了 6～35kV TCR 型 SVC 装置，率先应用于使用了轧钢机、电弧炉等冲击负荷工业用户的变电站，治理电能污染，并不断完善 SVC 技术。2009 年，辽宁鞍山东鞍山 220kV 变电站直挂 66kV 母线光控 SVC 项目顺利投运，各项指标均达到或超出预期水平，宣告我国在更高电压等级的无功补偿技术方面取得新的突破。2010 年 9 月 25 日，龙泉桃乡 500kV 变电站 SVC 系统顺利通过 72 小时试运行，标志着我国控制策略最复杂的 SVC 系统在国家电网顺利投运！

SVC 装置凭借成熟的技术、低廉的造价、方便的运行维护、优良的补偿能力，从 2004 年至今，先后有 20 多套大容量、高压 SVC 装置在国家电网、南方电网的 220kV 或者 500kV 变电站投入运行，成为电力系统高压大容量动态无功补偿领域的主力军。

### 6.1.3　静止无功发生器

静止无功发生器(SVG)一般是指用自换相桥式变流器来进行动态无功补偿的装置[1]。SVG 的工作原理可以用图 6.1 所示的单相等效电路图来说明。SVG 详细的工作模式及其补偿特性见表 6.2。

**表 6.2　SVG 的运行模式及其补偿特性说明**

| 运行模式 | 波形 | 说明 |
|---|---|---|
| 空载 | $U_I$　$U_S$　$U_S$　$U_I$<br>(a) $U_I=U_S$ | 如果 $U_I=U_S$，SVG 不起任何补偿作用 |
| 感性 | $U_S$　$I_L$　$U_I$　$U_S$　$U_I$　$U_L$　$I_L$<br>(b) $U_I<U_S$ | 如果 $U_I<U_S$，SVG 输出的无功电流滞后电网电压，SVG 发出感性无功，且其无功可连续调节 |

续表

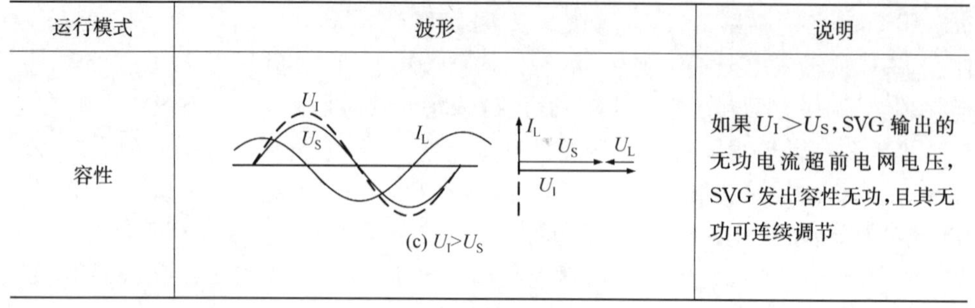

| 运行模式 | 波形 | 说明 |
| --- | --- | --- |
| 容性 | (c) $U_I > U_S$ | 如果 $U_I > U_S$，SVG 输出的无功电流超前电网电压，SVG 发出容性无功，且其无功可连续调节 |

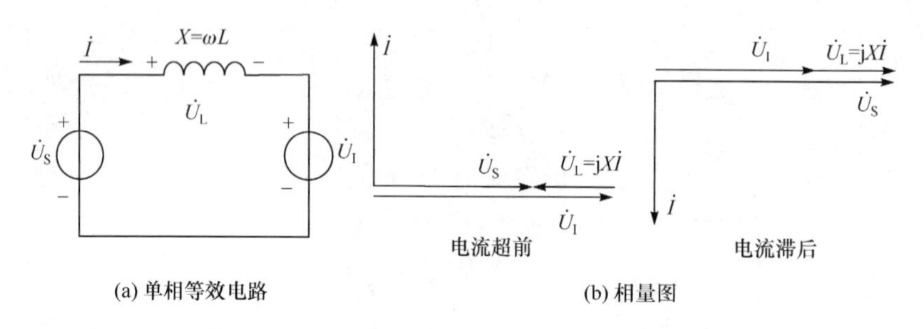


图 6.1　SVG 等效电路及工作原理(未计及损耗)

静止无功发生器(SVG)最早是由国外技术人员研制成功的，故首先在国外电力系统得以应用，后来逐渐被我国引进。下面着重介绍几个 SVG 在国内外电力系统应用的典型项目[2]。

1) 1997 年丹麦某风电厂±8Mvar SVG

该 SVG 的主要目的是研究 SVG 应用于风电厂提高接入电网系统的电能质量并防止风电厂形成“孤岛”后的灾难性后果。

风电厂接入电网系统时一般面临两个主要问题：①异步发电机吸收的无功功率随输出有功功率的变化而变化，受风力的影响变化比较频繁；②形成孤岛后，若并联补偿无功功率高于异步发电机吸收的无功功率，异步发电机容易激发自激振荡。基于上述两个原因，固定并联电容补偿在风电厂中的应用受到限制，而 SVG 动态无功响应快速的优点可得到充分发挥。

随着风力发电的蓬勃发展，SVG 越来越多地应用于风电入网的场合，发挥静态电压调节和暂态电压支撑的作用[3]。

2) 1999 年英国国家电网±75Mvar SVGE

20 世纪 90 年代中期，英国国家电网计划在北方地区新建一座低成本燃气电厂，分析表明电厂投运后将增加流向南方负荷中心的潮流，使得南方地区无功不足的问题凸现。在增加南方受端地区无功补偿的整体计划中，位于伦敦北部的 East Clayton 变电站加装 225Mvar 的无功补偿装置是一个重要内容。出于节省用地和发展新技术的目的，英国国家电网选择了基于 SVG 的动态无功系统。

英国国家电网对动态无功系统的要求为：容量为 0～225Mvar，输出连续可调，接入电压等级为 400kV 或 275kV，在 6 个月内可以从一个安装点整体移动至另一安装点，系统可用率高于 98%等。

ALSTOM 公司根据上述性能指标，率先提出了一种链式结构的 SVG，其系统构成如图 6.2 所示，由 23Mvar 滤波器、127Mvar TSC 及一台±75Mvar 链式 SVG 组成。

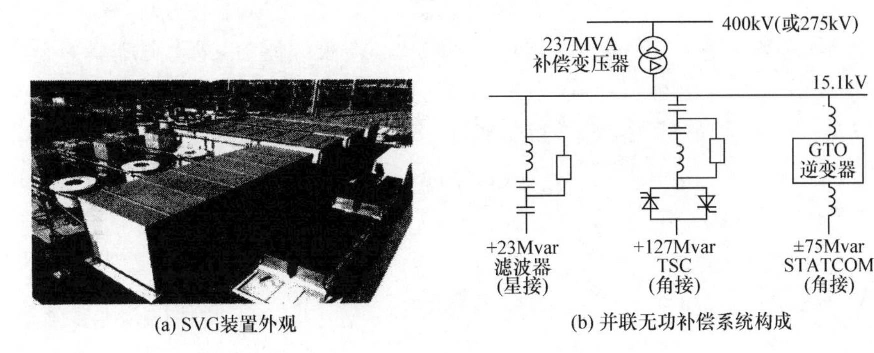


(a) SVG装置外观　　(b) 并联无功补偿系统构成

图 6.2　英国国家电网±75Mvar 链式 SVG

3) 2003 年美国康涅狄格州±150Mvar SVG

Glenbrook 变电站位于康涅狄格州西南部，属于东北电力公司(Northeast Utility)下辖的诺沃克-斯坦福地区电网。该地区为人口密集区，以居民用电和商业用电为主，最高负荷可达 1200MW。

2000 年夏天，发生了一起双回输电线路倒塔故障，致使该地区电压跌落至 30%～40%(故障中)，故障后经历 8～10s 才恢复至 90%(在这个过程中大量空调负荷停转或闭锁)。根据东北电力协调委员会(NPCC)和新英格兰电力区(NEPOOL)的安全稳定运行导则，双回线路倒塔故障属于 $N-2$ 导则之内的扰动，不允许出现如此严重的电压跌落，因此必须对电网进行有效改造，增强电网应对事故的能力[4]。

为此，东北电力公司考察了三种可行的解决方案。第一种是加装固定电容器组，经计算约需要 300Mvar，这些电容全部投入后将使正常运行时系统电压过高。第二种是线路改造，将系统中几条 115kV 输电线路改造成 230kV 线路将有可能满足 $N-2$ 导则，然而其中部分线路刚从 69kV 改造成 115kV，绝缘水平不能满足 230kV 电压。另外，技术、经济和时间等方面的因素也限制了架空线路的重建。第三个方案是安装 150Mvar 固定电容器组和±150Mvar SVG。正常运行时，由 SVG 吸收电容器组的无功，防止出现过电压；故障时，SVG 和固定电容器组发出

300Mvar 无功将电压支撑到容许范围内。仿真表明，安装 SVG 后，系统发生双回线路倒塔故障时，系统电压可以在故障切除后的 2s 内恢复到 0.95p.u.以上。

4) 2006 年上海电网±50Mvar 链式 SVG

上海是我国的金融中心，也是长江三角洲经济区的中心，经济发达，用电负荷高度集中，供电可靠性要求较高。然而以下一些因素会对上海电网暂态电压稳定形成潜在威胁。

(1) 上海电网是典型的大受端电网，随着用电负荷和受电比率(已达总用电负荷的 35%以上)的不断增长，电网内缺乏动态无功电源支撑日趋明显。

(2) 受短路容量的限制，2005 年上海 500kV 双环网在泗泾实施解环运行，10kV 电网分为 7 片运行，各分区电网的电压支撑能力和联络能力进一步减弱。

(3) 500kV 母线或联络变压器的故障、直流大功率送电时突然闭锁以及外高桥二厂 900MW 机组的突然停运等，均有可能诱发类似美加大停电的事故，造成上海电网电压稳定性的破坏。

(4) 上海电网空调负荷比率大，达 40%左右。故障后，电压越低空调的启动电流越大，吸收的无功也成倍增大，引起电压的进一步下降，对电网的电压恢复构成严重危险。

(5) 电网中恒阻抗负荷，如容性并联装置(并联电容补偿装置、滤波器等)数量巨大，在电压降低时发出的无功与电压成平方关系下降，会进一步恶化系统的电压情况。

为了确保上海电网的安全稳定运行，在系统中配置一定容量的动态无功装置以提高系统抗事故能力是非常必要的。在上海电网的 7 个分区中，黄渡分区自从西郊站的调相机退役后，区内没有其他发电机可提供动态的电压支撑(仅有 1 台 12MW 小机组)，暂态电压稳定问题尤为突出。因此，由国家电网公司立项，上海电力公司、清华大学和许继集团公司合作在上海黄渡区西郊变电站安装了一台±50Mvar SVG 装置。

该装置于 2006 年 4 月成功投入运行，图 6.3 为装置的输出电流和动态无功响应曲线，由于采用了 150Hz 优化 PWM、脉冲轮换、反馈精确线性化等控制策略，装置获得了优越的性能：①输出电流的谐波畸变率小于 5%；②各单相逆变桥直流电压不平衡度小于 4%；③装置动态无功响应时间约为 25ms。同时装置还具备较高的可靠性，统计至 2007 年 6 月，装置的可用率约为 95%。装置投运后，黄渡分区线损率减少了 5%。

近些年，国内外研究机构和企业对静止无功发生器 SVG 的研究投入不断增大，取得了很多重要的关键技术成果，主要有以下几方面[5]。

(1) SVG 功率部分的拓扑结构。

静止无功发生器 SVG 从理论研究到是实际应用仅仅几十年，各机构和企业按

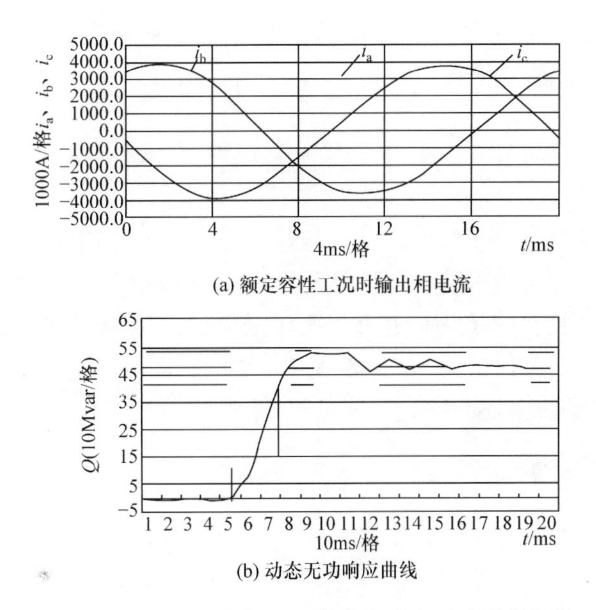


(a) 额定容性工况时输出相电流

(b) 动态无功响应曲线

图 6.3　±50Mvar 链式 SVG 输出电流和无功响应曲线

照根据自身的实际情况开发出了多种功率部分的拓扑结构。这些拓扑结构有些被证明可靠性差，有些被证明性价比低，因此仍需要对作为 SVG 核心的功率部分拓扑结构深入研究以获得最优的可靠性、经济性。

(2) SVG 多控制策略研究。

SVG 采用目前最先进的电力电子器件(IGBT 或者 IEGT)，具有更加快速的响应速度，由于它是一个可控电流源，便具有更多的补偿优势。因此，SVG 装置自身具备了可以进行多控制策略协同运行的能力，需要在实践中不断摸索研究。

(3) SVG 安装方式、冷却方式研究。

随着 SVG 在各电压等级变电站得到推广应用，所面临的环境(自然环境、电磁环境)也越来越加复杂和严苛。除了传统的户内安装方式，还研究 SVG 装置的多种安装方式(高海拔地区、高盐雾地区、高温潮湿地区)，有利于增强 SVG 装置的适应性和实用性。

从早期的 GTO，到后来的 IGBT、IEGT，这些高压电力电子器件在运行时都会发出大量的热量，SVG 较 SVC、MCR 等动态无功补偿发出的热量要大得多。虽然 SVG 的散热方式也是传统的风冷却、水冷却，但是由于其自身的特性，如何将散热冷却系统做好、做精仍需要设计人员进行详细计算、统筹设计[6]。目前，在原有的散热系统基础上加入了超温降容技术、风机变频技术大大增加了 SVG 散热系统的智能性，延长了散热系统的使用寿命。

总之，SVG 作为一种新的动态无功补偿装置(技术)，随着其应用范围越来越广，面临的问题也会越来越多。只要抓住上述几个关键技术，不断创新和完善，SVG的应用前景会越来越好。

## 6.2 工程需求

随着省级电网联络线的加强、直流落地工程的投产促使辽宁电网发展为一个大受端电网，同时作为风电装机容量较大的省份，需要满足适应大规模风电接入能力。整个辽宁电网受电网结构、负荷特性、电源特点的影响，在末端或电网结构薄弱点；电弧炉等炼钢负荷站点、风电场站点无功电压问题日益凸显，需要合理的利用无功补偿装置解决上述问题。

### 6.2.1 辽宁电网网架结构介绍

整个辽宁电网由辽西系统、中北部系统、辽南系统组成。

1) 辽西系统

辽西系统位于辽宁电网西部，北与蒙东赤峰电网相连，西与华北电网相连，包括朝阳、葫芦岛、锦州、盘锦、阜新五个地区电网，是辽宁电网从蒙东电网受电的主要通道。

2) 中北部系统

辽宁中北部系统北接吉林、蒙东电网，西临辽西系统，南毗辽南系统，是辽宁电网内地域范围最广、负荷及装机规模最大的系统，包括铁岭、沈阳(含阜新彰武电网)、抚顺、本溪、辽阳、鞍山、营口七个地区电网。

3) 辽南系统

辽南系统位于辽宁电网南部，北临辽宁中北部系统，主要包括大连、丹东两个地区电网。

### 6.2.2 辽宁电网无功电压运行情况及存在的问题

根据全省电压监测点的统计分析，辽宁电网电压运行整体情况较好，10kV及以上系统(含网调指挥设备)电压合格率完成100%，但局部地区电压问题凸显，主要存在于电网末端或电网结果薄弱点；电弧炉等炼钢负荷站点、风电场站点等，具体分析如下。

第一，电网末端或电网结构薄弱站点电压问题。

电网末端或电网结构较薄弱地区，大负荷时期，负荷端无功支撑不足，负荷端母线电压较低，线路损耗增大。例如，抚顺地区的中寨变、铁岭地区的西丰变、朝阳地区的刀尔登变。

第二，冶炼、冶金负荷电压波动问题。

电弧炉是炼钢厂中重要组成部分，也是电力系统中一个典型的冲击性负荷，它的运行对电网的电能质量产生着严重的干扰。电弧炉的工作过程可以分为熔化期、氧化期和还原期三个过程，前两个过程对电网的影响最大。电弧炉对电网的影响主要有以下几点。

(1) 电弧弧长的不规则变化导致无功与有功功率的急剧波动，使电网产生明显的电压波动和闪变。

(2) 电弧电阻的非线性和瞬变性使电网电压和电流产生高次谐波。

(3) 熔化期电极频繁短路和开路，电网电压产生严重的负序分量，使供电系统出现严重的三相不平衡。

此类问题在辽阳地区、鞍山地区、丹东地区较为突出。

第三，风电场送端电压波动问题。

风力发电的随机性和不受控性使得大规模风电机组的并网给电力系统带来母线电压越限、电网电压波动和闪变等一系列问题。并网风电场引起系统电压变动的原因主要有两个：一是由风电机组投切引起的系统电压的变化；风电场退出运行时，系统由于突然失去大量无功注入可能存在电压崩溃的危险；此外，风电电源往往处于远离负荷中心的电网边缘，与电网之间的连接相对较弱，切机造成的瞬间无功富余无法由内陆地区的电力系统有效消化，严重时也将导致系统电压失稳。二是在正常运行时，随机变动的风能导致的功率变化会使系统的电压和频率产生很大的波动，严重时可能导致系统失去稳态，如彰武地区、康平地区。

## 6.3　无功补偿关键技术原理

### 6.3.1　66kV 直挂 SVC 关键技术原理

#### 1. SVC 的 66kV 直接接入技术

以往应用在国内 66kV 及以上电压等级的输电网中的 SVC 装置接入电网只能通过主变三次绕组侧或通过增加降压变压器等冗余设备的方式来实现。这主要是因为传统的 SVC 是属于电触发晶闸管(electric trigger thyristor，ETT)控制阀组(thyristor controlled reactor，TCR)，晶闸管的导通角度只能通过大功率电脉冲触发，造成了电位的隔离困难和触发精度的降低。若要实现高电压等级(35kV 以上)接入点，必须采用大量的晶闸管串联模式。

由于晶闸管制造工艺水平的限制，晶闸管触发一致性和均压水平的降低使绝缘问题显得尤为突出，导致 SVC 只能通过变压器低压侧绕组接入 35kV 及以下电压等级。例如，武汉凤凰山变电站 SVC 是通过降压变压器接入系统，武汉凤凰山变 SVC 一次主接线图如图 6.4 所示。

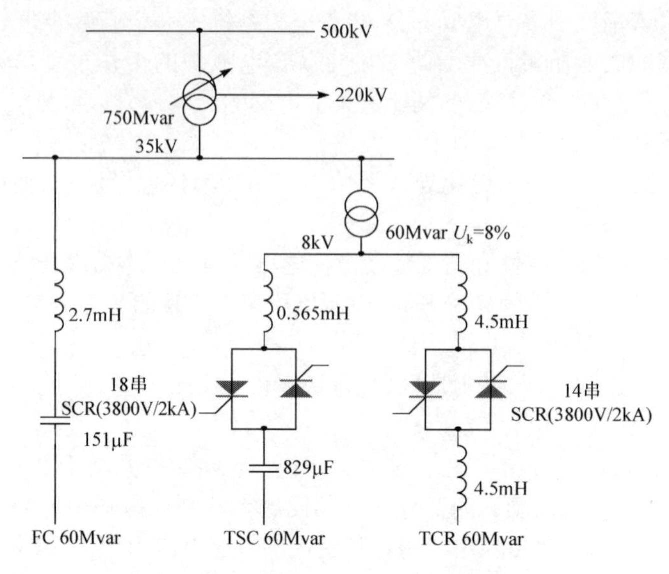


图 6.4 武汉凤凰山变 SVC 一次主接线图

所谓 66kV 直挂 SVC 技术，是指 SVC 装置不通过降压变压器，直接连接到 66kV 母线上。辽宁东鞍山变 66kV 直挂 SVC 一次主接线图如图 6.5 所示。

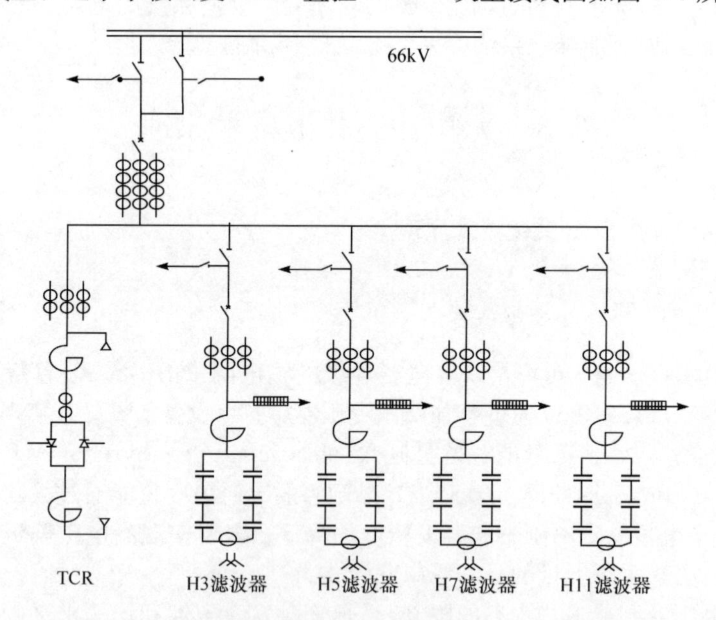


图 6.5 辽宁东鞍山变 66kV 直挂 SVC 一次主接线图

此项技术的核心是 SVC 的功率器件选取了高集成度的光控晶闸管。一直以来，SVC 都采用晶闸管作为阀组部分的核心功率器件。晶闸管主要有电控晶闸管（ETT）和光控晶闸管（LTT）两种类型，相应的也有电控晶闸管阀组和光控晶闸管阀组。电控晶闸管研发较早，虽然性能一直得到不断提高，但电触发（电控）晶闸管阀组依然存在一些问题：为了触发 ETT 器件，需在位于高电位的阀组内为每对晶闸管安装触发驱动电路（TE 板）。TE 板上电路较为复杂，电源功率较大且在高电位下运行，是阀组中最脆弱的部件。据统计分析，约 90％的 TE 板损坏由耦合取能回路引起，约 10％由晶闸管过电压保护 BOD 元件故障所致。鉴于 TE 板的重要性和脆弱性，它的可靠与否始终是晶闸管阀组可靠性的焦点之一。故力求简化 TE 板电路以提高其可靠性，一直是动态无功补偿技术研究领域的一个重要问题。

20 世纪 90 年代中期，SIEMENS 公司开发出了直径 4in①、耐压 8kV、并且带有自保护功能的直接光触发晶闸管[1]（图 6.6）。光控晶闸管技术的核心是光脉冲不经光电转换而直接送到晶闸管元件的门极光敏区以触发晶闸管阀片，因此，LTT 与 ETT 相比，在阀片特性上有明显的改变；此外，它在光信号源、光脉冲传输及监控保护技术等方面也有独特的技术特点。

LTT 和 ETT 的主要技术参数比较见表 6.3。

**表 6.3　LTT 和 ETT 的主要技术参数比较表**

| 序号 | 型号规格（直径 $\phi$） | 100mm LTT | 125mm LTT | 125mm ETT |
|---|---|---|---|---|
| 1 | 额定电流/A | 2000 | 3000 | 3000 |
| 2 | 最小保护电压/V | 7500 | 7500 | 7500 |
| 3 | 可重复反向电压/V | 7500 | 7500 | 7500 |
| 4 | 非重复反向电压/V | 8300 | 8300 | 8300 |
| 5 | 最大正向压降（3000A）/V | 2.6 | 2.3 | 2 |
| 6 | $dI/dt$ 能力/（A/μs） | 300 | 300 | 150 |
| 7 | $dU/dt$ 能力/（V/μs） | 3500 | 3500 | 3500 |
| 8 | 10ms 正向冲击电流/kA | 35 | 63 | 63 |
| 9 | 最大关断时间 $T_q$/μs | 350 | 350 | 350 |
| 10 | 最大恢复电荷 $Q_r$/（μA · s） | 9000 | 6900 | 6900 |
| 11 | 光触发功率 PLT/mW | 10 | 10 | 10 |
| 12 | PN-外壳热阻 $R_{th}$/（K/kW） | 6.4 | 4.3 | 4.3 |

通过表 6.3 可以发现，光控晶闸管的这些优点可使阀组的控制触发和保护部分的电子元件数量大大减少，进而保证阀组触发的准确性和阀组的可靠性。

① 1in＝2.54cm。

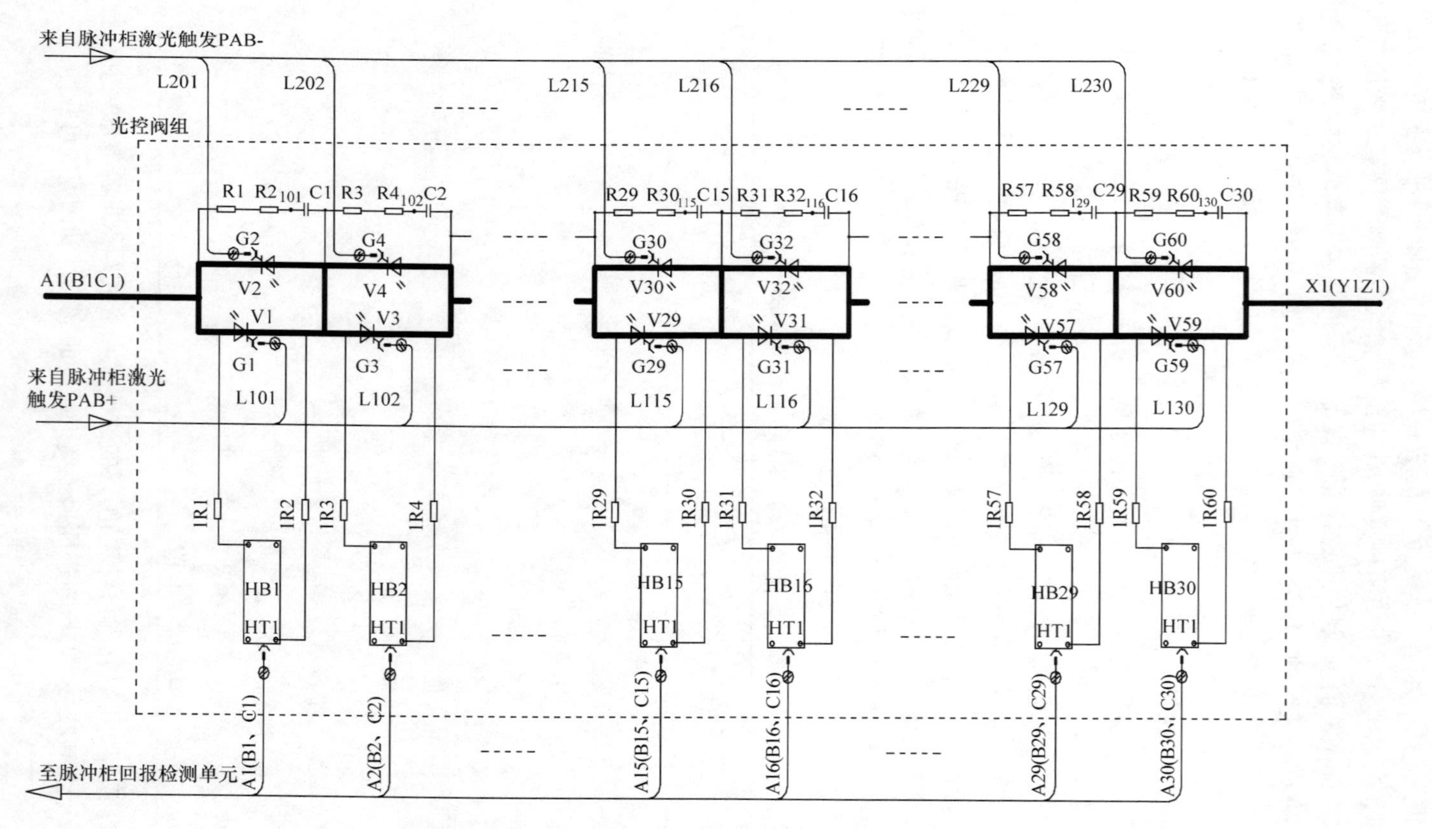


图 6.6　66kV SVC 光控水冷晶闸管阀组电路原理图

2. SVC阀组的触发保护技术

SVC的接入电压从35kV提升到66kV，幅度是比较大的。阀组的触发保护系统所面临的技术难点主要是在高压电气环境下，减少电磁干扰对整个系统的影响，并保证阀组得到100%准确触发和保护。

66kV直挂SVC晶闸管阀组的触发保护系统的主要功能是控制触发晶闸管和实时监测各个晶闸管的运行状态，该系统是连接控制系统和光触发晶闸管的重要设备，是SVC控制系统和晶闸管阀组之间的重要接口。

光控晶闸管阀组的触发保护系统包括位于控制器的光触发单元、光接收单元以及位于阀组侧的光控晶闸管工作状态监控回报单元。光触发单元的主要任务是对控制系统发出的电触发脉冲信号进行光电转换，将其转换成光触发脉冲信号，再通过光纤触发光控晶闸管。光触发单元采用激光二极管器件，可保证触发信号的可靠性。光接收单元负责接收每个晶闸管的工作状态电压回报信号。这些信号由与每个晶闸管相连的晶闸管工作状态监控回报单元采集，经转化通过光纤以光信号的形式发送至与之对应的光接收单元，并进行光电转换，最终送往控制系统进行处理。由于光触发晶闸管的触发信号和电压回报信号都通过光纤进行传输，实现了触发保护系统与高压阀组的隔离，避免了高压产生的电磁干扰问题。

同时，为确保晶闸管阀组较长的正常运行时间，控制系统有两套互为热备用的冗余系统。当正在运行的系统出现故障时，立即切换到另一套处于热备用状态的系统，从而避免了出现故障时突然停机。这样的冗余设计提高了整个控制系统的可靠性。

### 6.3.2　链式SVG关键技术原理

1. SVG主电路连接形式

在SVG主电路拓扑结构的选择时，必须兼顾运行可靠性、技术先进性和工程可实施性等，全面综合考虑。根据以往设备实际应用经验，确定采用链式拓扑方案。对三相链式SVG而言，链式拓扑连接有两种形式，即"Y形"连接和"△形"连接。

对确定的电压等级和容量等级而言，"Y形"连接和"△形"连接的主要区别是阀组承受的电压等级和电流等级不同。因此，对阀组的半导体开关器件的数量、电流等级的选择等方面就存在一些区别，且在工程实施时的难度和占地面积的略有不同。通常，"Y形"连接的占地面积往往略小。此外，两种连接方式的成本也可能略有差别。

1) “Y 形”连接

对±5Mvar 的链式 SVG，当系统电压为 10kV 时，SVG 的最大线电流为

$$I_{SVG}=\frac{5\times10^6}{10\times10^3\times\sqrt{3}}=289A \quad (6.1)$$

这样，对 10kV 的链式 SVG 而言，如果采用“Y 形”连接，每相需串联的阀组单元个数为

$$n=\frac{10}{1\times\sqrt{3}}=6 \quad (6.2)$$

考虑到系统冗余等因素，每相由 12 个阀组单元串联而成，输出侧通过电抗器直接和 10kV 系统相连。因此，±5Mvar 的链式 SVG 需要 36 个功率单元。

2) “△形”连接

对±5MVA 的链式 SVG，当系统电压为 10kV 时，SVG 的最大线电流为 167A，这样，对 10kV 的链式 SVG 而言，如果采用“△形”连接，每相需串联的阀组单元个数为 7，考虑到系统冗余等因素，每相由 14 个阀组单元串联而成，输出侧通过电抗器直接和 10kV 系统相连。需要注意的是，“△形”连接时，每个变流链的首尾两端各需要串接一个电抗器，其目的如下。

(1) SVG 为有源补偿方式，其输出端的电压受 SVG 控制，且与电网电压存在一定区别，中间必须通过电抗器缓冲。

(2) 当变流链的一端接地时，采用 2 个电抗器更能有效地保护阀组。

下面为两种连接方式的技术性能比较。

根据上述方案的分析可以发现，Y 形连接和△形连接各有特点，见表 6.4。

这里需进一步说明的是，在系统对称的条件下，Y 形和△形连接两种方式 SVG 的补偿特性完全一样。

为更好地对比两种连接方式的异同从控制和可靠性角度进行更详尽的分析比较。图 6.7 为链式 SVG 的 Y 形连接示意图和△形连接示意图。对于△形连接方式，每相换流链直接并联于相应的两线之间，所承受的电压是确定的线电压 $U_L$。

对于 Y 形连接方式，换流链的中点是悬浮的，所以每个换流链所承受的电压并不是完全确定的。如果不施加额外控制措施，当在稳态情况且系统电压对称时，各换流链所承受的电压基本是相电压，即承受 $0.577u_L$ 的电压。但是当处于暂态过程或系统电压不对称的情况下，由于中点电位的不确定性，Y 形连接方式的各相换流链所承受电压也有很大的不确定性。

△形连接和 Y 形连接的比较见表 6.4。

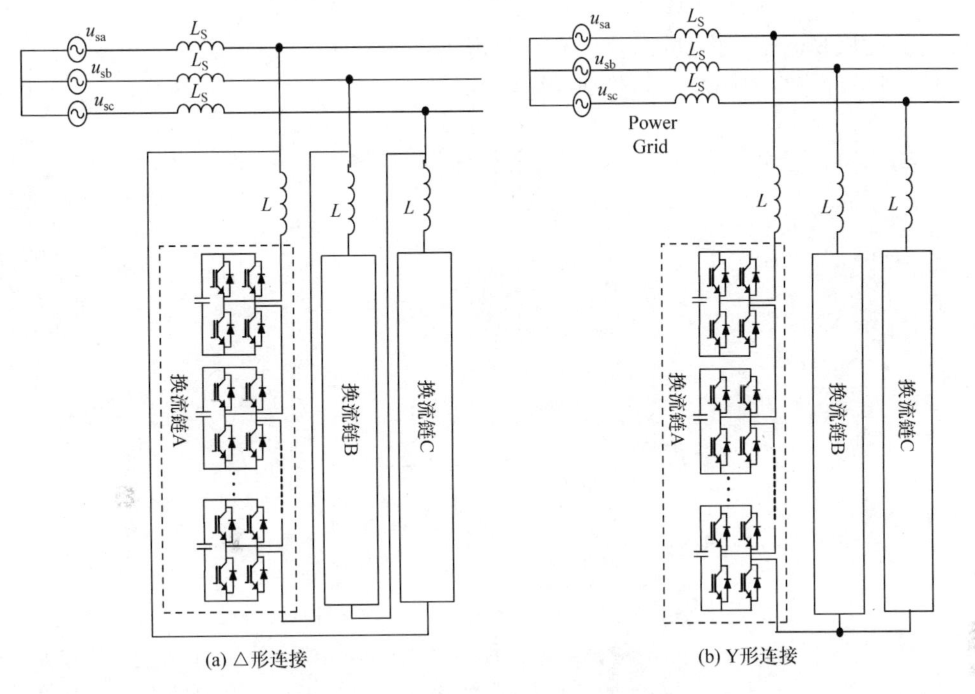


图 6.7　两种不同的连接形式示意图

**表 6.4　Y 形连接和△形连接的比较**

| 序号 | 类别 | Y 形连接 | △形连接 |
|---|---|---|---|
| 1 | 阀组电压 | kV | kV |
| 2 | 阀组电流 | 289A | 169A |
| 3 | 串联阀组单元数量 | 12 | 14 |
| 4 | 阀组单元总数量 | 36 | 42 |
| 5 | 断路器数量 | 2 | 2 |
| 6 | 每相串联电抗器数 | 1 | 2 |
| 7 | 总电抗器数量 | 6 | 12 |
| 8 | 系统连线方便程度 | 方便 | 较复杂 |
| 9 | 占地面积 | 相同 | 相同 |
| 10 | 系统对称时的补偿性能 | 好 | 好 |
| 11 | 系统不对称时的补偿性能 | 较差 | 较好 |
| 12 | 补偿容量短时(＜10s)过载倍数 | 1.3 | 1.6 |

△形连接和 Y 形连接的选型主要从以下两个方面考虑。

(1) 换流链可能承受的最大电压。

如图 6.8 所示，对于 Y 形连接方式，由于三相换流链中点是悬浮的，对于一组确定的三相线电压(三角形相量)，随着 Y 形中点的移动，各换流链电压相量(内部 Y 形相量)可能是图中所示的任意一组。

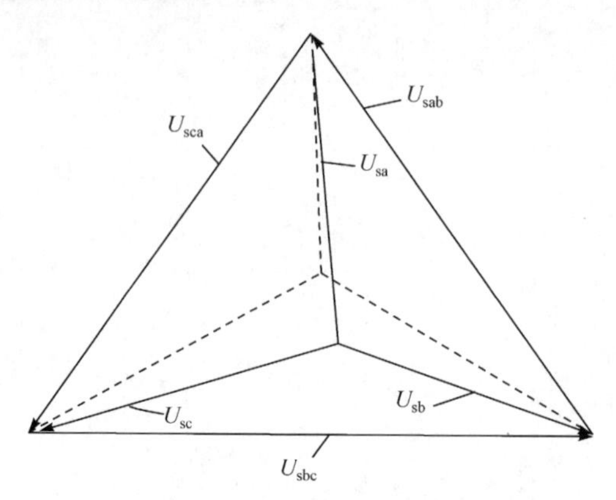


图 6.8　Y 形连接方式的换流链电压相量图

一般来说绝大多数故障都是不对称故障。考虑到相间短路或相间短路对地故障，可能引起系统线电压的不对称随着系统线电压的不对称，Y 形方式换流链中点也将随之移动。如果没有额外的有效控制措施，换流链上可能出现的最大电压需要按线电压考虑，也就是每个换流链的电压裕量需按$\sqrt{3}$倍设计。

对于△形连接，各换流链直接承受系统线电压。若不考虑断线等情况所引起的系统过压，只考虑各种短路故障，在系统电压不对称期间△形连接时不需考虑额外电压裕量。

所以从换流链可能承受的最大电压来说，由于必须考虑系统故障期间的系统电压不对称的所带来影响，对于 Y 形方式换流链的电压裕量最大需按$\sqrt{3}$倍设计，而△形连接在这方面不需要考虑电压裕量。如果 Y 形方式换流链电压按$\sqrt{3}$倍设计，实际上已经达到△形方式的换流链电压，而所承受电流又是 Y 形方式的$\sqrt{3}$倍，在经济上并不合算。

(2) 装置可控性的风险。

换流链所承受的电压实际上主要反映在换流链的直流电压。可以采取额外的措施控制换流链直流侧电压，一般情况下都是采用如图 6.9 所示的 PI 控制环节实现换流链直流电压控制，即通过给定的直流电压 $U_d^*$ 和实际直流电压 $U_{da}^*$(或 $U_{da}^*$、$U_{dc}^*$)等进行比较，得到各相换流链的有功电流分量 $I_{pa}^*$、$I_{pb}^*$、$I_{pc}^*$ 等。

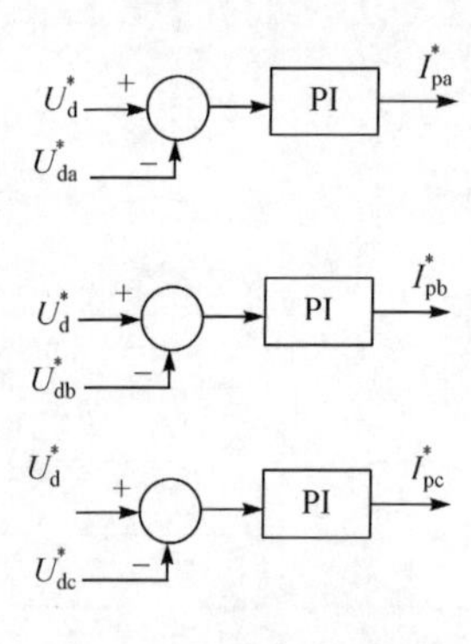


图 6.9　换流链直流电压控制环节

但是，由于Y形方式和△形方式结构的不同，在实现换流链直流电压控制时也面临不同的难度。图6.10所示分别为△形方式和Y形方式的等效系统模型图。

可以看出，由于△形连接方式的特点，各换流链电流可独立控制；三相电流可形成一个零序分量i0，即换流链的环内电流。

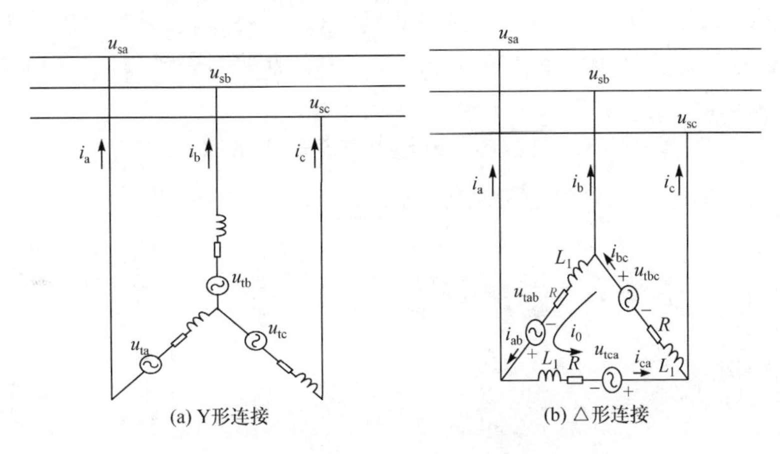


图6.10 两种连接形式的等效系统模型图

对于Y形连接方式，由于必须满足约束条件 $i_a+i_b+i_c=0$，也就意味着三相换流链中只有两相换流链的电流是可以独立控制的，也就意味着换流链直流电压控制环节中同时只有两个换流链的电压可以控制，在系统不对称的情况下此问题更加严重。这也意味着Y形方式下换流链的直流电压控制面临很大的困难和风险。

此次SVG主要是应用于受端电网，综合各方面因素，最终决定SVG装置采用星形接法，以获取最优的效能。

2. SVG多控制策略研究

应用于受端电网的SVG的控制目标除了抬升电压，还有一个就是抑制冲进负荷引起的暂态电压变化[7]。

仿真研究表明，辽宁电网±5Mvar SVG的主要作用是：

(1) 提高暂态电压稳定性；

(2) 提供动态无功支撑，加速故障后电压恢复，减少低压释放负荷。

此外，根据电网调度和控制的需要，SVG还可能提供以下功能：

(1) 以部分无功容量参与日常运行的稳态调压；

(2) 提供阻尼控制，抑制电网功率振荡；

(3) 作为AVC系统的子单元，参与全网无功/电压控制。

根据电力系统的要求，稳态条件下，SVG的配置必须配合正常运行调压的要求，即是说，SVG在系统稳态运行下，应留有尽可能多的容性无功备用，以加强电网的动态无功支撑，达到提高电网稳定性的目的。SVG在极限方式下需要保持最大动态无功备用，在其他运行方式下可部分或完全参与正常运行调压。所以SVG的控制功能为维持节点电压稳定，提供充足的无功储备以及为保证设备长期运行而增加的一些辅助控制。因此，针对辽宁电网的特点，将SVG的控制方式分为五种模式：暂态电压控制模式、远方控制模式、稳态调压模式、恒无功输出模式(以上三种为稳态控制模式)、阻尼附加控制模式，其中远方控制模式和阻尼控制模式根据应用需要选取[8]。

辽宁电网±5Mvar SVG控制系统框图如图6.11所示。

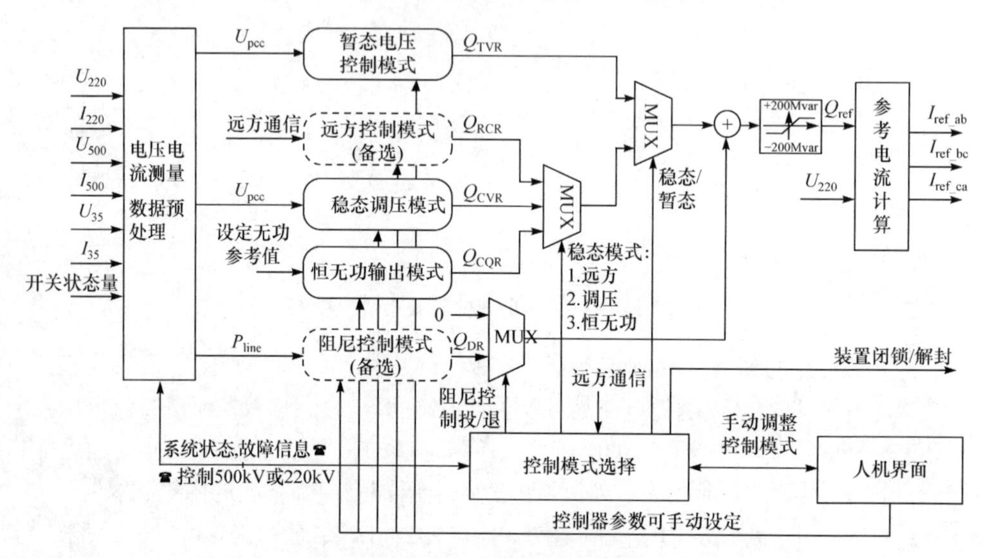


图6.11　SVG控制系统框图

五种控制模式之间的协调和切换由一个统一的控制模式选择模块管理。控制模式所需的电网系统信息由电压电流测量-预处理-故障判断模块提供。控制模式的选取逻辑可以通过人机界面调整，此外，通过人机界面还可以设定各种控制模式中的控制参数。根据系统运行情况和控制模式选取得到的无功参考值输入到参考电流计算模块，结合接入点电压信息，计算出三相变流器需输出的电流参考值，送至装置级控制器，据此产生变流器驱动脉冲。

### 3. SVG安装方式、冷却方式研究

高压大容量电力电子设备的结构，对设备的性能、模块化柔性生产、散热、电压和容量的扩大、结构紧凑性、运输简便性、安装和调试及维修的方便性、运行的冗余和安全性、特别是造价等均有重大影响，很值得设计者高度重视。

传统上，小容量 SVG 系统结构是采用室内柜式结构，即将 SVG 系统的多个单元分装在机柜内，然后分别运到机房中，按功能并列摆放。

但是，对于已建好的变电站，特别是新增高压大容量 SVG 系统，无法新建高大的机房。鉴于上述理由，10kV±5Mvar 链式 SVG 系统，采用了室外配置的可移动式集装箱结构。针对这些特殊要求进行了创新性结构设计。

### 6.3.3　技术创新点

1. 66kV 直挂 SVC 技术创新点

1）光控晶闸管在高压大容量 SVC 装置中的应用

国内率先将 LTT 技术成功应用于 SVC 装置，填补了国内空白。在国际上只有西门子公司和荣信公司掌握该技术。与采用 ETT 的 SVC 装置比，采用 LTT 技术的 SVC 装置抗干扰性和运行可靠性提高 70%以上。光控晶闸管如图 6.12 所示。

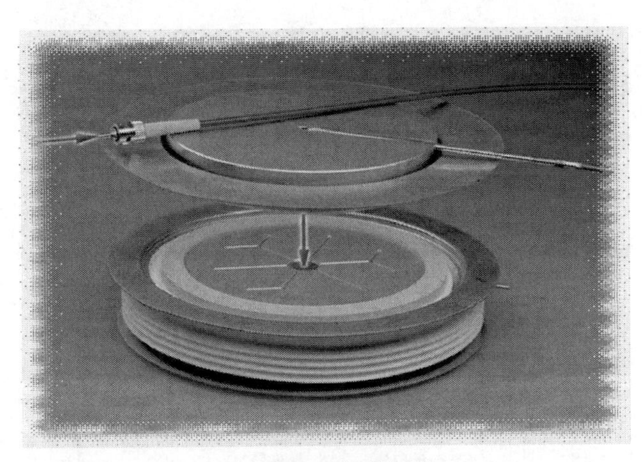

图 6.12　光控晶闸管

2）具有均压屏蔽环的双塔立式结构阀组

提高了动态无功补偿装置的绝缘性能，使阀单元的对地电场保持均衡，避免出现闪络、局部放电等现象。阀组采用双塔立式结构，占地面积小、结构紧凑、电气绝缘性能好。均压屏蔽环采用环形整体式结构，防电晕效果明显加强。图 6.13 为具有均压屏蔽环的双塔立式结构阀组。

3）LTT 全数字热备用双机无扰动切换控制器

采用全数字热备用双机无扰动切换控制器增强了控制系统的稳定性和可靠性，也为系统的整体正常运行提供了可靠的保证，减少了事故率，增加作业率，减少了无功损耗。图 6.14 为东鞍山 66kV 直挂 SVC 系统双控制系统结构框图。

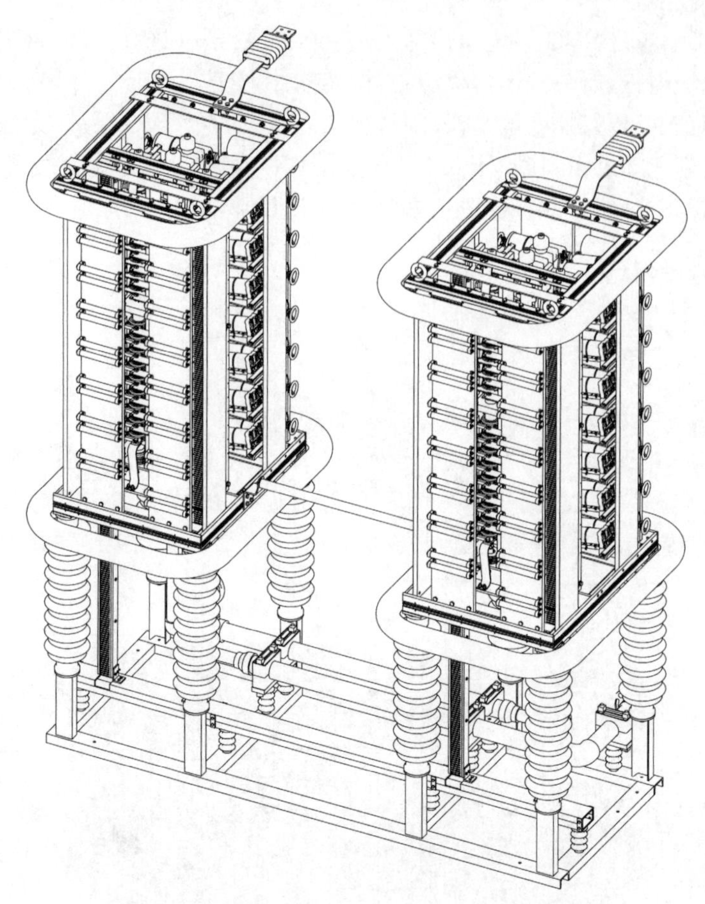

图 6.13　具有均压屏蔽环的双塔立式结构阀组

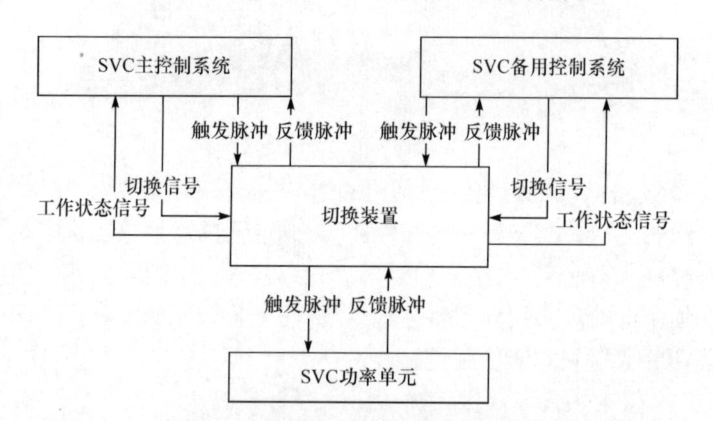


图 6.14　东鞍山 66kV 直挂 SVC 系统双控制系统结构框图

4）LTT 脉冲触发分配装置

光控 SVC 补偿装路中，光控晶闸管的触发装路是至关重要的组成部分，控制柜发出的触发脉冲经过脉冲柜中的激光发射板形成光控晶闸管的激光触发信号，通过触发光纤连接到光控阀组上的光控晶闸管上，也就是多少个光控晶闸管就需要多少根光纤，并且是特殊的光纤，同时脉冲柜到阀组的距离应该在几十米远，这样给光控 SVC 补偿装路带来了很大的危害。

在 66kV 光控触发的 SVC 补偿装路中，需要 168 个光控晶闸管，同时也需要 168 根触发光纤从脉冲柜连接到光控阀组上，脉冲柜到光控阀组的距离至少在 20m 左右，每根光纤和光纤头都是定做的，这样在地沟中安装 168 根光纤触发线，这样如果在不好的环境下，容易损坏；一旦损坏，更换时必须重新定做一个相应长度的光纤，再次从地沟中穿入新的光纤；同时光信号经过长距离的传输，是光损耗大，容易造成误触发；系统可靠性低等缺点。

为解决以上问题，本部门研发了 LTT 脉冲触发光纤分配装路，使系统的安装简单，维护方便，抗干扰性强，可靠性高，使用寿命长。

5）同步故障跳 TCR 不跳电容器的控制策略

为保证在李石寨变电站 66kV 线路发生同步故障时，SVC 不跳闸，保持 30 个周波，以实现该系统对电网的支撑，根据《DL-T 1010 高压静止型动态无功补偿器》电力行业标准，对控制策略进行了如下修改。

（1）解开 TCR 支路与 FC 支路的跳闸保护连锁，避免 TCR 支路跳闸时同时跳开 FC 支路。

（2）保留 TCR 及 FC 支路的保护功能。

按照上述控制方式，可以满足 66kV 系统发生同步故障时，SVC 能够在允许的电压范围内正常运行要求，对系统进行电压控制，同时保护阀组的安全。

### 2. 链式 SVG 技术创新点

1）集约型 H 桥功率单元

早期的 H 桥功率单元，体积较大，板卡、光纤等裸露在外部，不方便安装和维护。图 6.15 为老式 H 桥功率单元。而新的集约型功率单元，器件高度集成化，连接紧凑稳固，抗干扰性强，拆卸方便。另外，这种集约型功率单元模块通用性强，可以按照电压等级和补偿容量的自由组合成所需要的高压大容量电力电子变流器，可大批量流水作业生产。图 6.16 为新式 H 桥功率单元。

2）功率单元故障旁路技术

由于链式 SVG 的换流链是由单个功率单元串联而成的，一旦其中的一个发生故障，将导致整条换流链无法运行。在正常情况下为提高可靠性一般进行 $N+1$ 设计，考虑到设备应用场合和作用等因素，每相用 2 个阀组单元冗余，这就大大提高了设备的可靠性，缩短了设备的停运时间。当某一相 2 个冗余均发生故障时，对输出电压的影响进行了仿真分析。正常运行时三相输出电压通过对仿真波形的计

图 6.15 老式 H 桥功率单元

图 6.16 新式 H 桥功率单元

算,得到三相电压不平衡度小于 0.015%。当其中一相旁路两个 H 桥以后,得到三相电压不平衡度小于 0.02%,满足《电能质量三相电压不平衡》(GB/T 15543—2008)的规定。图 6.17 为单个阀组单元旁路技术示意图。

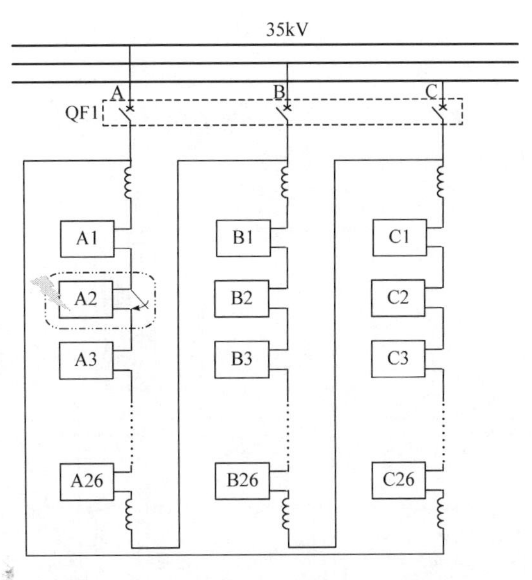


图 6.17　单个阀组单元旁路技术示意图

该技术可以保证当 SVG 换流链中任意一个 H 桥功率单元发生故障时迅速将其旁路切除，同时启动备用功率单元，从而保证设备的连续运行。

3）可移动式集装箱壳体

可移动式集装箱壳体，可保证整套装置的整体占地面积缩小 40%左右，工程周期缩短一半左右，整体工程造价大大降低，又便于运输、现场安装和调试。图 6.18 为可移动集装箱式 SVG。

图 6.18　可移动集装箱式 SVG

4）主控制系统冗余设计

主控制系统的冗余设计采用一主一备的方式。正常时一个控制器处于工作方式,另一个控制器处于热备用状态。两个控制器都通过数据光纤通过高速通信与分相的脉冲分配单元连接,然后再将控制脉冲发送到换流链。正常时脉冲分配单元接收主控制器的控制命令,当主控制器发生故障时,脉冲分配单元将切换到接收热备控制器的控制指令。图 6.19 为控制器冗余配置方式。

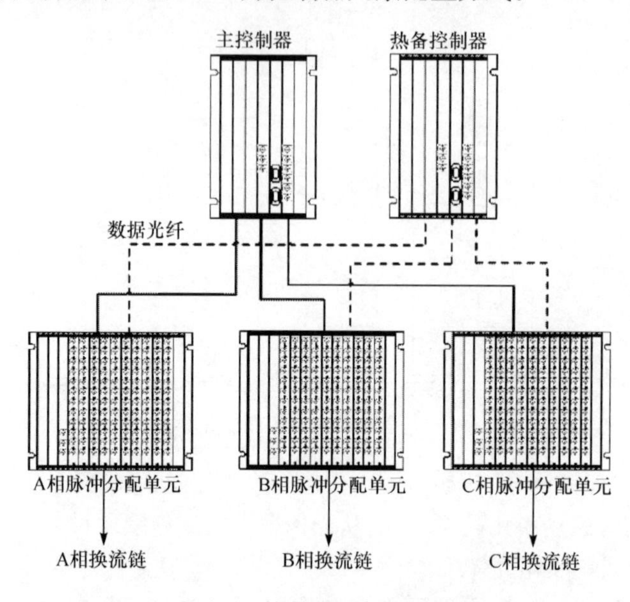


图 6.19 控制器冗余配置方式

此设计可保证 SVG 控制系统具有较强的抗故障能力,适合电力系统对装置稳定性的要求。

## 6.4 应用情况

### 6.4.1 SVC 示范工程 1-直挂 66kV 母线光控 SVC 关键技术研究及示范应用工程

2008 年,根据鞍山供电公司东鞍山变无功缺额的具体情况,辽宁省电力有限公司、鞍山供电公司、荣信电力电子股份有限公司共同论证,提出了在 220 东鞍山变电站加装 66kV 直挂光控 SVC。2009 年底,设备顺利投运,各项技术指标达到了设计要求,取得了令人满意的结果。下面,介绍该示范工程的情况。

1. 东鞍山变无功电压情况

2007 年鞍山地区综合最大负荷为 2812MW,其中网供最大负荷 2365MW,2008～2017 年鞍山地区综合最大负荷为 2880MW,其中网供最大负荷 2386MW。

东鞍山 220kV 变电站地处鞍山地区负荷中心地带，最大负荷为 300MW，主变的负载率为 90%。东鞍山 220kV 变电站所带的主要负荷为鞍山钢铁公司选矿、采矿、烧结等重要的一类负荷及轧钢、电弧炉、电熔镁等具有一定冲击性负荷。另外随着鞍山市经济中心的南扩，该地区的负荷将迅速增长。

东鞍山 220kV 变电站日负荷曲线、日母线电压曲线及下级变电站日电压曲线，如图 6.20 所示(图中横坐标为一天的整点时刻，纵坐标单位为 kV)。

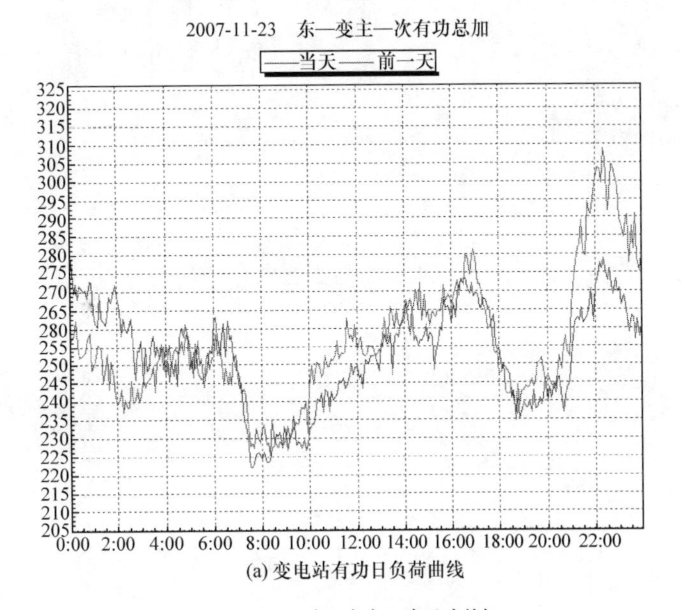


(a) 变电站有功日负荷曲线

2007-11-23　东—变主—次无功总加

——当天—— 前一天

115 110 105 100 95 90 85 80 75 70 65 60 55 50 45

0:00 2:00 4:00 6:00 8:00 10:00 12:00 14:00 16:00 18:00 20:00 22:00

(b) 变电站无功日负荷曲线

2007-10-30　东—变220kV西母线、AB线电压

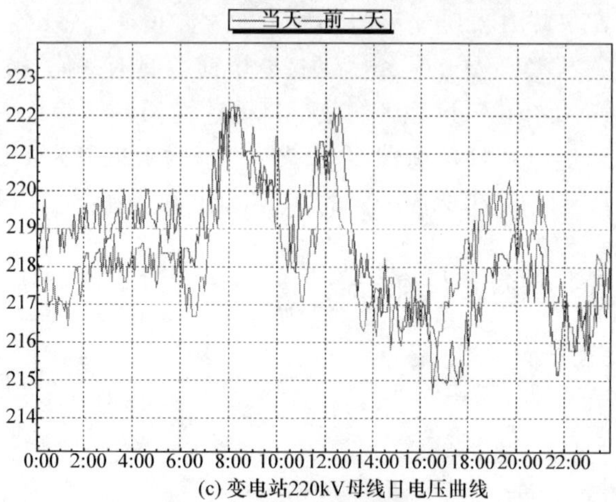


(c) 变电站220kV母线日电压曲线

2008-5-27　东—变66kV西母线、AB线电压

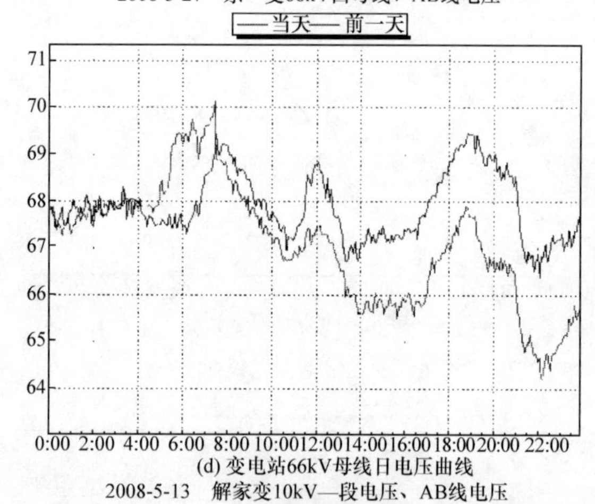


(d) 变电站66kV母线日电压曲线

2008-5-13　解家变10kV—段电压、AB线电压

—当天 —前一天

11

10

0:00 2:00 4:00 6:00 8:00 10:00 12:00 14:00 16:00 18:00 20:00 22:00

(e) 变电站系统解堡变10kV母线日电压曲线

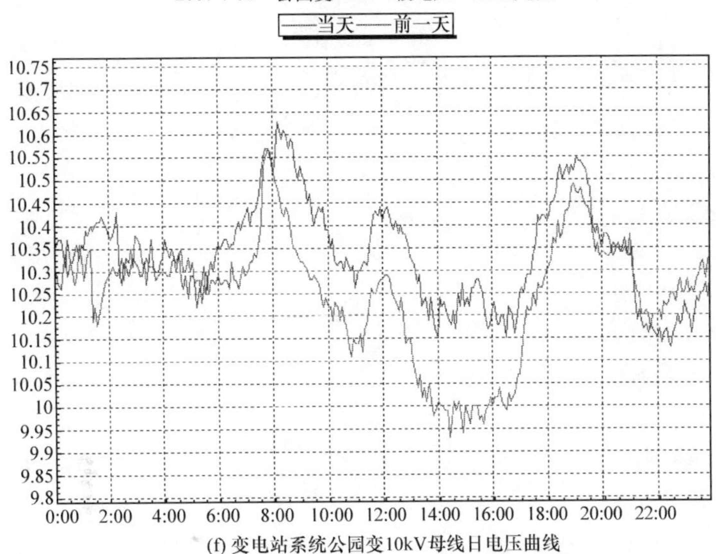


(f) 变电站系统公园变10kV母线日电压曲线

图 6.20　东鞍山 220kV 变电站日负荷、电压曲线

通过图 6.20 可了解到，220kV 东鞍山变电站无功电压存在以下问题。

1) 无功缺额严重

从无功需求量上看，在 220kV 系统正常运行情况下，尽管有两组 66kV 20Mvar 固定电容器进行无功补偿，其无功缺额在 50～118Mvar，满足不了东鞍山 220kV 变电站的无功需求。另外，整个东鞍山 220kV 变电站的无功补偿度为 12%，低于 15%～30%的有关要求，鉴于东鞍山 220kV 变电站在电网中的特殊位置，以及所带负荷的特殊性，其补偿度应取上限值。

2) 220kV 母线电压波动大

东鞍山 220kV 变电站 220kV 母线电压最高电压可达 233.1kV，最低可降至 214.3kV，平均电压最低为 219kV。由于东鞍山 220kV 变电站两台主变是无载调压的，调整主变分接头需要主变停电才能进行，但是由于东鞍山 220kV 变电站负荷很大，不能满足主变 $N-1$ 方式，所以就无法及时调整主变分接头，无法对系统电压进行及时的合理控制，尤其是在节假日期间，变电站电压波动很大。而电压的波动给所属用户以及各二次变电压的调整带来了相当大的困难，各二次变必须通过调整主变分接头和投入电容器等手段以提高电压，即使这样仍造成电压越下限，而各二次变主变分接头调整过于频繁，对系统的安全运行是不利的。

3) 66kV 及以下系统电压波动大且平均电压偏低

受一次电压影响，其 66kV 母线电压波动较大，最高可达 70.01kV，最低可降至 61.75kV，超过规定标准(66kV 系统电压合格范围为：64.02～70.62kV)，而其下级变电所的母线电压值也较低，越下限问题突出(表 6.5)。

表 6.5 220kV 东鞍山变电站系统电压越限统计

| 母线名称 | 越限时间/h | 2007 年电压合格率/% |
| --- | --- | --- |
| 东鞍山变 66kV 母线 | 10 | 99.89 |
| 解家堡变 10kV 母线 | 989 | 88.71 |
| 汤岗变 10kV 母线 | 889 | 89.85 |
| 公园变 10kV 母线 | 61 | 99.30 |
| 自由变 10kV 母线 | 107 | 98.78 |
| 唐房变 10kV 母线 | 96 | 98.90 |
| 东二变 10kV 母线 | 98 | 98.88 |
| 长甸变 10kV 母线 | 79 | 99.10 |
| 08 变 10kV 母线 | 74 | 99.16(用户统计) |
| 09 变 6kV 母线 | 85 | 99.02(用户统计) |
| 24 变 10kV 母线 | 85 | 99.03(用户统计) |
| 17 变 6kV 母线 | 88 | 99.00(用户统计) |

同时,根据地方经济发展规划,鞍山将加快建设鞍山城区及海城地区的经济发展,最终形成鞍山经济发展的两个中心。东鞍山 220kV 变电站恰恰处在两个经济发展中心的中间,起着支撑的作用。从电网发展规划来看,东鞍山 220kV 变电站将联系着鞍山变、王石变、辽阳变三个 500kV 变电所,东鞍山 220kV 变电站将是一个重要的电压支撑点。

无论从地方经济发展规划,还是电网发展规划来看,东鞍山 220kV 变电站在系统中的位置将越来越重要,因此需要在东鞍山 220kV 变电站增加动态无功补偿设备,平抑电压波动,提升平均电压,增加无功储备,提供快速电压支撑。

2. SVC 容量确定

东鞍山变 220kV 母线最大短路容量为 12195MVA,最小短路容量为 7874MVA;66kV 母线最大短路容量为 7633MVA,最小短路容量为 1961MVA。

根据测试数据,在各种补偿装置全部投入状态下,东鞍山 220kV 变电站受系统最大无功为 118Mvar,最小无功为 50.66Mvar。因此,SVC 容量选择原则如下。

(1) 在 220kV 系统电压较低时,带的负荷在最重时,能将东鞍山 220kV 变电站 66kV 母线电压补偿到一个合理的水平(按 66kV 考虑)需要的最大容性无功功率。

(2) 在 220kV 系统电压较高时,负荷在最轻时,能将东鞍山 220kV 变电站 66kV 母线电压补偿到一个合理的水平(按 66kV 考虑)需要的最大感性无功。

(3) 具备一定动态调节容量,抑制波动冲击负荷运行时引起的母线电压变化。

SVC 容量计算如下。

(1) 系统方式：辽宁夏大方式、辽宁夏小方式、辽宁冬大方式。

(2) 东鞍山 220kV 变电站负荷范围：120～300MW。

(3) 东鞍山 220kV 变电站 66kV 2×20Mvar 电容器全部投入。

(4) 东鞍山 220kV 变电站 66kV 母线目标电压：66～67kV。

(5) 东鞍山 220kV 变电站 66kV 系统侧需要增加无功设备为－50～65Mvar。

在上述条件下，确定在东鞍山 220kV 变电站 66kV 母线上加装总容量为 100Mvar 的 SVC。

其中 70Mvar 的 TCR，滤波支路：3 次(20.72Mvar)、5 次(24.44Mvar)、7 次(26.60Mvar)、11 次(28.31 Mvar)。另外变电站原有 2×20Mvar 电容器组。

3. 66kV 直挂光控 SVC 应用情况

1) 消除东鞍山变无功缺额，满足动态无功需求

SVC 投运后，出力情况最大为 92.14 Mvar，最小 25.84 Mvar。由滤波电容器出力曲线和 TCR 出力曲线反映出 66kV 直挂 SVC 采用电压控制和恒导纳控制的控制策略，使母线电压与参考电压之间的差异在一个确定的范围内，SVC 自动调节进行无功储备，满足了东鞍山变的动态无功需求。图 6.21 为东鞍山变 SVC 装置滤波电容器组出力情况。图 6.22 为东鞍山变 SVC 装置 TCR 出力情况。图 6.23 为切换瞬间 TCR 电流波形。

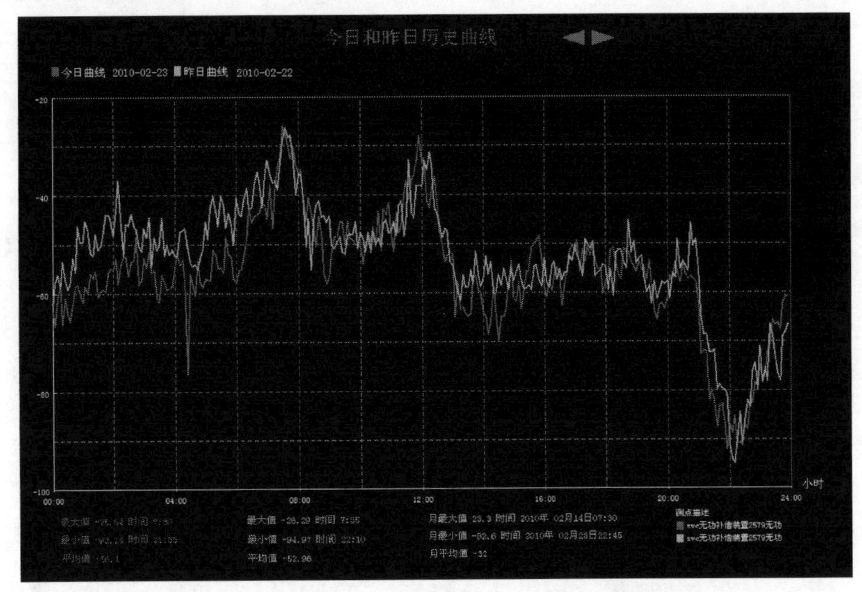


图 6.21　东鞍山变 SVC 装置滤波电容器组出力情况

2) 热备用双控制系统无扰动切换

在东鞍山现场实际测试了控制系统双机无扰动切换功能，切换功能测试波形

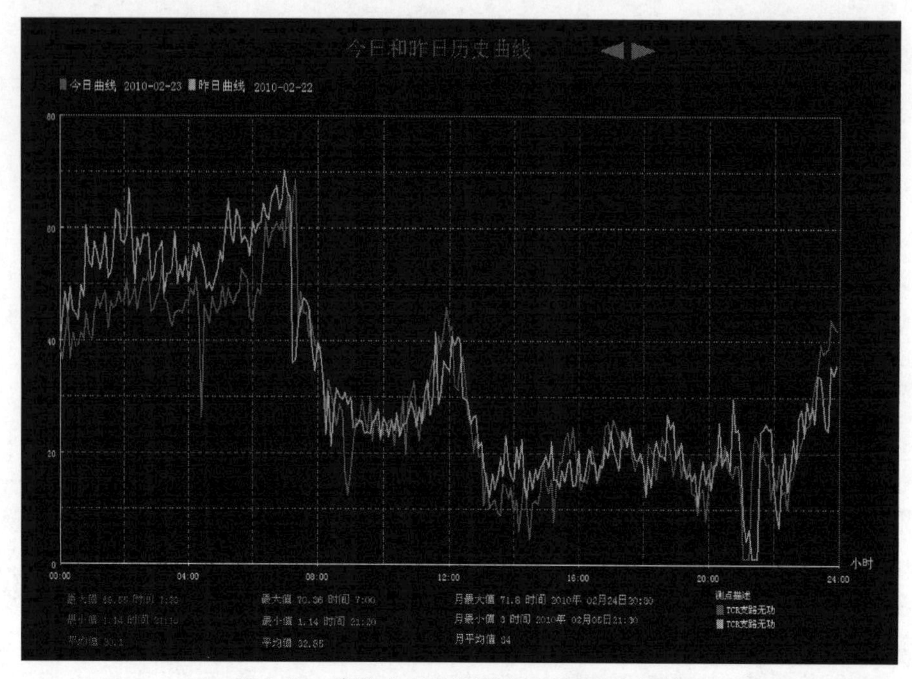


图 6.22 东鞍山变 SVC 装置 TCR 出力情况

如图 6.24 所示。正常启动 SVC 系统并发触发脉冲，然后拉下主控制系统电源。

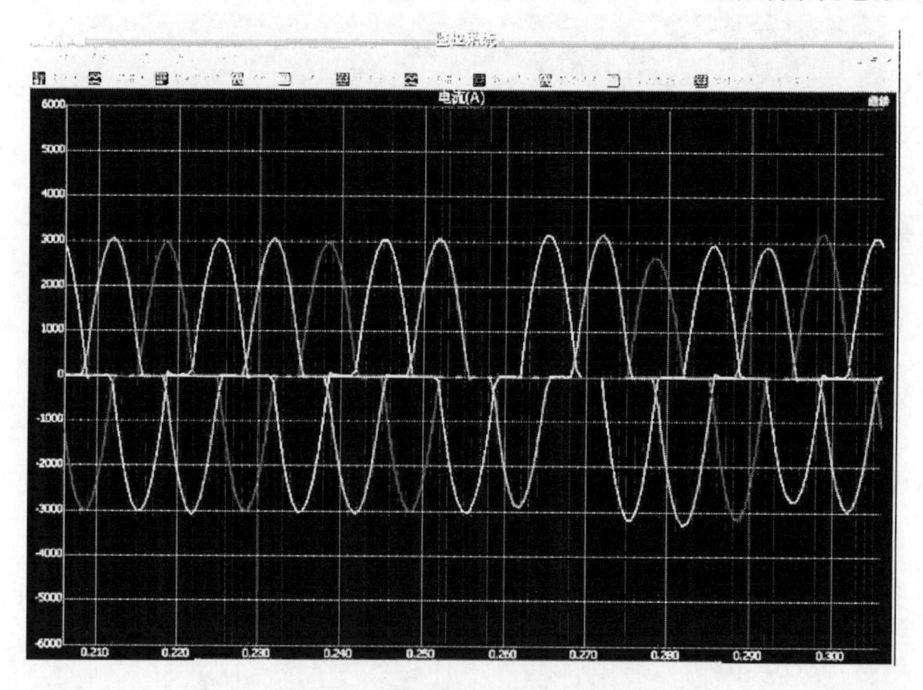


图 6.23 切换瞬间 TCR 电流波形

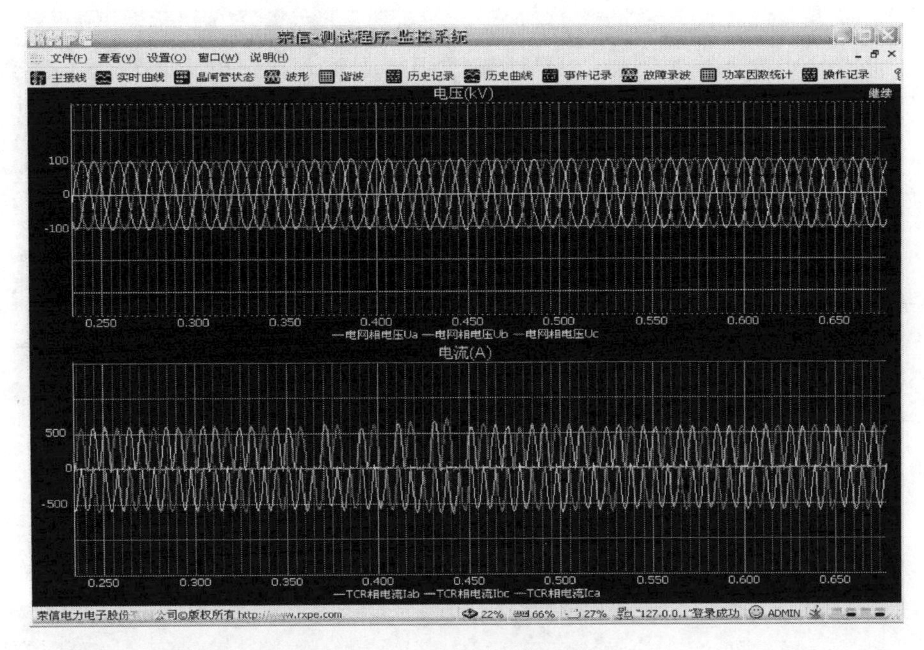


图 6.24　切换功能测试波形

由图 6.23 和图 6.24 可见，主控制系统故障，切换装置切换到备用控制系统的过程中，丢失了一个周波的触发脉冲，但对电网电压没有影响，系统平稳过渡。

3）抑制东鞍山变母线电压波动，抬升下级变电站母线电压

如图 6.25～图 6.27 所示，SVC 投运前，电压在 220～232kV 波动，平均电压 229.1kV，投运后，电压在 227～231kV 波动，平均电压 230.6kV，波动幅度明显降低。

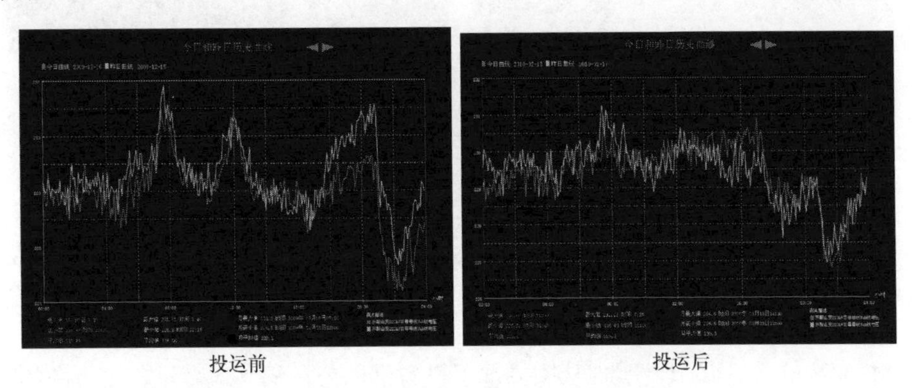

投运前　　投运后

图 6.25　东鞍山变 SVC 投运前后 220kV 母线电压情况

东鞍山 220kV 变电站 66kV 母线电压在 66.5～66.7kV 波动，波动范围降低到 0.5%内。

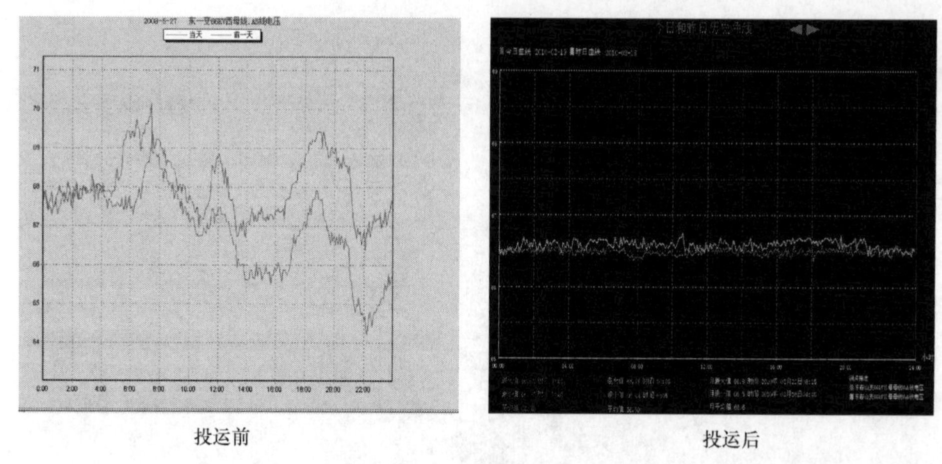

投运前　　投运后

图 6.26　SVC 投运前后东鞍山 220kV 变电站 66kV 母线日电压曲线

SVC 投运后，东鞍山 220kV 变电站所带的公园、长甸、解堡、汤岗、自由、解放、唐房等二次变电所 10kV 系统电压为 10.3～10.5kV，波动范围很小。

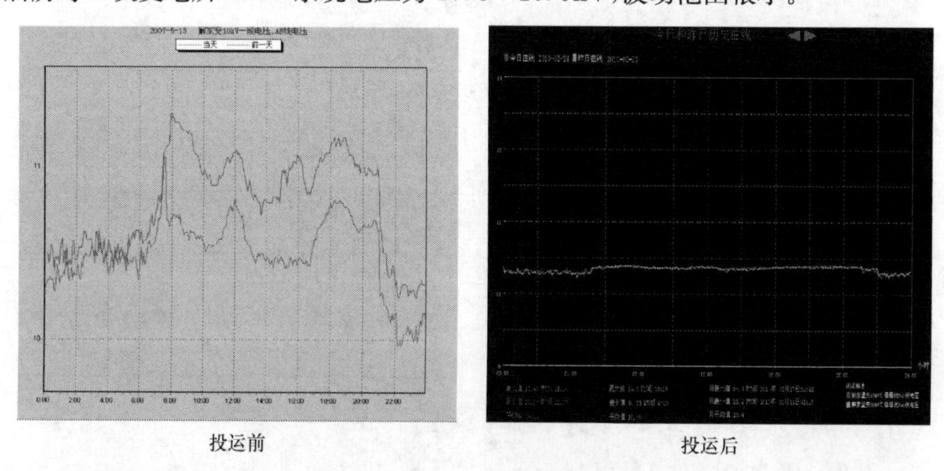

投运前　　投运后

图 6.27　SVC 投运前后东鞍山 220kV 变电站系统解堡变 10kV 母线日电压曲线

### 6.4.2　SVG 示范工程-受端电网无功补偿技术综合应用研究

“受端电网无功补偿技术综合应用研究”示范工程是辽宁省电力有限公司针对辽宁受端电网的特点，结合电网发展需求，开展 SVG 技术示范应用研究，主要解决辽宁电网尤其农村电网低电压及电能质量问题。整个示范工程共挑选了 8 个 66kV 变电站加装链式 SVG 装置，现从中挑选了阜新供电公司福兴地变进行重点介绍。

1. 链式 SVG 运行情况

阜新福兴地 66kV 变电站位于阜新农网 66kV 麦海线的末端，主要负责为福

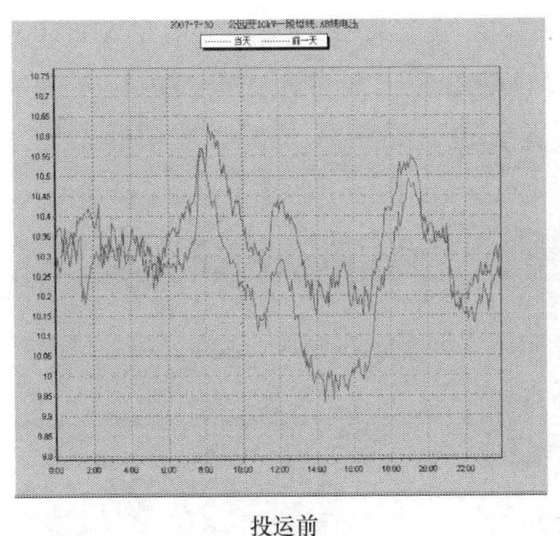

投运前

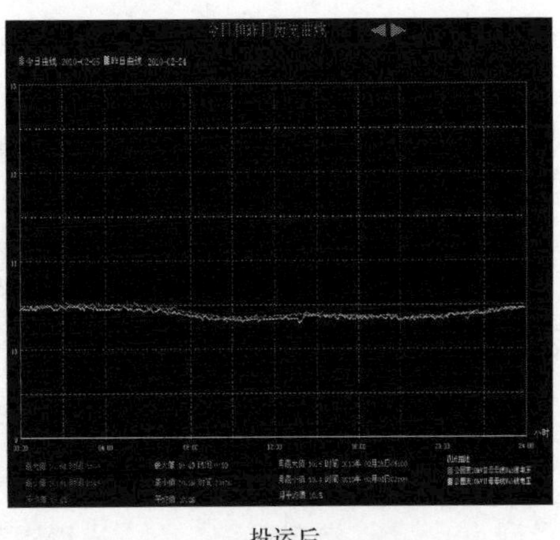

投运后

图 6.28　SVC 投运前后东鞍山 220kV 变电站系统公园变 10kV 母线日电压曲线

兴地镇以及附近的乡镇企业供电。该站线路末端电压质量严重偏低，供电区域内 10kV 电压最低达 9.87kV，已严重影响企业生产和居民生活用电。因此，省公司将其列为首批应用 SVG 治理低电压的试点变电站。图 6.28 为 SVC 投运前后东鞍山 220kV 变电站系统会园变 10kV 母线日电压曲线。

2012 年 4 月，在阜新供电公司福兴地变电站 I 段母线侧 SVG 投入试运行，分别进行了恒电压控制模式、恒功率控制模式现场试验。

1) SVG 在恒电压模式下的运行分析

图 6.29(来自于 SVG 装置自身采集数据系统)验证了福兴地变 #1 所带母线在负荷高峰期(晚间 0 点到次日 5 点)电压低，经常在 10kV 以下，且波动剧烈。

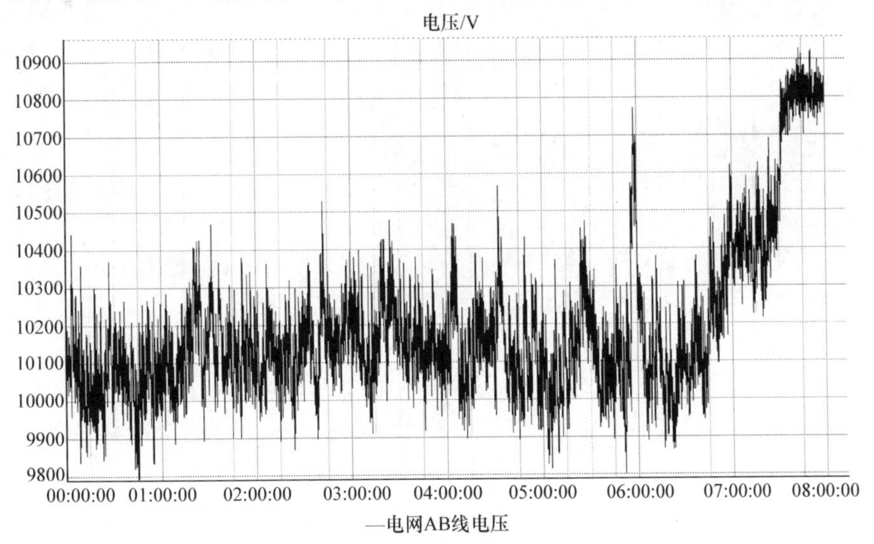


图 6.29　福兴地变 10kV AB 母线电压(SVG 投运前)

根据先前的计算分析，并结合福兴地变的系统参数，将 SVG 对所在 10kV 母线电压的控制目标定为 10.4±0.2kV。这样既保证了福兴地变母线电压在国家规定的标准内，又可以保证 SVG 运行功耗在合理的范围内，同时该段母线上的电容器组也可以发挥一定的作用。

通过图 6.30，可以看到 SVG 在恒电压模式下，在夜间电压波动的时间段内，10kV 母线电压原来电压低波动大的情况得到有效缓解，同时 10kV 母线电压越下限的情况不再发生。而在白天，10kV 母线电压稳定在 10.4kV 左右。

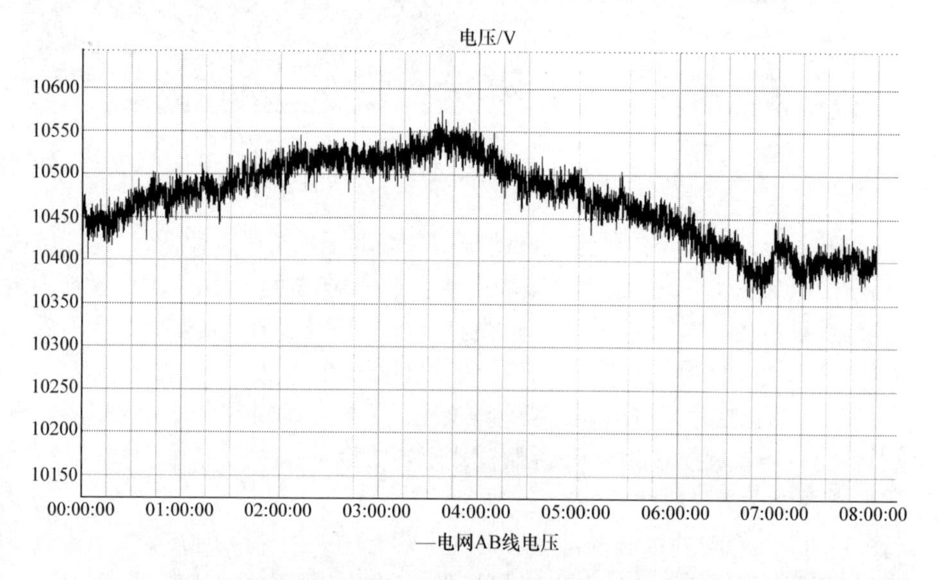


图 6.30　福兴地变 10kV AB 母线电压(SVG 投运后)

分析图 6.31，SVG 在晚间 22 点到早上 5 点的时间段内，发出的电流基本在 60～140A，SVG 出力在设计容量的 20.7%～48.4%，不但设备的损耗较低，还有大量的无功储备，可以应对紧急情况。

2) SVG 在恒功率模式下的运行分析

首先我们调节 1＃变压器分接头，使其所带母线电压降低并稳定在 10.25kV。设置 SVG 恒功率方式，SVG 输出固定容量的容性(－0.5p.u.)和感性(0.5p.u.)无功。由图 6.31 可见，SVG 输出容性无功时系统电压明显提升，输出感性无功时系统电压迅速降低，验证了 SVG 的双极性补偿特性。

从 11:30:40 开始 SVG 发感性无功，对应的 10kV 母线电压从 10.25kV 降低到到 10kV，从 11:33:05 开 SVG 发容性无功，对应的 10kV 母线电压从 10kV 抬升到 10.5kV，并基本保持在 10.5 左右，如图 6.32 和图 6.33 所示。

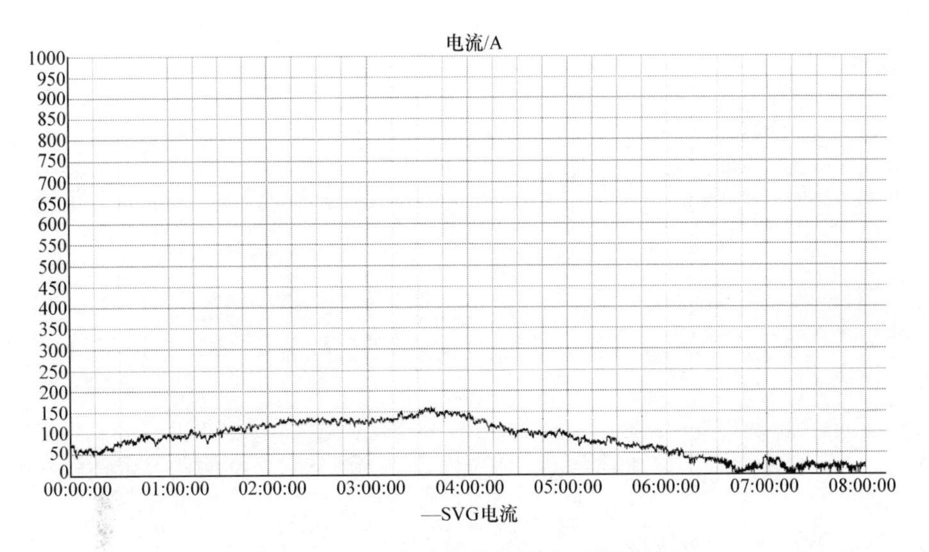


图 6.31　SVG 输出电流曲线(恒电压模式)

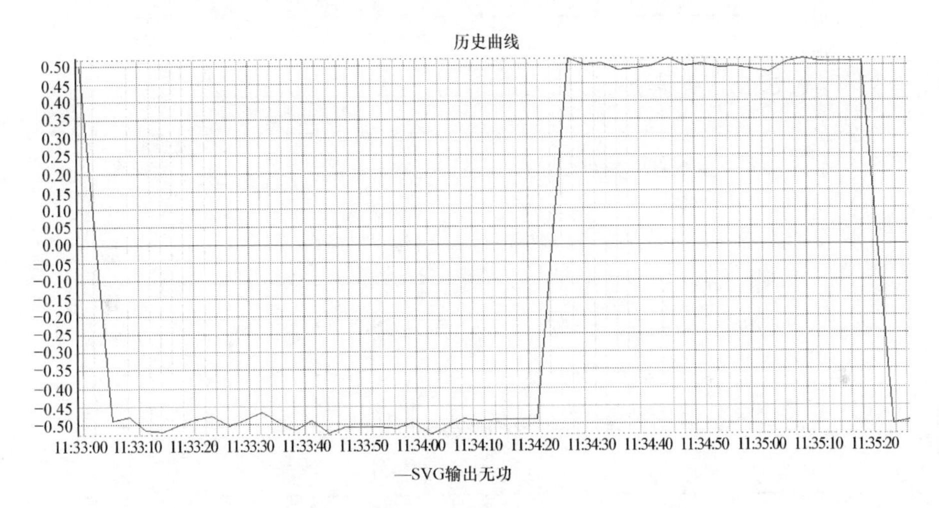


图 6.32　福兴地变 10kV 母线电压(SVG 恒功率模式)

2. SVG 对阜新福兴地变供电区域电压的作用

根据 2014 年 11 月的测试数据:当 SVG 投运后,福兴地变电站 66kV、10kV 母线电压明显升高,和其相邻的乌兰、海力板变电站的 66kV、10kV 母线电压也有较大的提高。图 6.34、图 6.35 是福兴地变 SVG 投运前后 66kV 和 10kV 电压变化的对比分析,表 6.6 是区域电压变化实测统计表。

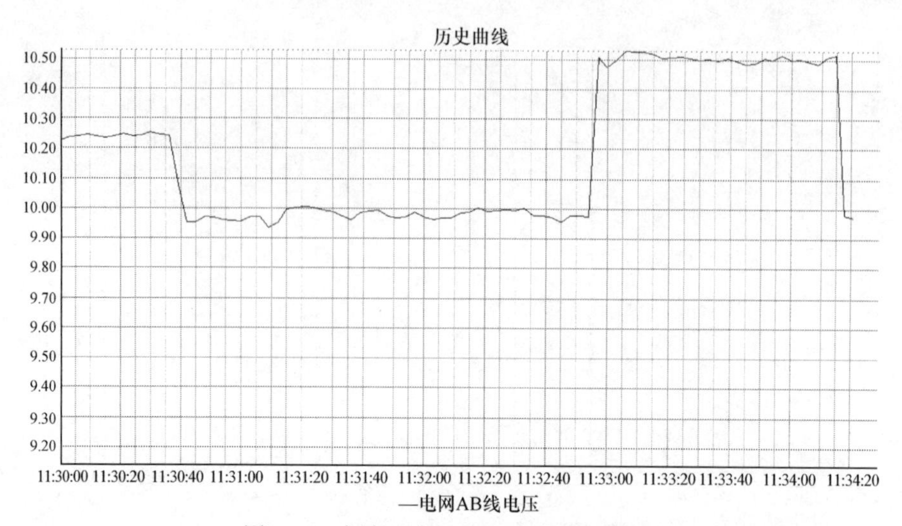


图 6.33　福兴地变 SVG 双极性无功输出

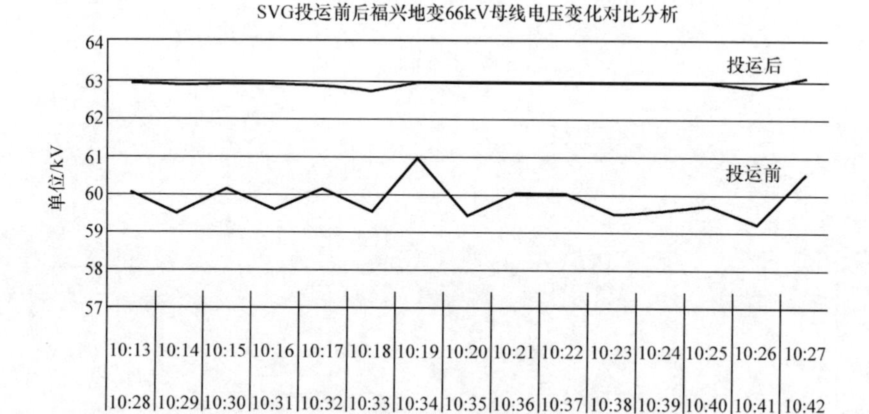


图 6.34　SVG 投运前后福兴地变电压(66kV)对比分析

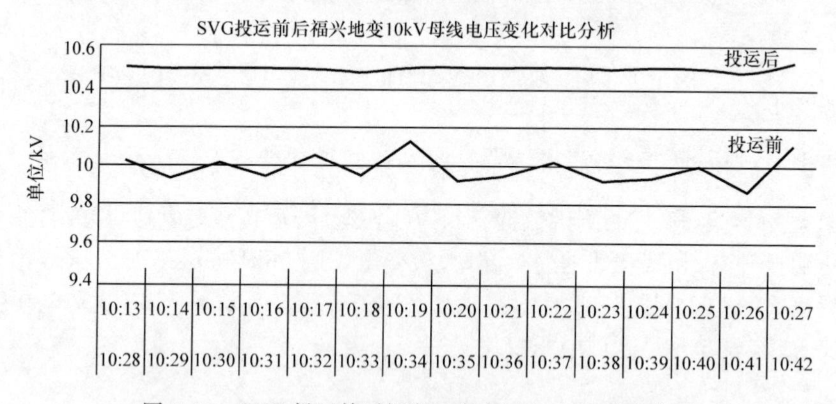


图 6.35　SVG 投运前后福兴地变电压(10kV)对比分析

表 6.6　SVG 投运前后区域电压变化实测统计表　　(单位:kV)

| 测量地点 | | SVG 退出 | SVG 投入 | 电压差 | 电压变化率 | 备注 |
|---|---|---|---|---|---|---|
| 福兴地变 | 66kV 母线 | 59.688 | 63.143 | 3.455 | 5.78% | SVG 容性满载(5Mvar) |
| | 10kV 母线 | 9.948 | 10.546 | 0.598 | 6.01% | |
| 乌兰变 | 66kV 母线 | 62.898 | 64.285 | 1.378 | 2.19% | 距离福兴地变 47.1km |
| | 10kV 母线 | 10.21 | 10.48 | 0.27 | 2.64% | |
| 海力板变 | 66kV 母线 | 61.5 | 62.948 | 1.448 | 2.35% | 距离福兴地变 17.7km |

### 6.4.3　无功补偿关键技术在辽宁的效益分析

1. SVC 关键技术在辽宁的效益分析

传统 SVC 接入系统只能通过主变三次绕组或通过降压变压器来实现。因此需要对相应变压器进行更换(已有三绕组变压器除外,但是这样可能会限制 SVC 容量配置)或增加降压变压器,这无疑都增加了系统的综合造价。根据目前的变压器与 SVC 本身的报价分析,由于更换或新增变压器而增加的费用约占系统总费用的 30%～50%。

另外传统接网方式的 SVC 在继电保护配置方面也是复杂的,需要增加相应的变压器保护装置以及晶闸管的 BOD 保护等,这方面的费用约占总费用的 3%～5%。

新型 SVC 接网技术由于取消了降压变压器使得系统的整体占地面积大为减少,这在寸土寸金、追求和谐的今日社会,无疑具有很大的优势。

同时,由于新型 SVC 采用了最为先进的 LTT 技术,使得 SVC 的 TCR 部分的造价增加,这方面的费用约占总费用的 15%～20%。

新型 SVC 接网技术对比传统 SVC 接网技术,总体可以节约综合造价 10%～20%,这对整体投资在 2000 万～4000 万的 SVC 装置来说是极其可观的。

下面介绍损耗的对比分析。

传统接网方式下的 SVC 通过主变三次绕组或通过降压变压器接入系统,这样造成了大量的无功通过变压器进行传递,无疑使得主变有功、无功损耗的增加;加重变压器负担;主变的温度升高;主变噪声升高。

主变的有功损耗公式为

$$\Delta P_B=\left(\frac{S_1}{U_e}\right)^2 R_{B1}+\left(\frac{S_2}{U_e}\right)^2 R_{B2}+\left(\frac{S_3}{U_e}\right)^2 R_{B3}+\Delta P_0$$

主变的无功损耗公式为

$$\Delta Q_B=\left(\frac{S_1}{U_e}\right)^2 X_{B1}+\left(\frac{S_2}{U_e}\right)^2 X_{B2}+\left(\frac{S_3}{U_e}\right)^2 X_{B3}+\Delta Q_0$$

从上述公式我们可以看出:通过主变三次侧传递大量无功与直接将无功设备接于母线侧相比,损耗增加许多。因为损耗与传递的视在功率的平方成正比。下面就红旗堡变 100Mvar SVC 在 2007 年实际运行情况分析说明如下。

2007 年红旗堡变 SVC 动态平均出力为 58.23Mvar。

SVC 无功穿越主变造成的增加有功损耗增量为

$$\Delta_{\Delta P}=\left(\frac{S_3}{U_e}\right)^2 R_{B3}=\left(\frac{58.23}{220}\right)^2\times 0.807675=0.05658\text{MW}$$

折算成电量为

$$\Delta W_{\text{p}}=0.05658\times 8750=49.5\text{ 万 kW}\cdot\text{h}。$$

每 kW · h 按 0.5 元计算,增加损失:24.75 万元。

SVC 无功穿越主变造成的增加无功损耗增量为

$$\Delta_{\Delta q}=\left(\frac{S_3}{U_e}\right)^2 X_{B3}=\left(\frac{58.23}{220}\right)^2\times 36.663=2.568\text{Mvar}$$

$$\Delta W_{\text{q}}=2.568\times 8750=2247.4\text{ 万 kvarh}。$$

根据统计 2007 红旗堡变#3、#4 主变(接入 SVC)的损耗总加分别如下。

有功损耗总加为:492.5 万 kW · h;主变有功平均损耗率为 0.39%。

无功损耗总加为:16600.2 万 kW · h;主变无功平均损耗率为 23.19%。

由此可见:由于 SVC 无功出力穿越变压器而造成的有功损耗增加量占变压器有功损耗的 10.05%;由于 SVC 无功出力穿越变压器而造成的无功损耗增加量占变压器无功损耗的 13.54%。

传统电控晶闸管式通过变压器接入系统的的 SVC,相比调相机来说是减少了损耗;但是新型光控式晶闸管通过接入 66kV 母线并入系统的 SVC 不仅有完善的保护功能,而且 SVC 设备电路简单,可靠性高。无降压变压器,无变压器运行损耗,减少占地面积。晶闸管阀组损耗降低,保护和维护变得相对简单,运行维护费用低。有利于节能降耗目标的实现。

可靠性对比分析如下。

由于新型 SVC 接网技术采用了直接接于母线方式,避免了通过主变接入系统。这样减少了一个变压器元件,减少了故障机会,提升了系统可靠性。

另外采用 LTT 技术的新型 SVC 将正向过电压保护器件(BOD)封装到晶闸管内部,无需外加 BOD 保护,这也提升了系统的可靠性。

新型 SVC 接网技术实施可以大大缩短施工周期,减少因施工过程而对系统的影响,减少停电时间,提高了系统的可靠率。

### 2. SVG 关键技术在辽宁的效益分析

#### 1) 经济效益汇总

目前,全省农网系统已经投运 21 套 SVG,所带来的经济效益是比较可观的。根据其中 12 套 SVG 所在供电公司上报的相关数据,对 12 个试点农网变电所 SVG 运行后的应用效能统计汇总见表 6.7。

**表 6.7　辽宁农网 SVG 应用效能分析汇总表**

| 变电站名称 | 投运前电压质量 | 投运后电压质量 | 投运后累计经济效益 |
|---|---|---|---|
| 1. 朝阳刀尔登变电站 | 处于 66kV 凌城线的末端、66kV、10kV 母线电压低、线损大 | 66kV 电压提升,10kV 电压稳定在国家标准内 | 2011 年 7 月投运,累计经济效益 259 万元 |
| 2. 朝阳马台子变电站 | 供电区域内工矿企业的冲击性负荷众多,10kV 母线电压低、波动大 | 66kV 电压提升,10kV 电压稳定在国家标准内 | 2011 年 9 月投运,累计经济效益 142 万元 |
| 3. 阜新福兴地变电站 | 处于 66kV 海福线的末端、66kV、10kV 母线电压低母线电压低、线损大 | 66kV 电压提升,10kV 电压稳定在国家标准内 | 2011 年 12 月投运,累计经济效益 159 万元 |
| 4. 丹东杨木川变电站 | 处于线路末端,66kV、10kV 母线电压低、线损大 | 66kV 电压提升,10kV 电压稳定在国家标准内 | 2013 年 1 月投运,累计经济效益 65 万元 |
| 5. 鞍山偏岭变电站 | 10kV 供电半径长,10kV 母线电压低 | 66kV 电压提升,10kV 电压稳定在国家标准内 | 2011 年 12 月投运,累计经济效益 193 万元 |
| 6. 铁岭横道变电站 | 供电区域内工矿企业的冲击性负荷众多,10kV 母线电压低、波动大 | 66kV 电压提升,10kV 电压稳定在国家标准内 | 2012 年 5 月投运,累计经济效益 113 万元 |
| 7. 丹东青镇变电站 | 处于 66kV 善青线的末端,66kV、10kV 母线电压低 | 66kV 电压提升,10kV 电压稳定在国家标准内 | 2012 年 12 月投运,累计经济效益 116 万元 |
| 8. 沈阳茨北变电站 | 供电区域内工矿企业的冲击性负荷众多,10kV 母线电压低、波动大 | 66kV 电压提升,10kV 电压稳定在国家标准内 | 2012 年 7 月投运,累计经济效益 91 万元 |
| 9. 沈阳前当铺变电站 |  | 66kV 电压提升,10kV 电压稳定在国家标准内 | 2012 年 7 月投运,累计经济效益 78 万元 |

续表

| 变电站名称 | 投运前电压质量 | 投运后电压质量 | 投运后累计经济效益 |
|---|---|---|---|
| 10. 抚顺清源变电站 | 10kV 供电半径长，10kV 母线电压低 | 66kV 电压提升，10kV 电压稳定在国家标准内 | 2012 年 7 月投运，累计经济效益 120 万元 |
| 11. 抚顺南杂木变电站 | | 66kV 电压提升，10kV 电压稳定在国家标准内 | 2012 年 7 月投运，累计经济效益 117 万元 |
| 12. 锦州励家变电站 | 10kV 供电半径长，10kV 母线电压低 | 66kV 电压提升，10kV 电压稳定在国家标准内 | 2012 年 6 月投运，累计经济效益 131 万元 |

2) 社会效益汇总

应用 SVG 治理低电压，提高了电能质量和供电可靠性，提高用户满意度，为当地经济发展提供有力保障。例如，阜新福兴地变供电区域内一家木材加工厂在低电压问题解决以后，全天满负荷生产，企业的利润相比以前大大增加；在朝阳刀尔登变电站未投入 SVG 前，高峰负荷时所带日兴矿业、毛家店矿业电动机经常不能启动(动力电压 340V 左右)，居民水泵也不能启动，SVG 投运后日兴矿业、毛家店矿业反映电压质量明显改善(动力电压 380V 左右)，居民日光灯亮度明显增亮；铁岭横道变电站所在的横道河子地区成立了环保工业园区，相继引进了沈阳重工华阳机械设备等几家重型工业企业，由于现有供电能力不足，导致设备总因为电压波动跳闸，影响企业生产。SVG 投运后，该企业设备运行稳定，提高了生产效率，扩大了企业规模，为当地的招商引资提供了良好的环境。

SVG 是电网“低电压”治理新技术，治理效果好、投资效益比高，和现有其他低电压治理技术配合使用，将全面彻底治理辽宁电网的低电压问题，提高辽宁电网的智能化水平。

## 6.5 小　　结

“直挂 66kV 母线光控 SVC 关键技术研究及示范应用工程 ”验证了采用 LTT 技术的 66kV 直挂 SVC 运行稳定可靠，响应速度快，提高了东鞍山变 66kV 母线供电质量，并具有冗余热备功能，大大降低了由于故障导致系统停运的可能性，对增加东鞍山变 66kV 母线电压起到支撑作用。国际上 66kV 与 69kV 属于同一电压等级系列，66kV 直挂 SVC 是目前国际上直挂电压等级最高的同类产品，其技术属于国际前沿。欧洲电网母线为 69kV，东北电网母线电压为 66kV，因此 66kV 直挂 SVC 未来主要目标市场为 ITER 试验，以及欧洲电网和东北电网。

“直挂 66kV 静止无功补偿技术”示范应用工程的投运，使抚顺李石寨变电站 66kV 母线电压稳定在 67.5±0.5kV 范围内，使所带 66kV 变电站 10kV 母线电压正常情况下维持在 10.5±0.2kV 范围内，提高了电能质量，同时减少了调控、运维人员的操作次数。对 220kV 系统电压也有一定的支撑作用，降低了 220kV 系统电压的波动幅度，改善了 220kV 系统无功潮流的分布。降低了系统一、二次网损，减少了非线性负荷引起的电压影响和谐波干扰。满足了对望花热电厂稳定运行、高危客户可靠供电的要求，对抚顺电网的系统安全稳定运行具有重大意义。

"受端电网无功补偿技术综合应用研究"示范工程充分发挥了 SVG 相应速度快、补偿能力强的技术优势，有效治理了阜新、沈阳、鞍山、丹东、抚顺、铁岭、锦州、朝阳供电公司下属 8 个变电站存在电压波动大、电压支撑能力不足、电能质量差等突出问题，提升地区电网运行管理水平，并编制辽宁电网 SVG 适用规范及运行规程，编制受端电网无功补偿技术综合应用分析报告，为辽宁电网今后的智能化改造起到积极的推动作用。SVG 是目前世界上技术最先进的动态无功补偿装置。在辽宁电网应用过程中，攻克了诸多关键技术，在较短的时间顺利完成。这一工程的成功，为我国高压大容量无功补偿装置的发展开辟了新路，也为我国高压大容量电力电子装备的研发提供了科技。

## 参 考 文 献

[1] 张青林.静止同步补偿器控制系统的设计与实现[J].计算机测量与控制.2011,19(11):2682-2685.

[2] 黄妤群.SVG 无功补偿技术在低压配电网中的应用[J].机电信息.2011,(12):44-45.

[3] 王金丽,王利,王金宇,等.电力终端用电设备无功补偿方式及技术经济性分析[J].电气应用.2011,30(07):20-24.

[4] 王忠明.解析采用无功补偿装置有效提高配电网电能质量的技术[J].中国新技术新产品.2010,(05):167-168.

[5] 王春光.民用建筑配电系统谐波污染及其抑制方法——访北京市建筑设计研究院副总工程师姚赤飙[J].电气应用.2010,29(03):6-8,10.

[6] 赵伟,罗安,唐杰,等.静止无功发生器与晶闸管投切电容器协同运行混合无功补偿系统[J].中国电机工程学报,2009,29(19):92-98.

[7] 荣芳.配电网动态无功补偿技术及其控制策略[J].变频器世界,2009,(06):102-105.

[8] 吴春芳.一种新型单桥路 SVG 的建模[J].电气试验,2009,(01):53-56.

# 第7章　增容导线关键技术及其在辽宁输电线路应用的示范工程

## 7.1　研究现状

增容导线主要指镍钼合金钢芯铝绞线(简称“殷钢导线”)、碳纤维复合材料芯铝(合金)绞线(以下简称“碳纤维芯导线”)及间隙型导线等具有“过渡点温度特性”、可以在160℃或更高温度下运行的特殊导线。

### 7.1.1　碳纤维复合芯增容导线

碳纤维复合芯导线是采用热固性树脂浸润碳纤维丝、玻璃纤维丝按照一定的分纱方式固化成碳纤维复合芯棒，然后在外面绞合软铝型线或耐热铝合金型线或耐热铝合金圆线导体的一种架空裸导线。图7.1为碳纤维复合芯导线。

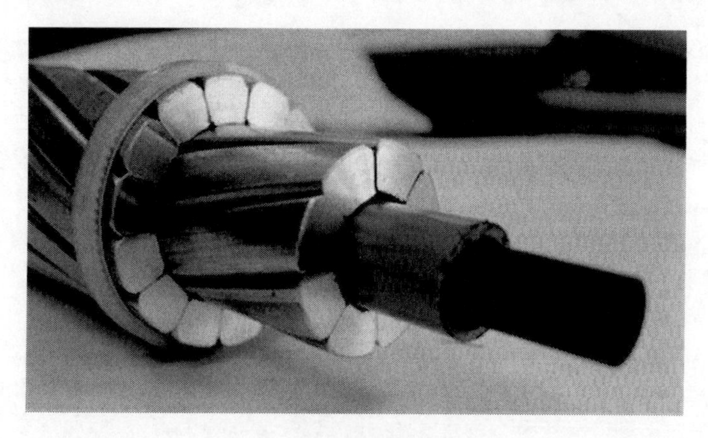

图7.1　碳纤维复合芯导线

与传统钢芯铝绞线相比，碳纤维复合导线具有重量轻、弛垂小、强度大、低线损、耐高温、耐腐蚀、与环境亲和等优点，实现了电力传输的节能、环保与安全。其性能优势如下。表7.1为碳纤维复合芯导线与传统钢芯铝绞线载流量对比示例。

(1) 碳纤维复合芯导线载流量大，增容和裕容特性优异。

**表 7.1　碳纤维复合芯导线与传统钢芯铝绞线载流量对比示例**

| 序号 | 规格型号 | 导线外径/mm | 导线重量/(kg/km) | 环境 30℃,导线温度 160℃ | |
|---|---|---|---|---|---|
| | | | | 导线载流量/A | 与 JL/G1A-240/30 载流量之比/%(导线温度 80℃) |
| 1 | (传统导线)JL/G1A-240/30 | 21.6 | 922.2 | 638(80℃) | — |
| 2 | JLRX/T-240/30 | 19.1 | 713.6 | 1042 | 163.3 |
| 3 | JLRX/T-300/40 | 21.5 | 902.4 | 1214 | 190.2 |

(2) 碳纤维复合芯导线重量轻,强度高,安全性好。普通镀锌钢丝的密度为 7.8kg/dm$^3$,强度在 1240～1340MPa,而碳纤维复合芯棒的密度为 2.0kg/dm$^3$,是镀锌钢丝的四分之一,其强度分为 2100MPa 和 2400MPa 两个等级。由此可见碳纤维复合芯导线的重量轻,强度高,安全性更好。

(3) 碳纤维复合芯导线初始弧垂及弧垂变化小,综合经济性较好。碳纤维复合芯导线拉重比大,线膨胀系数小,线路架设的初始弧垂小,运行过程中弧垂变化少,因此可降低杆塔高度,节约杆塔数量,减小塔基占地面积,从而节约土地资源,降低输电线路综合建造成本。表 7.2 为碳纤维复合芯导线拉重比,表 7.3 为钢芯铝绞线拉重比,表 7.4 为加强芯线膨胀系数对比表。

**表 7.2　碳纤维复合芯导线拉重比**

| 碳纤维复合芯导线规格 | 计算拉断力(等级 2)/N | 计算重量/(kg/km) | 拉重比 |
|---|---|---|---|
| 150/30 | 76573 | 469.4 | 16.6 |
| 185/30 | 78636 | 568.0 | 14.1 |
| 200/30 | 79515 | 610.0 | 13.3 |
| 240/30 | 81682 | 713.6 | 11.7 |
| 300/40 | 109735 | 902.4 | 12.4 |
| 315/40 | 110650 | 946.1 | 11.9 |
| 360/40 | 113128 | 1064.6 | 10.8 |
| 400/50 | 143803 | 1201.3 | 12.2 |
| 450/50 | 146586 | 1334.4 | 11.2 |
| 500/55 | 165177 | 1491.8 | 11.3 |
| 560/65 | 185123 | 1677.3 | 11.3 |
| 630/70 | 206465 | 1878.6 | 11.2 |
| 800/80 | 234626 | 2362.8 | 10.1 |

表 7.3　钢芯铝绞线拉重比

| 导线规格 | 计算拉断力(G1A)/N | 计算重量/(kg/km) | 拉重比 |
| --- | --- | --- | --- |
| 150/20 | 46780 | 548.5 | 8.70 |
| 150/25 | 53670 | 600.1 | 9.13 |
| 185/25 | 59233 | 704.9 | 8.57 |
| 185/30 | 64560 | 731.4 | 9.01 |
| 210/25 | 66190 | 787.8 | 8.57 |
| 210/35 | 74106 | 852.5 | 8.87 |
| 240/30 | 75190 | 920.7 | 8.33 |
| 300/25 | 83763 | 1057 | 8.09 |
| 300/40 | 92360 | 1131 | 8.33 |
| 400/35 | 103666 | 1347.5 | 7.85 |
| 500/45 | 127310 | 1685.5 | 7.71 |
| 630/55 | 164310 | 2206.4 | 7.60 |
| 800/70 | 207679 | 2787.6 | 7.60 |

表 7.4　加强芯线膨胀系数对比表

| 参数类型 | 钢芯铝绞线 | 碳纤维复合芯导线 |
| --- | --- | --- |
| 加强芯类型 | 镀锌钢绞线 | 碳纤维复合芯棒 |
| 加强芯的线膨胀系数/℃$^{-1}$ | $11.5\times10^{-6}$/℃$^{-1}$ | $2.0\times10^{-6}$/℃$^{-1}$ |

(4) 碳纤维复合芯导线传输损失小,节约能源。在相同外径、相同传输容量下,碳纤维复合芯导线的线损更低,可以节约能源,降低线路运行成本。

(5) 碳纤维复合芯导线具有较好的防覆冰和耐覆冰特性,环境适应性好。碳纤维复合芯导线可以输送更大的负荷,运行线温可更高,且外径光滑,因此具有很好的防冰性能;同时由于强度高,碳纤维复合芯棒耐热铝合金导线具有更好的耐覆冰性能,可以在北方寒冷环境中使用。

(6) 碳纤维复合芯导线耐环境老化性能好,寿命长。碳纤维耐腐蚀,碳纤维复合芯导线对酸雨和盐雾等环境具有极强的抵抗力,也避免了传统导线在通电时铝线与镀锌钢线之间的电化学腐蚀现象,具有优异的介电性能。尤其在盐雾腐蚀严重的地区,其使用寿命长的特性可以得到充分的发挥。

### 7.1.2　间隙型增容导线

间隙型导线采用特高强度钢芯材料和耐热铝合金系列材料或者软铝材料并设定特殊间隙结构同心绞合而成,因此简称为间隙型导线[1]。间隙型软铝导线是一种以预拉伸超强钢丝做承载线芯、梯形软化铝做导体的新型架空导线，导体与钢芯之间有微小间隙，其内充填防腐蚀、耐高温润滑脂，钢芯可在导体内做相对轴向滑动，如图7.2所示。采用特殊的设计及加工工艺，使得钢芯承担导线的全部机械荷载，铝线股的作用主要是承载电流而不承担机械荷载，导线具有耐高温、低弛度、低蠕变、自阻尼的特性，能够解决输电线路瓶颈问题，导线工作温度为150℃时，载流量可以提高一倍。

图7.2　间隙型导线成品

间隙型导线由承力件和载流件组合而成。载流部分选用运行温度高的耐热铝合金、高强度耐热铝合金、超耐热铝合金、特耐热铝合金和软铝。耐热铝合金的连续运行温度为150℃，导电率为60%IACS；高强度耐热铝合金的连续运行温度为150℃，导电率为55%IACS；超耐热铝合金的连续运行温度为210℃，导电率为60%IACS；特耐热铝合金的连续运行温度为230℃，导电率为58%IACS；软铝的连续运行温度为160℃，导电率为63%IACS。承力件采用了抗拉强度约为1700～1960MPa的特高强度钢芯，与普通钢芯相比提高约1.5倍的抗拉强度，大大提高了导线的拉重比。间隙中填充的油脂选用具有耐高温、润滑、防腐等优越性能的润滑油脂，将这种油脂填充在间隙中为钢芯和铝层的各自独立移动提供了良好的润滑作用。

间隙型导线由日本住友公司发明，该导线具有传输容量大、弧垂小、强度大等优点，在线路增容改造工程中可以利用原有杆塔和基础，只需将原线路导线更换为间隙型导线即可实现增容的目的。在国外的老旧线路改造中间隙型导线取得了很好的运行效果。在我国经济发达地区和用电需求大的地区间隙型导线的运行业绩已经有千余以上。间隙型增容导线为老旧线路改造、电量需求大和弧垂控制严格的特殊地区提供了一种很好的解决方案。其性能优势分析如下。

(1) 间隙型导线载流量大,增容特性良好。耐热铝合金系列材料是在铝材中添加金属锆、特种合金钇(Y),通过对导电基体的合金化以后,铝材的再结晶温度得到了提高。从金属学上的耐热机理来分析,金属经过冷加工以后会提高机械性能,其机械性能相应恢复到冷加工以前的退火状态。这种铝合金的耐热机理与一般金属的耐热机理类似,提高耐热性能就是要防止畸变能的减少,使其机械性能不至于因温度升高而受损失。由于固溶体锆(Zr)自身转位的微观运动受到较大的障碍而形成耐热效果,因此能提高铝材的耐热性能,保证了耐热铝合金系列材料在高温运行下强度不降低的优势。软铝材料是通过对铝线材进行全软化退火处理,软铝的机械特性不再随温度的升高而降低,导线运行的工作温度不会由于铝的软化特性而受到限制,却完全由钢的软化特性所决定,大大提高了导线的长期允许运行温度,达到了增容的目的。下面就相同线径和相同截面的间隙型导线与普通导线进行载流量比较,具体比较结果见表 7.5 和表 7.6。

**表 7.5　相同截面的间隙型导线与传统钢芯铝绞线载流量对比示例**

| 序号 | 规格型号 | 导线外径/mm | 铝截面/$mm^2$ | 导线千米重/(kg/km) | 导线载流量/A | 与传统导线载流量之比/% |
|---|---|---|---|---|---|---|
| 1 | (传统导线) JL/G1A-240/30 | 21.6 | 244.29 | 920.7 | 566(70℃) | — |
| 2 | JNRLH1/EST(JX1)-240/30 | 20.5 | 244.4 | 945.6 | 1049(150℃) | 185.3 |
| 3 | JNRLH2/EST(JX1)-240/30 | 20.5 | 244.4 | 945.6 | 1023(150℃) | 180.7 |
| 4 | JNRLH3/EST(JX1)-240/30 | 20.5 | 244.4 | 945.6 | 1276(210℃) | 225.4 |
| 5 | JNRLH4/EST(JX1)-240/30 | 20.5 | 244.4 | 945.6 | 1337(230℃) | 236.2 |
| 6 | JRL/EST(JX1)-240/30 | 20.5 | 244.4 | 945.6 | 1128(160℃) | 199.3 |

注:传统导线计算载流量以环境温度+25℃、无日照、无风、导线表面黑度 0.9 为条件进行计算。耐热导线计算载流量以环境温度+25℃、日照 0.1W/$cm^2$、风速 0.5m/s、导线表面黑度 0.9 为条件进行计算。

表7.6　相同直径的间隙型导线与传统钢芯铝绞线载流量对比示例

| 序号 | 规格型号 | 导线外径/mm | 铝截面/$mm^2$ | 导线千米重/(kg/km) | 导线载流量/A | 与传统导线载流量之比/% |
|---|---|---|---|---|---|---|
| 1 | (传统导线)JL/G1A-240/30 | 21.6 | 244.29 | 920.7 | 566(70℃) | — |
| 2 | JNRLH1/EST(JX1)-280/30 | 21.6 | 277.8 | 1038 | 1137(150℃) | 200.9 |
| 3 | JNRLH2/EST(JX1)-280/30 | 21.6 | 277.8 | 1038 | 1108(150℃) | 195.8 |
| 4 | JNRLH3/EST(JX1)-280/30 | 21.6 | 277.8 | 1038 | 1384(210℃) | 244.5 |
| 5 | JNRLH4/EST(JX1)-280/30 | 21.6 | 277.8 | 1038 | 1451(230℃) | 256.4 |
| 6 | JRL/EST(JX1)-280/30 | 21.6 | 277.8 | 1038 | 1222(160℃) | 215.9 |

(2) 间隙型导线的弧垂特性良好。

间隙型导线的低弧垂原理是通过原材料、结构和架线工艺三方面的改进来实现的。原材料方面采用了抗拉强度约为1700～1960MPa的特高强度钢芯，与普通钢芯相比提高约1.5倍的抗拉强度，大大提高了导线的拉重比；同时选择具有耐高温、润滑、防腐等优越性能的润滑油脂，将这种油脂填充在间隙中为钢芯和铝层的各自独立移动提供了良好的润滑作用。结构方面：与传统钢芯铝绞线的每层单线应均匀紧密地绞合在下层中心线芯或内绞层上不同，间隙型导线在钢芯和内层铝之间设计一定大小的间隙，为间隙型导线的钢铝各自独立移动提供了结构保证。架线方面：间隙型导线采用钢芯和铝层分别牵引的方法进行架线，并通过静置将铝部分的应力全部释放，保证在架线温度下钢芯单独承力而铝部分受力为零。当导线温度低于架线温度时，根据热胀冷缩的原理铝线比钢线缩短的多，所以钢芯和铝层共同承担导线荷载，导线的整体性能参数决定了弧垂和张力的大小。当导线温度高于架线温度时，根据热胀冷缩的原理铝线比钢线伸长的多，所以钢芯单独承担导线荷载，钢芯的性能参数决定了弧垂和张力的大小，因为钢芯的线膨胀系数明显地小于导线整体，而且钢芯的弹性模量明显地大于导线整体，极大地降低了导线高温运行时的弧垂，实现了低弧垂的目的，如图7.3所示。

下面就相同线径和相同截面的间隙型导线与普通导线进行拉重比、弹性模量和线膨胀系数比较，具体比较结果见表7.7、表7.8和表7.9。

图 7.3　钢芯铝绞线降低垂度

**表 7.7　相同截面的间隙型导线与传统钢芯铝绞线拉重比对比示例**

| 序号 | 规格型号 | 导线外径/mm | 计算拉断力/N | 导线千米重/(kg/km) | 拉重比 |
|---|---|---|---|---|---|
| 1 | (传统导线)JL/G1A-240/30 | 21.6 | 75190 | 920.7 | 8.33 |
| 2 | JNRLH1/EST(JX1)-240/30 | 20.5 | 88920 | 945.6 | 9.59 |
| 3 | JNRLH2/EST(JX1)-240/30 | 20.5 | 108240 | 945.6 | 11.7 |
| 4 | JNRLH3/EST(JX1)-240/30 | 20.5 | 88920 | 945.6 | 9.59 |
| 5 | JNRLH4/EST(JX1)-240/30 | 20.5 | 88920 | 945.6 | 9.59 |
| 6 | JRL/EST(JX1)-240/30 | 20.5 | 64705 | 945.6 | 6.98 |

**表 7.8　相同直径的间隙型导线与传统钢芯铝绞线拉重比对比示例**

| 序号 | 规格型号 | 导线外径/mm | 计算拉断力/N | 导线千米重/(kg/km) | 拉重比 |
|---|---|---|---|---|---|
| 1 | (传统导线)JL/G1A-240/30 | 21.6 | 75190 | 920.7 | 8.33 |
| 2 | JNRLH1/EST(JX1)-280/30 | 21.6 | 94528 | 1038 | 9.29 |
| 3 | JNRLH2/EST(JX1)-280/30 | 21.6 | 116600 | 1038 | 11.5 |
| 4 | JNRLH3/EST(JX1)-280/30 | 21.6 | 94528 | 1038 | 9.29 |
| 5 | JNRLH4/EST(JX1)-280/30 | 21.6 | 94528 | 1038 | 9.29 |
| 6 | JRL/EST(JX1)-280/30 | 21.6 | 66788 | 1038 | 6.56 |

表 7.9　间隙型导线与传统钢芯铝绞线线膨胀系数和弹性模量的对比示例

| 序号 | 规格型号 | 长期运行温度 | |
|---|---|---|---|
| | | 线膨胀系数(×10⁻⁶/℃) | 弹性模量/GPa |
| 1 | (传统导线)JL/G1A-240/30 | 19.4 | 63.5 |
| 2 | 间隙型导线 | 11.5 | 190 |

(3) 优异的自阻尼特性。间隙型导线的结构特点是导体铝部分和钢芯间带有一定的间隙,使导线在受力状态下风激振动时,由于导体铝合金层和钢芯的固有振动频率各不相同而互相干扰,自动消耗风激振动的能量,达到减振的效果,从而减少导线的疲劳,提高导线的使用寿命,所以间隙型导线具有优异的自阻尼特性。

(4) 独特的施工方法。根据间隙型导线的原理,架线过程需要将外层铝和钢芯分离,分别单独牵引铝和钢芯,使间隙型导线的特点得到充分的发挥。间隙型导线的施工方法虽然较普通导线复杂,但是容易掌握。

(5) 降低投资成本。间隙型导线作为一种经济节约型导线无需重新征用土地、无需更换杆塔,只需替换导线即可达到增容目的。为老旧线路的增容改造提供了一种很好的解决方案;在新建线路中采用间隙型导线能够降低线路走廊,节约土地资源,提高线路输送容量,为线路的长远发展储备一定的输送能力。老旧线路改造工程中,同时满足弧垂与原线路相近和载流量倍增两个条件下,间隙型导线和原线路导线的技术参数对比示例见表 7.10。

表 7.10　间隙型导线与原线路导线技术参数指标对比示例

| 项目 | | JL/G1A-300/40 | JLCNH60XJ/EST-270/50-222 |
|---|---|---|---|
| 根数/直径 | 铝 | 24/3.99 | 24/3.80 |
| | 钢 | 7/2.66 | 7/3.00 |
| 面积/mm² | 铝 | 300.09 | 49.48 |
| | 钢 | 38.90 | 272.2 |
| | 总和 | 338.99 | 321.7 |
| 导线直径/mm | | 23.9 | 22.2 |
| 单位长度质量/(kg/km) | | 1131.0 | 1167.0 |
| 导线拉断力/kN | | 92.36 | 120.8 |
| 钢芯拉断力 | | — | 76.71 |
| 弹性系数/GPa | | 63.5 | 75.7 |
| 线膨胀系数 1/℃ | | $19.4\times10^{-6}$ | $18.6\times10^{-6}$ |
| 直流电阻 20℃时/(Ω/km) | | 0.0961 | 0.1077 |
| 载流量/A | | 656(70℃) | 1383(210℃) |
| 弧垂/m<br>代表挡距 300m,$T_{max}$=3767kgf① | | 7.72 | 7.55 |

① 1kgf=9.8N。

## 7.2 工程需求

日本于20世纪80年代开始研发间隙型钢芯耐热铝合金导线(GTACSR)和间隙型钢芯超耐热铝合金导线(GZTACSR),用于老旧线路的增容改造。辽宁电网2006年在鞍山220kV王代乙线改造工程中引进了这种导线,利用原有线路的基础和铁塔,通过更换间隙型增容导线,达到了增加输送电力容量的目的。

国内采用的导线大多为日本JPS和韩国LS的产品,采用的超强钢线强度为1770MPa,导体为耐热铝合金。由于这种导线进口的价格偏高,订货周期长,更换导线的工程费用比新建线路还高,限制了这种导线的广泛应用。

2009年,辽宁公司自主研发出一种间隙型软铝导线产品,并将其应用于朝阳供电公司所辖的220kV燕龙2号送电线。由220kV龙城变电站出线间隔起,至24号塔止,线路全长7.284km,系统计算,本次改造需要增大导线至$2\times400\text{mm}^2$才能满足系统稳定和负荷的要求。由于这段线路所经地区为朝阳化石公园,属于辽宁省自然保护区,原线路拆除重建,无法得到环保部门的审批。采用间隙型软铝导线23989m,进行增容改造,只进行换线施工,对周围环境的影响很小,停电时间短,施工期间的停电损失小,比拆旧建新节约资金2215万元,是绿色工程,具有良好的社会效益。

2009年,沈阳供电公司所辖的66kV文热线,采用间隙型软铝导线32100m,由220kV文成变电所出线间隔起,由于负荷的增加,原有导线的输送容量无法满足要求,需要对线路进行改造才能满足电网安全运行的要求。66kV文热线地处沈阳市郊,增加新线路没有路径,原线路路径复杂,多次跨越铁路、公路和高压线路,施工难度大,拆除重建费用很高,规划批复难度大。经过技术经济比较,以采用更换增容导线的方式增加输送容量为最优。

2011年,锦州供电公司,66kV南园1、2#线改造工程,应用间隙型软铝导线6600m,改造线路亘长0.95km。一方面可比拆旧建新节省资金592万元;另一方面减少停电施工时间10日,停电1日即少送出电量100万kW·h,按0.58元/(kW·h)计算,多售电量收益580万元。

2011年,丹东供电公司,丹东黑沟干线10kV线路改造工程,应用间隙型软铝导线54480m,之前由于受导线截面的限制,无法批复新增用电申请,采用间隙型软铝导线进行增容改造。改造后黑沟线运行情况良好,原计划新增负荷全部投入正常生产;线路末端电压质量明显提高,成功提高了供电可靠性和电压质量,减少低压线损。之后,陆续在朝阳供电公司220kV海丰变联网工程、营口供电公220kV营牛二线和500kV营口南变电站、大连供电公司33kV岗店变电所66kV电源进线工程、鞍山供电公司海城66kV海南甲乙线改造等工程中,共计应用间隙性软铝导线 130t，自 2010 年运行以来效果良好综合节约资金 7438 万元。表 7.11 为各种导线技术经济比较表。

采用间隙型软铝导线进行换线改造，只需进行换线施工，对周围环境的影响很小，停电时间短，施工期间的停电损失小，是绿色工程，具有显著的经济效益和社会效益，在电网建设中具有广阔的发展前景[2]。

**表 7.11　各种导线技术经济比较表**

| 导线名称 | 钢芯铝绞线 | 耐热铝合金导线 | 低弧垂耐热铝合金导线 | 间隙型倍容导线 | 复合加强芯架空导线 |
|---|---|---|---|---|---|
| 钢芯构成 | 普通强度 | 普通强度 | 耐热钢丝 | 超高强度 | 复合加强芯 |
| 铝线构成 | 普通 | 耐热铝合金线 | 耐热铝合金线 | 耐热铝合金或软铝 | 全软化铝 |
| 载流量相对值 | 1.0 | 1.6 | 1.5～1.8 | 1.5～1.8 | 1.5～1.8 |
| 工作温度/℃ | 70 | 150 | 150 | 150 | 160,200 |
| 综合线膨胀系数（$\times 10^{-6}$/℃） | 18～20 | 18～20 | 14～17 | 11.5 | 16.5～19.3 |
| 承载芯的线膨胀系数（$\times 10^{-6}$/℃） | 11.5 | 11.5 | 2.75 | 11.5 | 1.6 |
| 抗拉强度相对值 | 1.0 | ≈1.0 | ≈1.0 | ≈1.0 | 1.0 |
| 旧线路改造对杆塔高要求 | — | 杆塔高度可能不满足 | 绝大部分都满足要求 | 旧线路都满足要求 | 旧线路都满足要求 |
| 导线造价相对比较 | 1.0 | 2.0 | — | 2.5～3.0 | 7.0～9.0 |
| 配套金具价格 | 普通 | 耐热金具 | 耐热金具 | 耐热金具 | 专用复合芯导线金具 |
| 除铝价外影响造价因素 | — | Zr 期价 | Ni、Mo 期价 | 滑润剂价，影响不大 | 复合加强芯价格 |
| 工程设计与施工 | 常规 | 常规 | 设计有特殊性 | 施工工艺及耐张金具与常规不同 | 施工工艺及耐张金具与常规不同 |

## 7.3　增容导线关键技术原理

### 7.3.1　碳纤维复合芯增容导线

碳纤维复合芯型线软铝型线导线的设计有如下原则。

(1) 因碳纤维复合芯型线软铝型导线长期允许最高工作温度为 150℃，所以要考虑导线的持续高温对复合材料使用寿命的影响。

(2) 要保证碳纤维复合材料芯导线在结构(如截面、直径、重量)、机械和电气等性能参数要符合表 7.12 内的技术参数要求;用框绞机的穿线嘴采用氧化铝钢玉陶瓷,并对框绞的牵引轮进行磨光处理。

图 7.4 为 JLRX/T-200/25-174 复合芯导线产品结构示意图;成品导线应紧密、不松股、不散开、无蛇形,相关性能参数符合表 7.12 的规定。

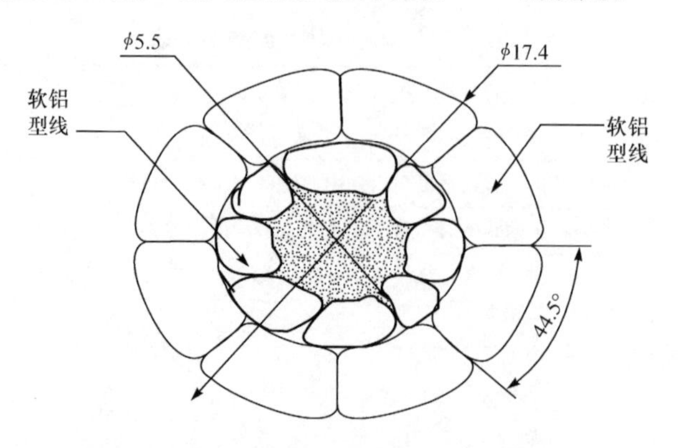


图 7.4　碳纤维复合芯型线软铝型线绞线结构图

**表 7.12　JLRX/T-200/25-174 复合芯导线的主要参数**

| 型号规格 | 碳纤维复合芯型线软铝导线 |
| --- | --- |
| 碳纤维芯棒直径/mm | 5.5 |
| 外径/mm | 17.4 |
| 铝股面积/mm² | 197.8 |
| 单位重量/(kg/km) | 592.7 |
| 计算拉断力/kN | 61.3 |

### 7.3.2　间隙型增容导线

1) 间隙型软铝导线的设计原理

间隙型软铝导线是一种以预拉伸超强钢丝做承载线芯,梯形软化铝做导体的新型架空导线,导体与钢芯之间有微小间隙,其内充填防腐蚀、耐高温润滑脂,钢芯可在导体做相对轴向滑动。采用特殊的设计及加工工艺,使得钢芯承担导线的全部机械荷载,铝线股的作用主要是承载电流而不承担机械荷载,导线具有耐高温、低弛度、低蠕变、自阻尼的特性,能够解决输电线路瓶颈问题,导线工作温度为150℃时,载流量可以提高一倍。

导线综合线膨胀系数:

$$\alpha=\frac{\alpha_s E_s+m\alpha_a E_a}{E_s+mE_a} \tag{7.1}$$

式中，$E_s$ 为钢芯弹性模量；$E_a$ 为铝导体弹性模量；$m$ 为铝钢截面比；$\alpha_a$ 为铝导体线膨胀系数；$\alpha_s$ 为钢芯线膨胀系数。

间隙型软铝导线的设计原理是：架设时钢芯承受张力，铝导体不承受张力。因此导线线膨胀系数公式(7.1)中的 $E_a=0$，$\alpha_a=0$，式(7.1)变为

$$\alpha=(\alpha_s\cdot E_s)/E_s=\alpha_s \tag{7.2}$$

当导线温度增加时，导体受热膨胀，由于导体与钢芯间存在间隙，仅使导体沿着钢芯产生轴向形变，变形量只覆着在钢芯上，即导线负荷全部由钢芯承载，导线整体变形仅是钢芯随温度变化产生的伸缩量，由于钢芯线膨胀系数远小于铝导体，因此，在同等温度下导线的弧垂远小于普通钢芯铝绞线。工作原理如图7.5所示。

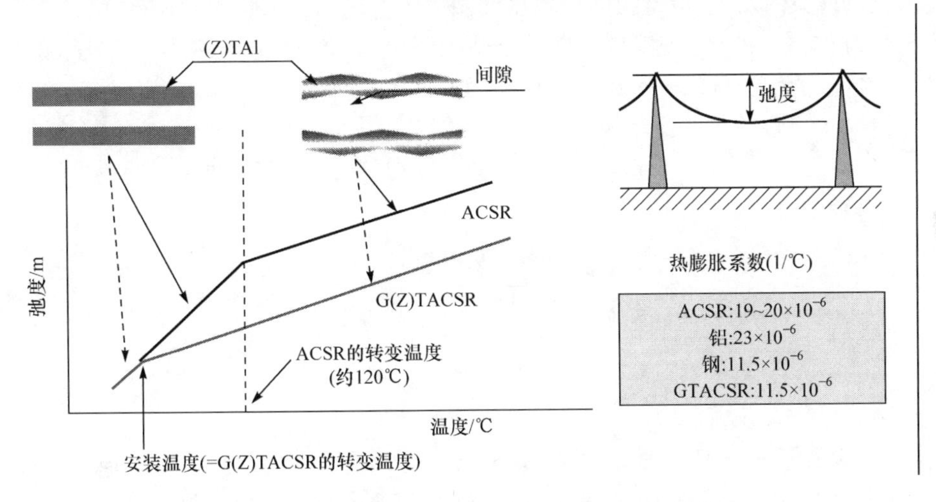


图7.5 间隙型软铝导线与钢芯铝绞线工作原理

由于铝线股采用了全退火铝材料而得到的。由于全退火软铝线屈服强度很低，机械强度也较低，为60～80MPa，比普通硬铝线的机械强度(158～183MPa)低许多，因此间隙型软铝绞线工作时，软铝线的应变量很快进入到应力—应变曲线的非弹性区域的屈服变形阶段，使软铝线产生不可恢复的永久变形。由于软铝线具有更好的延伸能力，其延伸率为20%～30%，比普通硬铝线的延伸率(1.2%～2.0%)高许多。因此，可以在比钢芯铝绞线更低的温度时，当导线温度增加时，导体受热膨胀，由于导体与钢芯间存在间隙，仅使导体沿着钢芯产生轴向形变，变形量只覆着在钢芯上，即导线负荷全部由钢芯承载，导线整体变形仅是钢芯随温度变化产生的伸缩量，由于钢芯线膨胀系数远小于铝导体，因此，在同等温度下导线的弧垂远小于普通钢芯铝绞线。铝的高延伸也使钢的极限强度能发挥出来，通过提高导线温度增加导线的载流量，达到增容的目的。

2) 间隙型导线的结构设计

已知钢芯、耐热铝合金的总截面积的情况下进行间隙型导线的相关设计工作[3]。

钢芯结构的设计：间隙型导线与普通的钢芯铝绞线相同，加强芯钢排列在绞线中心。钢芯一般为 1+7+19 等典型结构，根据截面积计算出不同结构的线径，根据实际的生产效率和经验确定出合理的单线根数和线径。

(1) 间隙设计：根据国际上相关文献的规定及间隙型导线的生产经验，间隙的大小一般规定为 0.7mm。

(2) 铝单线的根数及直径的设计：为满足拉制、绞合工艺的适应性要求并防止尖角放电现象的发生，成型线的顶角需要做大小合适的倒圆角处理，梯形线的填充系数约为 90%～93%。占积率较高的产品绞合更紧密，性能更好。各生产厂商可以结合自己的生产技术进行相应占积率的设计。

根据

$$A=\frac{\pi D^2}{4}A_a=\frac{S_a}{\eta}A_s=\frac{\pi(D_s+2h)^2}{4}$$

$$A=A_a+A_s$$

$$\text{故 } D=\sqrt{\frac{4S_a}{\pi\eta}+(D_s+2h)^2}$$

$$H=\frac{(D-D_s-2h)}{2}$$

式中，$A$ 为导线外径所构成的圆面积，$mm^2$；$A_a$ 为铝部分所构成的圆环的面积，$mm^2$；$A_s$ 为钢芯部分和间隙部分构成的圆的面积，$mm^2$；$S_a$ 为耐热铝合金线的总面积，$mm^2$；$h$ 为间隙厚度，mm；$D_s$ 为特高强度钢芯的直径，mm；$D$ 为导线外径，mm；$\eta$ 为填充系数；$H$ 为铝层的厚度，mm。

根据铝层的厚度 $H$、线径大小的和梯形线的纵横比等因素合理分配耐热铝合金的层数。纵横比太大或者太小将会影响批量生产的速度和质量。

某层单线的根数设计：

$$n=\frac{\pi\lambda(D_{内}+h_x)}{h_x} \tag{7.3}$$

式中，$n$ 为某层铝单线的根数(必须四舍五入为整数)；$h_x$ 为某层铝层的厚度，mm；$D_{内}$ 为某层铝所构成圆环的内径，mm；$\lambda$ 为高宽比值。

某层单线的等效直径设计：

$$d=\sqrt{\frac{(D_{内}+2h_x)^2-D_{内}^2}{n\eta}} \tag{7.4}$$

式中，$d$ 为某层铝的直径，mm。

3）间隙型导线原材料的选用原则

构成间隙型导线的原材料主要分为三类：承力件、载流材料、润滑油脂。

(1) 承力件的选择。

承力件的选择如表 7.13、表 7.14 所述。

**表 7.13　特强镀锌钢线的选择要求**

| 序号 | 项目 | 标准编号 | 性能要求 |
| --- | --- | --- | --- |
| 1 | 材料 | GB/T 3428 | GB/T 3428　3 材料 |
| 2 | 直径和偏差 | GB/T 3428 | GB/T 3428　5 直径和直径偏差 |
| 3 | 表面质量 | GB/T 3428 | GB/T 3428　4 表面质量 |
| 4 | 长度和长度偏差 | GB/T 3428 | +40 |
| 5 | 1%伸长时的应力/MPa | GB/T 3428 | ≥(1480～1600) |
| 6 | 抗拉强度/MPa | GB/T 3428 | ≥(1720～1960) |
| 7 | 伸长率/% | GB/T 3428 | ≥(3.0～3.5) |
| 8 | 卷绕 | GB/T 3428 | 4D 卷绕 8 圈不断裂 |
| 9 | 扭转(次数) | GB/T 3428 | ≥(8～12) |
| 10 | 镀锌层质量 | GB/T 3428 | ≥(185～290) |
| 11 | 镀锌层附着性 | GB/T 3428 | 紧密卷绕 8 圈，镀锌层应不开裂 |
| 12 | 镀锌层连续性 | GB/T 3428 | 镀锌层应没有孔隙，且表面应光洁、厚度均匀，并与良好的商品实践相一致 |
| 13 | 接头 | GB/T 3428 | 不应有任何类型的接头 |

**表 7.14　特强铝包钢线的选择要求**

| 序号 | 项目 | 标准编号 | 性能要求 |
| --- | --- | --- | --- |
| 1 | 材料 | GB/T 17937 | GB/T 17937　4.1 材料 |
| 2 | 直径和偏差 | GB/T 17937 | GB/T 17937　4.4 标称直径的偏差 |
| 3 | 外观 | GB/T 17937 | GB/T 17937　4.2 外观 |
| 4 | 最小铝层厚度 | GB/T 17937 | GB/T 17937　4.5 最小铝层厚度 |
| 5 | 1%伸长时的应力/MPa | — | ≥1500 |
| 6 | 抗拉强度/MPa | — | ≥1700 |
| 7 | 伸长率/% | GB/T 17937 | ≥1.0 |
| 8 | 电阻率/(nΩ·m) | GB/T 3048.2 | ≤123.15 |
| 9 | 扭转(次数) | GB/T 17937 | ≥20 |
| 10 | 接头 | GB/T 17937 | 不应有任何类型的接头 |

(2) 载流材料的选择。

载流材料用铝杆的选择如表 7.15～表 7.19 所述。

**表 7.15　耐热铝合金铝杆的选择要求**

| 序号 | 项目 | 标准 | 指标 |
|---|---|---|---|
| 1 | 直径/mm | GB/T4909.2 | 9.5±0.5 |
| 2 | 不圆度/mm | GB/T4909.2 | 0.8mm |
| 3 | 电阻率/(Ω·mm²/m) | GB/T3048.2 | ≤0.02850 |
| 4 | 抗拉强度/MPa | GB/T4909.3 | 95～125 |
| 5 | 伸长率/% | GB/T4909.3 | ≥10 |

**表 7.16　高强度耐热铝合金杆的选择要求**

| 序号 | 项目 | 标准 | 指标 |
|---|---|---|---|
| 1 | 直径/mm | GB/T4909.2 | 9.5±0.5 |
| 2 | 不圆度/mm | GB/T4909.2 | 0.8mm |
| 3 | 电阻率/(Ω·mm²/m) | GB/T3048.2 | ≤0.03250 |
| 4 | 抗拉强度/MPa | GB/T4909.3 | 160～180 |
| 5 | 伸长率/% | GB/T4909.3 | ≥8 |

**表 7.17　超耐热铝合金铝杆的选择要求**

| 序号 | 项目 | 标准 | 指标 |
|---|---|---|---|
| 1 | 直径/mm | GB/T4909.2 | 9.5±0.5 |
| 2 | 不圆度/mm | GB/T4909.2 | 0.8mm |
| 3 | 电阻率/(Ω·mm²/m) | GB/T3048.2 | ≤0.03450 |
| 4 | 抗拉强度/MPa | GB/T4909.3 | 140～160 |
| 5 | 伸长率/% | GB/T4909.3 | 8～12 |

**表 7.18　特耐热铝合金杆的选择要求**

| 序号 | 项目 | 标准 | 指标 |
|---|---|---|---|
| 1 | 直径/mm | GB/T4909.2 | 9.5±0.5 |
| 2 | 不圆度/mm | GB/T4909.2 | 0.8mm |
| 3 | 电阻率/(Ω·mm²/m) | GB/T3048.2 | ≤0.03600 |
| 4 | 抗拉强度/MPa | GB/T4909.3 | 140～160 |
| 5 | 伸长率/% | GB/T4909.3 | 8～12 |

**表 7.19　软铝型线用铝杆的选择要求**

| 序号 | 项目 | 标准 | 指标 |
| --- | --- | --- | --- |
| 1 | 直径/mm | GB/T4909.2 | 9.5±0.5 |
| 2 | 不圆度/mm | GB/T4909.2 | 0.8mm |
| 3 | 电阻率/(Ω·$mm^2$/m) | GB/T3048.2 | ≤0.02801 |
| 4 | 抗拉强度/MPa | GB/T4909.3 | 105～135 |
| 5 | 伸长率/% | GB/T4909.3 | ≥10 |

(3) 耐热油脂的选择如表 7.20 所述。

**表 7.20　耐热油脂的选择要求**

| 项目 | 条件 | 单位 | 性能要求 |
| --- | --- | --- | --- |
| 化学性质 | — | — | pH=4～10 |
| 滴落点 | — | ℃ | 240 以上 |
| 耐寒性 | −35℃,1h | — | 不生成龟裂、剥离 |
| 稠度 | 25℃,不混合 | — | 255～285 |
| 密度 | 20℃ | g/$cm^3$ | 1.3～1.4 |
| 蒸发量 | 99℃,22h | %(质量分数) | 1 以下 |
| 金属板腐蚀 | — | — | 金属板表面不能被腐蚀 |
| 长时间耐热性 | 180℃×8h<br>240℃×8h | — | 质量减少量<br>(蒸发损失量 $t$/%):实验后质量减少量满足以下值<br>· 180℃×8h:10%(质量分数)以下<br>· 240℃×8h:15%(质量分数)以下<br>黏度测定:实验后和实验前的触摸感相同(有足够的黏度)<br>流出性:样品不会流出<br>外观:实验前后没有明显的区别 |

### 7.3.3　增容导线的设计原理

架线设计主要指导线张力和弧垂计算。具有“过渡点温度特性”导线的架线设计既有与钢芯铝绞线相同之处,同时还具有其特殊性。导线温度低于过渡点温度时,导线的张力计算与钢芯铝绞线相同;当导线温度高于过渡点温度后,导线的张力全部由芯线承担,导线弹性模量和线膨胀系数也仅与芯线有关,导线的张力计算有别于钢芯铝绞线。

1) 导线张力计算

计算导线张力的步骤一般如下。

(1) 计算导线在各种气象条件下荷载。

(2) 计算导线的有效临界挡距。

导线上的张力随着气象情况而变化,“设计规范”①规定,任何情况下的导线张力均不得超过导线的最大使用张力,导线年平均运行张力的上限不得超过导线拉断力的25%。当导线型号和安全系数确定后,导线的最大使用张力和年平均运行张力的上限亦随之确定。最大使用张力可能发生在最大荷载(最大风、覆冰)和最低气温,年平均运行张力上限可能发生在年平均气温,这样,可能控制导线张力的条件就有最大风、覆冰、最低气温和年平均气温这四种工况。在各代表挡距下,可能只有部分条件在不同的挡距范围内起控制作用,而在某一挡距下可能有两个有效控制条件同时起控制作用,小于此挡距时是一个条件控制,大于此挡距时则是另一个条件控制,这样的挡距称为该两个有效控制条件的“有效临界挡距”。

临界挡距可以按下式计算:

$$l_{\sigma}=\sqrt{\frac{\dfrac{24}{EA}(T_m-T_n)+24\alpha(t_m-t_n)}{\left(\dfrac{p_m}{T_m}\right)^2-\left(\dfrac{p_n}{T_n}\right)^2}} \tag{7.5}$$

式中,$l_{\sigma}$为临界挡距,m;$T_m$、$T_n$分别为两种控制条件下的使用张力,N/mm²;$t_m$、$t_n$分别为两种控制条件下的温度,℃;$p_m$、$p_n$分别为两种控制条件下导线单位长度上的荷载,N/mm²;$\alpha$为导线综合线膨胀系数,℃$^{-1}$;$E$为导线综合弹性模量,N/mm²;$A$为导线截面积,mm²。

通过两两组合计算临界挡距,并按照有效临界挡距的定义,可以判断找出有效临界挡距,划分出各有效控制条件下的控制范围。以控制条件为已知,计算其他各种气象条件下的张力。这样算得的张力值才能保证在任何挡距下均不超过所选定的最大使用张力和平均运行张力。

(3) 以有效控制条件作为已知条件,计算各种气象条件下不同挡距的导线张力。为计算杆塔强度、验算电气间隙和对地距离等目的,需要计算基本风速、覆冰、最低气温、最高气温(最高运行温度)、安装、大气过电压、操作过电压、年平均气温等多种设计工况的导线张力,除导线最高运行温度外,其他设计工况的导线张力计算与普通钢芯铝绞线无二。

当导线最高运行温度低于过渡点温度时,导线张力计算与普通钢芯铝绞线相同。当最高运行温度高于过渡点温度后,导线张力的计算与普通钢芯铝绞线有很大不同。

以上计算导线张力的步骤,(1)、(2)以及导线温度低于过渡点温度时(3)的计算与普通钢芯铝绞线相同,(2)是本章重点介绍的内容。

需要说明的是,为充分发挥增容导线输送容量大的特性,在输送最大电流时,

① “设计规范”主要指,GB 50545《110kV～750kV架空输电线路设计规范》和GB 50061《66kV及以下架空电力线路设计规范》。

其导线表面温度将远高于最高气温，也高于过渡点温度。导线表面的最高温度虽与最高气温有关，但主要取决于导线在输送最大电流时的温升。“设计规范”中用最高气温工况计算最大弧垂、用导线允许温度计算导线极限载流量，为了有别于“设计规范”中的定义，针对增容导线做更准确的表述，本书用“导线定位温度”和“导线最高运行温度”替代了“设计规范”中的“最高气温”和“导线允许温度”。

2) 导线弧垂计算

导线张力 $T$ 求得后，导线弧垂可以用下式求得：

$$f=\frac{p_1}{8T}l^2 \tag{7.6}$$

式中，$f$ 为导线挡距中央最大弧垂，m；$P_1$ 为导线单位长度上的重力荷载，N/m；$l$ 为挡距，m。

对碳纤维芯导线(低膨胀系数材料芯导线的一种)，其弧垂随温度的变化在过渡点温度前后出现转折，是非线性的，而且挡距越大过渡点温度越高，过渡点温度不是一个固定的数值，是随挡距增大而升高的变数。求取过渡点温度和过渡点张力是计算碳纤维芯导线这类导线张力和弧垂的最重要一步。

间隙型导线同样具有过渡点温度特性，但过渡点温度不是通过求解状态方程得出的，而是根据间隙型导线的物理特性由架线时环境温度确定的。

间隙型导线在架线安装时只拉紧钢芯，外层铝线保持无张力状态，当弧垂调整到设计规定的数值后，将紧密绞合在一起的铝线端头松股，保证铝线可以与钢芯之间自由滑动。为了充分释放铝线中的张力，紧线后，保持铝线呈无张力放松状态12h 以上，再将铝线压接到耐张线夹。这时，整个导线的张力仅靠钢芯承受，铝线的张力为零。

间隙型导线与低膨胀系数材料芯导线的不同点是，低膨胀系数材料芯导线的“过渡点温度”是随挡距增大而升高的变数，是通过计算得出的；而间隙型导线的“过渡点温度”仅与架线时的环境温度有关，是一个固定值，即架线时的环境温度就是“过渡点温度”。

因为间隙型导线的“过渡点温度”只与环境温度有关，是人为确定的，所以，导线张力计算相比低膨胀系数材料芯导线要简单。根据间隙型导线的架线机理和导线特性，间隙型导线的张力计算可以分三步进行。

(1) 导线运行温度低于过渡点温度时的状态方程式。

导线运行温度低于或等于过渡点温度时，导线的张力由钢芯与外层铝线共同承担，导线的张力计算与普通钢芯铝绞线相同。

(2) 过渡点温度时导线的状态方程式。

过渡点温度就是架线时的环境温度，此时待求情况为安装工况(风速 10m/s、无冰)。以有效控制条件为已知,将安装工况时的导线综合荷载、环境温度作为未知项代入式(7.5)或式(7.6),可以求出过渡点张力 $T_c$。

(3) 导线运行温度高于过渡点温度时的状态方程式。

当导线运行温度高于过渡点温度后,导线的张力全部由钢芯承担,此时导线的综合膨胀系数 $\alpha$、综合弹性模量 $E$ 和截面积 $A$ 只与芯线有关,式(7.5)中 $\alpha$、$E$ 和 $A$ 用钢芯的 $\alpha_s$、$E_s$和 $A_s$ 替代,已知情况的张力 $p_k$、$T_k$、$t_k$ 用安装工况时的 $p_c$、$T_c$、$t_c$ 替代,式(7.5)修正成式(7.7):

$$T_c-\frac{p_c^2l^2E_sA_s}{24T_c^2}=T-\frac{p^2l^2E_sA_s}{24T^2}-\alpha_sE_sA_s(t_c-t) \tag{7.7}$$

用式(7.5)同样的化简方式,设

$$a=\frac{p_c^2l^2E_sA}{24T_c^2}-T_c+\alpha_sE_sA_s(t-t_c)$$

$$b=\frac{p^2l^2E_sA_s}{24T^2}$$

则式(7.7)简化成与式(7.6)相同的一元三次方程,重复列出:

$$T^2(T+a)=b$$

通过求解上式的一元三次方程,可以求出待求情况的张力 $T$。

### 7.3.4 技术创新点

1) 碳纤维复合芯导线

(1) 独创的碳纤维、玻璃纤维及环氧树脂材料热固化体系。

(2) 自主研制碳纤维复合芯拉挤生产线并生产出直径 8.15mm 碳纤维复合芯,其平均拉断力达到 128333N,线膨胀系数小于 $1.6\times10^{-6}$ 1/℃。

(3) 利用自主设计的分线定位模、并线环、拱形线芯支承器、双瓣压线模,成型调整器等装置解决了导线绞制过程中出现的翻身、扭转技术问题。

(4) 该导线为梯形软铝同心绞结构,电导率达到 63%IACS,与同外径普通导线相比有效截面增加了 23%,重量降低了 3%。

(5) 是自主研发碳纤维复合芯拉挤设备及生产工艺、自主研发碳纤维复合芯与梯形软化铝绞合工艺。

自主研制的碳纤维复合芯架空导线其各项性能指标均达到或超过国外同类产品水平,填补了国内市场的空白。

2) 间隙型导线

(1) 独特的间隙结构设计使得钢芯与铝导线之间存在微量间隙,在间隙中充入润滑脂，保证钢芯与铝导体间可产生相对滑动。

(2) 自主研发抗拉强度不小于 1900MPa 的预拉伸钢丝承载线芯；超强钢芯是采用高碳钢经多次特殊加工工艺精制而成，绞合后的钢芯通过预拉制工艺处理使钢芯伸长部分得到有效释放。钢芯的预拉制工艺是我们根据金属的晶格动力学理论及热弹性理论和蠕变理论反复尝试和实验得出的适用于高温导线的新型预拉伸工艺，实现应力转移，同时具有低蠕变、低热膨胀系数的特点。

(3) 自主研发间隙型软铝导线用防腐蚀、耐高温(150℃)润滑脂和填充设备；导体间隙中填充自主研制的高温防腐润滑脂。添加的防腐剂能保护钢丝不受外界侵蚀。而且润滑脂具有良好的热稳定性，即使导线长期运行在 150℃，油脂也不会出现挥发、碳化、结焦、硬化等不良现象。该润滑脂还具有耐低温特性，即使在-40℃也能保持良好的润滑性。润滑脂的抗水性体现在有高温蒸汽和高温流水的冲刷下，保持原状不流失。

(4) 间隙型软铝导线采用经过预拉制的超强钢芯做承载，钢丝的抗拉强度可达到 1900MPa 以上，导体采用梯形软化铝线，它的导电率可达到 63%IACS 以上，线路损耗小。优于日本 JPS 和韩国 LS 的进口产品，其超强钢线强度为仅为 1770MPa，导体为耐热铝合金。电导率仅可达到 60%IACS，电阻高线损大。产品各项技术指标超过日本产品同类产品水平，填补国内空白。

(5) 由于具有自主知识产权，产品及配套金具全部国产化，解决了进口产品制造周期长、标准不适应国情、价格高等缺点，突破技术壁垒替代进口产品。

## 7.4　应用情况

### 7.4.1　增容导线关键技术在辽宁输电线路的示范工程

1) 间隙型导线应用实例

燕龙 2 号送电线自朝阳(燕南)500kV 变电站至龙城 220kV 变电站，全长 11.473km，线路分二段建设，第一段，新建线路 4.272km，导线 2×LGJ-400/35；第二段，利用 220kV 龙州线 1～22 号铁塔，更换成间隙型软铝导线 7.201km。

220kV 燕龙 2 号线导线型号 2×LGJ-400/35，220kV 龙州送电线 1～22 号导线型号 2×LGJ-240/30，无法满足输送容量的要求，需要拆除重建。由于此段线路地处朝阳化石公园和朝阳经济技术开发区，化石公园属于辽宁省自然保护区，按照中华人民共和国自然保护区条例的规定，在自然保护区的核心区和缓冲区不得建设任何生产设施，新建线路无法得到环保部门的批准。如果在保护区和开发区外绕行，由于开发区的范围方圆 10km，线路需要加长约 11.5km，附近还有煤矿塌陷区和居民建筑等，路径选择很困难。所以，采用更换间隙型软铝导线是唯一可行的方案。图 7.6 为现场安装导线测试设备。

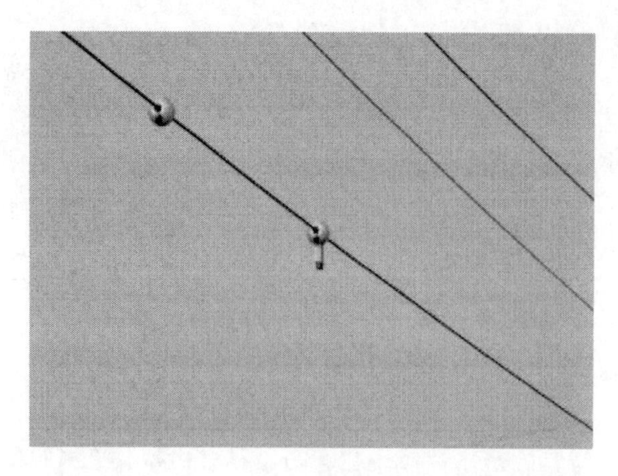

图 7.6　现场安装导线测试设备

2）碳纤维复合芯导线应用实例

辽宁朝阳一条 220kV 输电线路，原线路导线为 LGJ-400/35 钢芯铝绞线，系统规划要求，在 $N-1$ 情况下，该线路的极限输送电流应达到 1400A。最初的增容方案是将导线增加到 2×LGJ-400/35，拆除原有线路重建。由于该线路路径需从朝阳风景区中穿过，该地区属于辽宁省自然保护区，因此环保部门否决了上述拆除重建方案。如果更改原线路路径，需在风景区外绕行，增加线路长度 14km，增加投资 1753 万元。经过比较多种增容方案的技术经济指标，最后选定了利用原线路杆塔，导线更换为碳纤维芯导线的技术改造方案。

该设计方案采用的导线是辽宁省电力有限公司自主研制的 JTL/F-400/45 碳纤维芯导线，结构采用中间 1 根碳纤维复合芯圆棒，导体分两层缠绕 24 根梯形软铝异形线，如图 7.7 所示。表 7.21 示出了 LGJ-400/35 钢芯铝绞线和 JTL/F-400/45 碳纤维芯导线的技术参数。

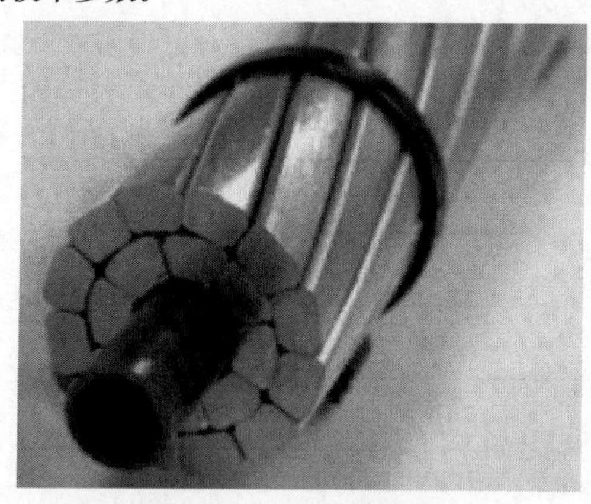

图 7.7　JTL/F-400/45 碳纤维芯导线

**表 7.21　钢芯铝绞线和碳纤维芯导线的技术参数**

| 参数 | LGJ-400/35 钢芯铝绞线 | JTL/F-400/45 碳纤维芯导线 |
|---|---|---|
| 综合弹性模量/MPa | 65000 | 64250 |
| 芯线弹性模量/MPa | 190000 | 125000 |
| 导线外径/mm | 26.82 | 25.14 |
| 铝截面积/mm$^2$ | 390.88 | 409.40 |
| 额定拉断力/N | 103900 | 120000 |
| 导线截面积/mm$^2$ | 452.24 | 453.56 |
| 综合线膨胀系数/(1/℃) | $20.5\times10^{-6}$ | $17.2\times10^{-6}$ |
| 芯线线膨胀系数/(1/℃) | $11.5\times10^{-6}$ | $1.60\times10^{-6}$ |
| 芯线直径/mm | 7.5 | 7.5 |
| 线密度/(kg/km) | 1349 | 1240 |
| 20℃直流电阻/(Ω/km) | 0.07389 | 0.06792 |
| 电阻温度系数/(1/℃) | 0.00403 | 0.00416 |
| 长期运行允许温度/℃ | 70 | 160 |

3）导线架线设计

(1) 线路路径参数。

线路长度 4911m，分 5 个耐张段，代表挡距最小 374m，最大 522m。具体参数见表 7.22。

**表 7.22　线路挡距和代表挡距**

| 杆塔编号 | 挡距/m | 代表挡距/m | 耐张段长/m |
|---|---|---|---|
| 1 | 166 | 470 | 696 |
| 2 | 530 | | |
| 3 | 177 | 415 | 1385 |
| 4 | 519 | | |
| 5 | 421 | | |
| 6 | 268 | | |
| 7 | 479 | 522 | 1053 |
| 8 | 574 | | |
| 9 | 405 | 374 | 737 |
| 10 | 332 | | |
| 11 | 197 | 488 | 1040 |
| 12 | 611 | | |
| 13 | 232 | | |
| 14 | | | |
| 总长度/m | | 4911 | |

(2) 确定气象条件和导线设计安全系数。

由于碳纤维芯导线是在原线路杆塔上架设，因此以导线荷载不超过原线路杆塔使用条件为原则，取用的导线最大使用张力与原线路相同，气象条件与原工程一致。

气象条件采用《110kV～750kV架空输电线路设计规范》中第Ⅶ类典型气象区，即基本风速28m/s(折算到15m高为30m/s)，覆冰10mm，最低气温－40℃，年平均气温－5℃。

原线路导线最大使用张力39480N，经等代折算，设计安全系数 $K=\frac{0.95\times 120000}{39480}=2.9$。

(3) 导线荷载计算。

按照导线荷载的定义，可以得到在各种气象条件下导线单位长度上的荷载，结果见表7.23。

**表7.23　导线荷载表**

| 荷载名称 | 符号($b$,$V$) | 数值/(N/m) |
| --- | --- | --- |
| 自重力 | $p_1(0,0)$ | 12.0602 |
| 冰重力 | $p_2(10,0)$ | 9.7435 |
| 自重力加冰重力 | $p_3(10,0)$ | 21.9037 |
| 无冰时风荷载 | $p_4(0,30)$ | 11.6665 |
| 覆冰时风荷载 | $p_5(10,10)$ | 4.0625 |
| 无冰时综合荷载 | $p_6(0,30)$ | 16.8517 |
| 覆冰时综合荷载 | $p_7(10,10)$ | 22.2773 |

注：$b$代表覆冰厚度，mm；$V$代表风速，m/s。

(4) 导线有效临界挡距计算。

依据《电力工程高压送电线路设计手册》提供的有效临界挡距计算方法，得出计算结果：当代表挡距≤245m，由最低气温条件控制；当代表挡距＞245m，由覆冰条件控制。

(5) 过渡点温度和张力计算。

当代表挡距≤245m，以最低气温为已知条件；当代表挡距＞245m，以覆冰为已知条件，可以得到不同代表挡距下导线的过渡点温度和张力。

以表7.24所列最低气温和覆冰的参数作已知，求出的计算结果见表7.25。

表 7.24　控制条件已知参数

| 代表挡距/m | 控制条件 | 气温/℃ | 荷载/(N/m) | 最大使用张力/N |
|---|---|---|---|---|
| 0～245 | 最低气温 | −40 | 12.0602 | 39480 |
| 245～∞ | 覆冰 | −5 | 22.2773 | 39480 |

表 7.25　不同代表挡距的过渡点温度和张力

| 代表挡距/m | 过渡点温度/℃ | 过渡点张力/N |
|---|---|---|
| 100 | 62.5 | 9685 |
| 200 | 83.6 | 13984 |
| 300 | 96.1 | 16546 |
| 400 | 102.4 | 17834 |
| 500 | 106.8 | 18723 |
| 600 | 109.9 | 19349 |

(6) 导线对地距离验算。

按照上面的计算，可以得到 JTL/F-400/45 碳纤维芯导线在 120℃和 150℃时的弧垂，分别与钢芯铝绞线在 40℃和 70℃时的弧垂进行比对，其结果见表 7.26。

表 7.26　碳纤维芯导线与钢芯铝绞线弧垂表

| 挡距/m | 代表挡距/m | LGJ-400/35 | | JTL/F-400/45 | |
|---|---|---|---|---|---|
| | | 弧垂/m | | 弧垂/m | |
| | | 40℃ | 70℃ | 120℃ | 150℃ |
| 166 | 470 | 2.20 | 2.35 | 2.27 | 2.28 |
| 530 | | 22.50 | 23.88 | 23.17 | 23.23 |
| 177 | 415 | 2.51 | 2.75 | 2.65 | 2.66 |
| 519 | | 21.55 | 23.57 | 22.83 | 22.89 |
| 421 | | 14.18 | 15.51 | 15.03 | 15.06 |
| 268 | | 5.75 | 6.29 | 6.10 | 6.11 |
| 479 | 522 | 17.78 | 19.51 | 18.35 | 18.58 |
| 574 | | 25.54 | 28.01 | 26.35 | 26.68 |
| 405 | 374 | 13.53 | 14.77 | 14.27 | 14.35 |
| 332 | | 9.10 | 9.92 | 9.59 | 9.64 |
| 197 | 488 | 3.11 | 3.30 | 3.17 | 3.18 |
| 611 | | 28.87 | 31.74 | 30.50 | 30.65 |
| 232 | | 4.31 | 4.58 | 4.39 | 4.42 |

比较表7.26中两种导线弧垂，在定位温度(钢芯铝绞线40℃、碳纤维芯导线120℃)下两种导线弧垂相差大多在1m之内，只有在挡距较大(519m和611m)时差值才大于1m，最大为1.63m(约5%)；在最高运行温度下(钢芯铝绞线70℃、碳纤维芯导线150℃)，碳纤维芯导线最大弧垂全部小于钢芯铝绞线，且当导线运行温度高于过渡点温度后，碳纤维芯导线最大弧垂的增加非常缓慢。

### 7.4.2 增容导线关键技术在辽宁输电线路上应用的效益分析

1. 间隙型软铝导线

下面从经济效益和社会效益两方面进行分析。

1) 经济效益

(1) 工程投资。

① 采用国产JL/JXG-400间隙型软铝导线。

导线型号JL/JXG-400，80元/m，线路长度7.201km，导线价格7201×3×1.035m×80元/m=22359×80=1788720元，24.84万元/km，架线和附件安装15.5万元/km，其他费用9.2万元/km，合计49.54万元/km，总投资357万元。

② 采用2×LGJ-400/35钢芯铝绞线，拆旧建新。

单位造价132万元/km，7.2km，投资950.4万元；另外需要增加线路长度11.5km，投资1518万元，总投资2468万元。

③ 二者之差。

357−2468=−2111万元。

(2) 线损。

① 采用国产JL/JXG-400间隙型软铝导线。

导线20℃直流电阻0.0666Ω/km，单根导线150℃极限输送电流1400A。

根据潮流计算，导线最大输送电流1400A，150℃时电阻0.1012Ω/km，线路长度7.201km，总电阻0.7287Ω，功率因数$\cos\varphi=0.95$。

功率损耗$\Delta P=3I^2R=3\times1400^2\times0.7287\times0.95=4071\text{kW}$；

上网电价cost=0.292元/(kW·h)；

最大负荷利用小时数$T_{\max}=550\text{h}$，损耗小时$\tau=3950\text{h}$；

每年线损$\Delta A=\sum\Delta P\times\text{cost}=4071\times3850\times0.292=458$万元。

② 采用2×LGJ-400/35钢芯铝绞线，拆旧建新。

导线20℃直流电阻0.07389Ω/km，单根导线70℃极限输送电流800A。

根据潮流计算，两根导线最大负荷电流1400A(40℃)，电阻0.0798/2=0.0399Ω/km，线路长度18.7km，总电阻0.7461Ω，功率因素$\cos\varphi=0.95$。

功率损耗$\Delta P=3I^2R=3\times1400^2\times0.7461\times0.95=4168\text{kW}$；

上网电价 cost＝0.292 元/(kW · h)；

最大负荷利用小时数 $T_{max}=550h$，损耗小时 $\tau=3950h$；

每年线损 $\Delta A=\sum\Delta P\times cost=4168\times3850\times0.292=469$ 万元。

③ 线损差。

每年线损的差为 458－469＝－11 万元

按全寿命 30 年计算，假设线路的建设期为 1 年，行业基准收益率为 10%，线损差折算到建设初期的现值为－104 万元。

(3) 结论。

采用间隙型软铝导线可以比拆旧建新节省资金 2111＋104＝2215 万元。

2) 社会效益

220kV 燕龙 2 号送电线地处朝阳化石公园，属于辽宁省自然保护区，原线路拆除重建，无法得到环保部门的审批。如果新开辟路径，需要绕行保护区和开发区，需要重新征用农田，动迁大量民房和厂房，动迁的费用很高，对环境和当地百姓的影响较大，施工周期和停电时间也相对较长等。所以，采用更换导线的方式增容改造，只进行换线施工，对周围环境的影响很小，停电时间短，施工期间的停电损失小，是绿色工程，具有很高的社会效益。

### 2. 碳纤维复合芯导线

经现场测量复核，碳纤维芯导线各挡距弧垂最低点对地距离均满足“设计规范”要求。

这一技术改造工程，全部利用了原线路基础和杆塔，仅更换了导线，降低了施工难度，化解了环评阻力。该换线施工创下了当月施工、当月竣工的记录，大大缩减了施工周期，节省工程投资 1700 多万元。

## 7.5 小　结

间隙型软铝导线，采用特殊的设计及加工工艺，使导线的弧垂随温度的变化比普通导线减小很多，通过提高导线温度增加导线的载流量，达到增容的目的。钢丝采用经过特殊处理的超强钢丝，导体采用异型软铝线，通过采用特殊的加工工艺和施工工艺，在相同条件下，载流量可以提高一倍。采用间隙型软铝导线，不必拆除原有杆塔，只需更换导线即可提高输送容量，充分利用了现有资源，利用原杆塔基础，避免征地，缩短停电作业时间，降低工程费用。节省基础和杆塔的投资，免除了永久征地和清理走廊的费用，具有较好的直接经济效益；节约了土地资源，无需砍伐树木和基础施工，避免了对植被和环境的破坏，更具有非常显著的社会效益。本项目成功研制开发出间隙型软铝导线，优化和完善生产工艺及相关生产装备，实现了这项极具技术含量的产品的国产化,并成功在送电线路挂网运行,达到了设计的预期目的。从节能、环保、降低成本、增加输电容量、提高电网安全运行等方面综合来看,在输电线路中推广应用间隙型软铝导线具有重大的经济效益和社会效益。与传统钢芯铝绞线相比,间隙型软铝导线具有强度高、耐高温、线损低、弛度小等优点,可提高传输容量 1 倍,降低传输损耗。仅 220kV 燕龙 2 号线采用间隙型软铝导线可以比拆旧建新节省资金 2215 万元。220kV 朝龙 2 号送电线地处朝阳化石公园,属于辽宁省自然保护区,原线路拆除重建,无法得到环保部门的审批。如果新开辟路径,需要绕行保护区和开发区,需要重新征用农田,动迁大量民房和厂房,动迁的费用很高,对环境和当地百姓的影响较大,施工周期和停电时间也相对较长等。所以,采用更换导线的方式增容改造,只进行换线施工,对周围环境的影响很小,停电时间短,施工期间的停电损失小,是绿色工程,具有很高的社会效益。

间隙型软铝导线是增容导线类又一新产品,由于该产品价格适中,如果这项成果得以推广,可以节省基础和杆塔的投资,免除了永久征地的和清理走廊的费用,具有较好的直接经济效益;节约了土地资源,无需砍伐树木和基础施工,避免了对植被和环境的破坏,更具有非常显著的社会效益。该技术推广将有利于我国构造安全、环保、高效节约型的输电网络。在电网建设中具有广阔的发展前景。

## 参考文献

[1] 缪姚军,吴明埝,蔡正权.间隙性增容导线施工技术的探讨[A].电线电缆,2014-01-0044-03.

[2] 张孝强,吕忠华,隋玥,等.66kV 线路间隙型增容导线的设计与应用[J].东北电力技术,2016,37(04):6-7.

[3] 黄豪士.输电线路节能型增扩容导线的特性[J].电力建设,2010,31(2):29-34.

# 第8章　提高配电网故障处理能力关键技术研究及其在沈阳市的示范工程

## 8.1 研究现状

随着配电网重要性的凸显和配网故障对社会各方面的影响严重性，基于不同理论的配电网故障风险评估研究逐渐深入，特别是基于灰色理论、层次分析法和蒙特卡罗法的研究较多。文献[1]～[3]介绍了一种基于序贯蒙特卡罗法仿真分析的配电网可靠性模型。该方法将线路容量约束和潮流分布考虑在内，设定停电损失的费用、电量及时间因素，在时变负荷模型中加入共因停运概率模型，并融合截断抽样方法与重要抽样方法，在提高仿真分析速度的情况下，对配网故障及负荷停电模拟，达到风险指标与效益指标更符合实际情况、更能为系统提供有效建议的效果。文献[4]针对故障发生情况下配电网重构方案在各种情况下的不同配置，在配电网故障的突发性的情况下，利用 AHP 和 TOPSIS 算法提出一种重构方案选择评价指标集方法，以规范化矩阵确定指标理想解，确定总体评价集并距离为判断标准对重构方案进行优劣排序，建立了事故的负荷损失动态模型。但可注意到上述算法中，一类是运用了一般的可靠性评估指标，故障发生后的数据平均值作可靠性评估或称风险评估，指标单一，无法适应不同地区的不同情况，过于笼统，无法正确地评估风险这一动态过程[5]。建立合理的风险评估系统，从数据出发，注重风险因素的筛选，考虑模糊性问题，对配电网进行更全面合理的配电网风险评估意义重大。

故障诊断是配电网数据应用最广泛的层面之一，文献[6]、[7]提出了在监测信息缺乏的情况下利用系统电流监测数据进行配电网故障诊断的方法。文献[8]、[9]提出将遗传算法、粗糙集理论、神经网络理论、贝叶斯理论等人工智能算法应用到配电网的故障诊断中，这些算法的应用都要依靠配电自动化系统数据平台所提供的配电网监测信息，并且对信息中的数据噪声具有一定的容错能力。但是与输电网相比我国很多地区的配电网自动化程度还比较低，许多地方尚处于起步阶段，自动监测终端设备缺乏，在很大程度上限制了这些智能算法的应用。文献[10]、[11]提出了一种应用电话投诉系统进行配电网故障定位的方法。针对电话投诉中由于用户知识水平限制造成的信息精确性较低的问题，文献中提出应用经典概率理论、证据理论、贝叶斯理论、模糊推理、针对配电网建模等科学方法辨识投诉内容中的错误信息，进而达到故障定位的目的。该方法应用范围广，既可以用于发达地区，也可在部分偏远地区应用，能快速对配电网故障做出诊断，但是受到地区通信水平的限制，诊断准确性较低。文献[11]、[12]提出将数据挖掘中的关联规则挖掘方法应用于故障诊断。文献[13]针对 FTU 等配电自动化终端所提供的开关和保护信息，利用关联规则挖掘方法挖掘开关信息与故障区域之间的关联关系，以达到对配电网故障区域进行定位的目的。文献[14]主要是利用关联规则挖掘来研究不同的故障特征量(气体、杂质含量)与特定的变压器故障类型之间的关联关系，该方法可以通过对特殊气体或杂质浓度的监测来达到对变压器进行故障诊断的目的。该方法将数据挖掘应用到配电网故障诊断过程中，快速有效，但是受区域配电网发展程度的限制，在一些自动化程度较低、未达到智能化的配电网中无法应用。以上提到的配电网数据的应用中主要应用的是智能配电自动化系统所提供的配电网的监测信息，包括开关信息、保护信息、馈线电流、节点电压、线路负荷等信息。

由于故障诊断本身的复杂性、多层次性、随机性等特点，为了尽可能全面地刻画故障模式，提高诊断精度，常提取大量的故障征兆，这些征兆在故障诊断过程中的重要性并不相同，甚至某些征兆是冗余的；另外，在实际的故障诊断问题中，采集的描述故障模式的信息可能是不一致的或矛盾的。冗余和不一致信息的存在，一方面是对诊断资源的浪费；另一方面，直接影响生成简洁、高效的诊断决策规则，影响了故障诊断的效率和实时性。粗糙集(rough set) 的出现为解决上述问题提供了新的强有力的手段。粗糙集理论是一种刻画不完整性和不确定性的工具，能有效地分析和处理不精确、不一致、不完整等各种不完备信息，并从中发现隐含的知识，揭示潜在的规律。采用粗糙集进行信息融合综合故障诊断，主要是利用其对包含冗余和不一致信息的故障诊断数据进行分析、推理、发现数据间的关系、提取出用于故障诊断的决策规则和简化信息的能力来融合多源复杂故障信息，以提高融合诊断速度和进行最优化融合算法的选择，生成简单、有效的诊断决策规则，增强系统的决策能力。目前，信息融合技术的研究较为成熟，应用领域十分广泛：包括目标识别与跟踪[15]、图像处理[16]、地雷探测[17]、传感器技术[18]、工业机器人研究[19]等方面，并且取得了突出的成果。信息融合技术在电网故障诊断中的应用主要是对其结构和算法的研究。在融合算法研究上有着很多突出的成果，总之，目前信息融合技术应用较多的算法包括贝叶斯法、D-S 证据理论法和模糊积分法等，充分发挥电网故障诊断信息多源异构的优点，在电网故障诊断系统中应用信息融合技术能大大改进单一信息源诊断不准确的问题，是故障诊断研究的发展趋势。

故障恢复对配电网安全、经济运行具有重要意义。故障恢复是一个非线性、多约束的组合优化问题，算法的快速性是其实用性的关键。利用 FTU 通过配电自动化应用软件实现的网络重构模式是配电自动化的发展趋势，也是国内外的研究热点。归纳起来可以分为下面 3 类：①启发式方法，如禁忌搜索、并行模拟退火算法和遗传算法等；②数学优化方法，如分支定界法和混合整数优化法等；③人工智能法，如专家系统、模糊集法和人工神经网络法等。随着配网自动化技术的不断发展，处理配电网络故障的时间越来越短，这就对故障恢复算法提出了实时的要求，启发式方法能较快地给出新的构建方案，而且结果容易为调度员所接受。所以，在配电网故障恢复问题中，采用启发式算法具有一定的优势。启发式算法是将专家知识和经验转换成启发式规则的基础上指导算法搜索，由于知识和经验的局限，有时难以得到全局最优解。群体智能算法因其良好的全局搜索性能得到了广泛的研究，并取得了较好的效果。群体智能算法求解故障恢复问题的主要思路是将故障区隔离后的电网进行网络重构，从而得到恢复方案。然而，配电网故障恢复问题不同于非故障情况下的网络重构，当电网失电负荷过多，转供能力不足以使失电区负荷完全恢复时，需要进行切负荷处理。否则无法满足电网的安全运行约束。但现有群体智能算法的文献中均未详细提及失电负荷无法完全恢复情况下的处理方法，影响了其工程应用。此外，方案的评价对于群体智能算法最优解的获得至关重要，传统方法多采用的隶属度函数需要针对不同规模的电网进行分别设计，算法移植性较差。

沈阳市是辽宁省的省会城市，沈阳供电公司是辽宁省电力公司下属的特大型供电企业。沈阳供电公司承担着沈阳地区9区1市3县和2个国家级开发区1.3万$km^2$范围内的供电任务。2010年最大电力为3870MW，全局供电量为225.95亿kW·h，售电量为207.3亿kW·h，对辽宁的经济发展起着举足轻重的作用。

根据沈阳市和平区的实际情况，提出配电网故障处理与风险预警方法，研制出故障处理应用软件以及具有单相接地故障检测功能的配电自动化终端，研制出基于多源信息融合的配电网故障分析软件及配电网故障停电风险评估与在线预警系统，提高配电网相间短路故障处理、单相接地区段定位和安全预警能力。

配电自动化区域示范工程建成后，各项经济技术指标达到如下水平：

(1) 供电可靠率由99.9398%提升到99.99%；

(2) 10kV线损率由8.11%降低到7.0%；

(3) 电压合格率由99.7%提升到99.95%；

(4) 开关设备配电自动化覆盖率由0%提升到100%；

(5) 重要用户集中区域实现故障识别、隔离及恢复时间≤3min。

本示范工程本质在于提取故障时刻的网络拓扑和物理特征，并从中抽取相应的数字特征从而对故障做出准确的诊断。解决了非线性配电系统故障分析中的难点问题，适合任何线性、非线性配电系统的在线、离线故障诊断，极大地提高了供电可靠性，降低了停电风险。该系统已经成功应用于国网辽宁省电力有限公司沈阳供电公司、国网辽宁省电力有限公司盘锦供电公司、国网辽宁省电力有限公司鞍山供电公司等，提高了上述供电部门和用户的经济效益，提高了设备的使用寿命，减少了维护检修负担，在全国 6～35kV 配电网中推广应用市场潜力巨大，发展前景广阔。

## 8.2 工程需求

配电网通常是指 110kV 及以下电压等级的电网，在电力系统中担负着向用户直接供电的职能。国家电力公司明确提出供电可靠性要达到 5 个 9 的目标。据不完全统计，电力用户遭受的停电时间 95%以上是由于配电系统原因造成的，电力系统损耗约有一半产生在配电网。因此，当配网发生故障后，基于 FTU/DTU 采集的故障信息，快速故障定位并有效隔离故障区域，恢复对用户的供电，是提高供电可靠性的主要途径。随着我国配电网络的不断发展，用户对供电的可靠性和供电质量提出了更高的要求，一旦配电网络出现故障，应尽快找出故障发生的位置并采取隔离，提出应对策略恢复对用户的供电。而反映供电可靠性的指标-用户年平均停电时间与配电部门对停电的处理效率密切相关，因此配电网综合自动化最基本和最重要的功能即为故障诊断、自动定位、隔离及恢复供电。受限于负荷增长与成本压力，配电网通常运行在接近极限的状态，一旦发生故障或遭遇威胁，若不及时采取措施可能发展成为连锁性故障，导致大面积停电，影响用户日常生活并带来巨大的经济损失。2003 年发生在美国东北部、中西部和加拿大安大略省的大停电事故，造成了巨大的影响和损失，我国也多次发生强台风、冰雪等自然灾害引发的大停电事故。这些事故揭示了在电网结构日益复杂、电网互联日益紧密、市场环境下电量交易巨大等情况下，准确高效故障诊断的意义与重要性。深入对配电网络故障诊断、定位、隔离和故障后恢复的研究，可以使配电网络系统的建设具有统一的理论基础，降低系统的整体投资，对于提高供电可靠性、增强供电质量具有非常重要的意义。同时，无论是电网调度人员还是用户都迫切希望能够对配电网供电的安全性和经济性进行量化分析，以提高调度员决策的精确性和配电网的智能化水平。

随着配电网自动化水平的逐步提高，系统终端通常可以采集到大量的故障信息，包括开关量和电气量，但是配电网网络结构庞大，不能实现实时上传所有采集到的信息。单信息源的配电网故障诊断方法无法消除保护，开关误动、拒动和传输过程中故障信息丢失等不确定状况对故障诊断产生的不利影响，因此依据单一数据源的故障诊断方法不能得到令人满意的结果。不确定的信息会导致诊断的准确率降低，出现漏判或者误判。而信息融合技术在处理不确定的模糊信息方面有很好的表现。从另一方面来讲，单一信息不足以准确地反映诊断对象的状态，只有从多方面进行检测才能保证结果的准确与可靠，而信息融合技术可以充分发挥全方位，多方面的作用，从而提高判断的有效性及准确率。充分利用时序信息和暂态电压电流信息，并与开关量相结合的诊断方法是研究配电网故障诊断的趋势。信息融合技术可以充分利用多个信息源在时间与空间上的冗余与互补性、计算机对信息的高速处理能力，得到对监控对象更合理更准确的解释与描述，因此可以更好地满足故障诊断系统的需求，可以为故障诊断提供更多的判断依据。而故障诊断系统则当然希望在不增加传感器的条件下可以获得更多的信息，且信息融合系统与诊断系统有很多相类似的特征。正是因为信息融合的优点及与故障诊断的相似的特征，因此可以将信息融合扩展到故障诊断系统。将配电网的故障诊断与信息融合结合起来还可以更好地满足系统对实时性的要求，信息融合技术应用于配电网是非常有必要的，会有很好的发展前景与现实意义。

如何使调度人员在面对海量信息的时候做出正确决策是目前需要迫切解决的问题。信息融合技术可以充分利用多个信息源在时间与空间上的冗余与互补性，因此可以更好地满足故障诊断系统的需求，可以为故障诊断提供更多的判断依据。提出的基于多层次信息融合的配电网故障诊断方法来解决这类问题，大大满足了方法的快速性和容错能力的需求。

目前故障诊断技术大多依靠开关动作信息、保护动作信息以及时序信息进行故障定位、判断故障元件，再利用电气量信息进行故障分析与诊断评价。智能电网要求实现对电网全景信息完整准确的获取，即获取具有精确时间断面的标准化电力流信息和业务流信息，并以此建立信息交互平台，完成对电网的动态分析、诊断和优化。传统的诊断方式已经无法为电网调度运行人员提供充分的事故分析处理依据，因此近年来出现了多种数据采集与监视系统，旨在全面监视电网动态信息并能够快速提取重要信息。当电网发生故障时，电网中的各种信息系统将大量的故障信息与报警信息上传至调度中心，并伴随有很大程度的不确定性与冗余性，这对电网的故障诊断造成了很大的困难。因此，如何在故障发生后快速获取故障信息、删除冗余信息、补足缺乏信息、修正错误信息并准确识别故障元件是提高故障诊断准确率与效率的关键。

而研究分别针对短路故障和单相接地故障的快速故障定位方案对于提高配电网运行的可靠性具有举足轻重的地位，而在配电网实时运行过程，对配电网当前存在的风险进行合理评估并相应做出预警报告是有效降低配电网停电故障发生率，提高运行稳定性的有效措施；断路器动作隔离故障并恢复非故障区域供电后，根据断路器信息，保护信息以及相关的电压电流信息进行配电网故障诊断，可以进一步有效提高配电网的故障处理能力，对于当前配电网智能化建设具有重要的理论研究意义和工程实践价值。

沈阳市 10kV 城市配电网以电缆、架空和电缆架空混合方式为主。架空网主网架以双回环网为主，采用多分段、多联络的结构，局部地区存在放射型线路。电缆网主网架以双射接线、单环接线和双环接线方式等为主。沈阳供电公司配电网拥有 10kV 线路 972 条，线路 5054.13km，其中架空裸线 293.42km，架空绝缘线 1296.29km，电缆 3464.42km，绝缘化率 94.19%，电缆化率 68.55%。环网柜 2116 座，柱上开关 1390 台。

在本示范工程开展研究之前，沈阳供电公司已于 2011 年开始进行配电自动化的试点建设，目前已经开始构建面向沈阳市全部配网的配电自动化主站，并且选择对 8 条馈线、13 座环网柜、10 台柱上开关进行配电自动化建设；对可靠性低、机构不良的老旧设备进行改造；采用光纤专网建设配电通信网，实现终端数据的采集。

沈阳供电公司自 2011 年开始的配电自动化建设为本示范工程的研究创造了坚实的平台，随着配电自动化建设的不断深入开展，大量具有“三遥”功能的环网柜 DTU 和柱上 FTU 能够提供充分的数据支持，保证本示范工程的顺利实施。本示范工程深入研究了故障前的配电网风险评估与预警技术，故障过程中的快速故障定位技术以及故障后的配电网故障诊断技术，对于当前配电网智能化建设具有重要的理论研究意义和工程实践价值。本示范工程研发出短路及单相接地故障处理系统、多源信息融合的配电网故障分析系统、配电网故障风险评估及安全预警系统，缩短了停电时间、降低了停电损失，极大提高了供电可靠性和经济性，经济效益和社会效益显著。

提高配电网故障处理能力关键技术与现有技术相比优点与创新如下。

(1) 建立了多源信息共享平台，利用多源信息间的纠错和补充，解决了现有技术故障诊断对误报、漏报等不完备信息进行故障分析的瓶颈问题，提高了容错性和准确性。

(2) 创造性地直接利用了故障时刻的网络灵敏度矩阵范数与故障样本集特征向量之间的向量范数进行故障识别，避免了复杂的递归迭代，且精确度高、计算速度快。

(3) 不同的负荷条件和故障条件下，可能在局部的观测区域内形成相同或近似的潮流分布，利用广义灵敏度分析法自动在线更新预设故障潮流分布特征及故障模式库，确保了潮流特征与故障的一一对应，实现零维护，具有更高的实用性。

(4) 采用粗糙集进行信息融合综合故障诊断，提取出用于故障诊断的决策规则和简化信息的能力来融合多源复杂故障信息，生成简单、有效的诊断决策规则，增强系统的决策能力。

(5) 建立合理的风险评估系统，从数据出发，注重风险因素的筛选，考虑模糊性问题。

(6) 基于故障发生后电气量的变化的特性进行故障诊断，融合了故障发生后不同信息源，保证了资源的充分利用，提高了以往方法仅限于单一信息源的缺陷，有效地提高了诊断的准确性。

(7) 基于故障后电气量的变化特征，确定故障设备以及故障发展的先后顺序，辅助对故障的分析和判断。

(8) 遵循了继电保护和断路器的动作之间的逻辑因果关系,采用层次化处理方法,并针对每一层获取的信息特点采用一定的推理方法,克服了规模大小不同的电网中通用性差的问题。

本示范工程本质在于提取故障时刻的网络拓扑和物理特征,并从中抽取相应的数字特征从而对故障做出准确的诊断。解决了非线性配电系统故障分析中的难点问题,适合任何线性、非线性配电系统的在线、离线故障诊断,极大地提高了供电可靠性,降低了停电风险,涵盖专业面广,难度和复杂程度高,实用化程度和推广价值已得到验证。该示范工程并已成功应用于辽宁省沈阳市、鞍山市、盘锦市的10kV配电线路,在快速故障诊断、提高供电可靠性、安全运行等方面发挥了积极的效用。今后该项技术扩展到更大范围的配电网,社会和经济效益巨大,对智能配电网故障分析的研究和实践具有较高的借鉴意义。

## 8.3 提高配电网故障处理能力关键技术原理

### 8.3.1 配电网故障风险评估及安全预警技术研究

风险是事件发生可能性和严重性的综合度量,电网运行风险评估可以综合考虑电网运行中所发生故障的严重程度和发生概率,从而揭示电网薄弱环节,给电网调度人员决策提供参考依据。针对传统电网可靠性指标计算中存在的设备故障历史统计数据缺乏这一问题,进一步提出了基于模糊故障率的电网风险评估方法,采用随机模糊数表征设备故障率,通过计算风险指标的乐观值和悲观值,从而给缺乏历史统计数据情况下的电网调度决策提供了辅助支持。

针对这一问题,可采用三角模糊数表征电网设备故障率,通过引入人工经验来弥补历史统计数据的不足。下面以变压器故障率为例进行说明。

将变压器的状态划分为工作状态和故障状态,其中工作状态包括正常、注意和异常,分别记为0、1和2,故障状态根据故障原因细分为突发故障和老化故障,分别记为3和4。分别用$\tilde{\lambda}_{03}$、$\tilde{\lambda}_{13}$和$\tilde{\lambda}_{23}$表示变压器在正常、注意和异常状态下的突发故障率,用$\tilde{\lambda}_{24}$表示变压器的老化故障率,用如下所示的三角模糊数形式表示突发故障率和老化故障率:

$$\begin{cases}\tilde{\lambda}_{03}=(\underline{\lambda}_{03},\hat{\lambda}_{03},\bar{\lambda}_{03})\\ \tilde{\lambda}_{13}=(\underline{\lambda}_{13},\hat{\lambda}_{13},\bar{\lambda}_{13})\\ \tilde{\lambda}_{23}=(\underline{\lambda}_{23},\hat{\lambda}_{23},\bar{\lambda}_{23})\\ \tilde{\lambda}_{24}=(\underline{\lambda}_{24},\hat{\lambda}_{24},\bar{\lambda}_{24})\end{cases}\tag{8.1}$$

式中，$\underline{\lambda}_{03}$、$\underline{\lambda}_{13}$和$\underline{\lambda}_{23}$分别表示变压器在正常、注意和异常状态下的突发故障率的下限值；$\bar{\lambda}_{03}$、$\bar{\lambda}_{13}$和$\bar{\lambda}_{23}$分别表示变压器在正常、注意和异常状态下的突发故障率上限值；$\hat{\lambda}_{03}$、$\hat{\lambda}_{13}$和$\hat{\lambda}_{23}$分别表示变压器在正常、注意和异常状态下的突发故障率中间值；$\underline{\lambda}_{24}$表示变压器的老化故障率下限值；$\bar{\lambda}_{24}$表示变压器的老化故障率上限值；$\hat{\lambda}_{24}$表示变压器的老化故障率中间值，下限值为调度人员基于经验给出的故障率乐观估计值，取值范围为0～0.005次/天，上限值为调度人员基于经验给出的故障率悲观估计值，取值范围为0～0.1次/天，中间值为调度人员基于经验和变压器当前运行工况给出的实际估计值，取值范围为0～0.01次/天。

建立一个如下所示的变压器马尔可夫状态转移微分方程组：

$$\begin{cases}\dfrac{\mathrm{d}\widetilde{P}_0}{\mathrm{d}t}=-(\lambda_{01}+\tilde{\lambda}_{03})\widetilde{P}_0+\mu_b\widetilde{P}_{3.0}+\mu_c\widetilde{P}_4\\ \dfrac{\mathrm{d}\widetilde{P}_1}{\mathrm{d}t}=\lambda_{01}\widetilde{P}_0-(\lambda_{01}+\tilde{\lambda}_{13})\widetilde{P}_1+\mu_b\widetilde{P}_{3.1}\\ \dfrac{\mathrm{d}\widetilde{P}_2}{\mathrm{d}t}=\lambda_{12}\widetilde{P}_1-(\tilde{\lambda}_{23}+\tilde{\lambda}_{24})\widetilde{P}_2+\mu_b\widetilde{P}_{3.2}\\ \dfrac{\mathrm{d}\widetilde{P}_{3.2}}{\mathrm{d}t}=\tilde{\lambda}_{23}\widetilde{P}_2-\mu_b\widetilde{P}_{3.2}\\ \dfrac{\mathrm{d}\widetilde{P}_{3.1}}{\mathrm{d}t}=\tilde{\lambda}_{13}\widetilde{P}_1-\mu_b\widetilde{P}_{3.1}\\ \dfrac{\mathrm{d}\widetilde{P}_{3.0}}{\mathrm{d}t}=\tilde{\lambda}_{03}\widetilde{P}_0-\mu_b\widetilde{P}_{3.0}\\ \dfrac{\mathrm{d}\widetilde{P}_4}{\mathrm{d}t}=\tilde{\lambda}_{24}\widetilde{P}_2-\mu_c\widetilde{P}_4\end{cases} \tag{8.2}$$

式中，$\lambda_{01}$表示变压器由正常状态到注意状态的转移速率；$\lambda_{12}$表示变压器由注意状态到异常状态的转移速率；$\mu_c$表示变压器老化故障的修复率，取值范围为0～1次/天；$\mu_b$表示变压器突发故障的修复率，取值范围为0～10次/天；$\widetilde{P}_0$、$\widetilde{P}_1$和$\widetilde{P}_2$分别表示变压器处于正常、注意和异常状态的概率；$\widetilde{P}_4$表示变压器处于老化故障状态的概率；$\widetilde{P}_{3.0}$表示变压器处于突发故障状态且发生故障前变压器处于正常状态的概率；$\widetilde{P}_{3.1}$表示变压器处于突发故障状态且发生故障前变压器处于注意状态的概率；$\widetilde{P}_{3.2}$表示变压器处于突发故障状态且发生故障前变压器处于异常状态的概率。

根据马尔可夫状态转移微分方程组，得到变压器的可用度解析式，具体过程包括以下步骤。

(1) 设变压器初始化时处于正常状态，采用拉氏变换，将上述微分方程组转化成如下代数方程组：

$$\begin{cases} s\tilde{P}_0-1=-(\lambda_{01}+\tilde{\lambda}_{03})\tilde{P}_0+\mu_b\tilde{P}_{3.0}+\mu_c\tilde{P}_4 \\ s\tilde{P}_1=\lambda_{01}\tilde{P}_0-(\lambda_{01}+\tilde{\lambda}_{13})\tilde{P}_1+\mu_b\tilde{P}_{3.1} \\ s\tilde{P}_2=\lambda_{12}\tilde{P}_1-(\tilde{\lambda}_{23}+\tilde{\lambda}_{24})\tilde{P}_2+\mu_b\tilde{P}_{3.2} \\ s\tilde{P}_{3.2}=\tilde{\lambda}_{23}\tilde{P}_2-\mu_b\tilde{P}_{3.2} \\ s\tilde{P}_{3.1}=\tilde{\lambda}_{13}\tilde{P}_1-\mu_b\tilde{P}_{3.1} \\ s\tilde{P}_{3.0}=\tilde{\lambda}_{03}\tilde{P}_0-\mu_b\tilde{P}_{3.0} \\ s\tilde{P}_4=\tilde{\lambda}_{24}\tilde{P}_2-\mu_c\tilde{P}_4 \end{cases} \tag{8.3}$$

式中，$s$ 为拉氏变换中的复频率，拉氏变换是将时域内的函数变换到复频域内的复变函数的一个积分变换过程。

(2) 以拉氏变换复频率 $s$ 为自变量，以变压器处于正常、注意和异常状态的概率 $\tilde{P}_0$、$\tilde{P}_1$ 和 $\tilde{P}_2$ 因变量，将 $\tilde{P}_0$、$\tilde{P}_1$ 和 $\tilde{P}_2$ 与 $s$ 的关系以如下标准形式表达：

$$\begin{cases} \tilde{P}_0(s)=\sum_{i=0}^{6}\frac{\tilde{L}_{0i}}{s-\tilde{s}_i} \\ \tilde{P}_1(s)=\sum_{i=0}^{8}\frac{\tilde{L}_{1i}}{s-\tilde{s}_i} \\ \tilde{P}_2(s)=\sum_{i=0}^{10}\frac{\tilde{L}_{2i}}{s-\tilde{s}_i} \end{cases} \tag{8.4}$$

式中，$\tilde{L}_{0i}$、$\tilde{L}_{1i}$、$\tilde{L}_{2i}$ 和 $\tilde{s}_i$ 为标准形式中的中间系数，通常为复数，其模的取值范围通常为 0～1。

(3) 将上述标准形式进行拉氏反变换，得到变压器在 $t$ 时刻处于正常、注意和异常状态的概率的时域解析表达式如下：

$$\begin{cases} \tilde{P}_0(s)=\sum_{i=0}^{6}\tilde{L}_{0i}\mathrm{e}^{\tilde{s}_i t} \\ \tilde{P}_1(s)=\sum_{i=0}^{8}\tilde{L}_{1i}\mathrm{e}^{\tilde{s}_i t} \\ \tilde{P}_2(s)=\sum_{i=0}^{10}\tilde{L}_{2i}\mathrm{e}^{\tilde{s}_i t} \end{cases} \tag{8.5}$$

根据式(8.5)的时域解析表达式，得到变压器在 $t$ 时刻的可用度 $\tilde{A}(t)$ 解析式如下：

$$\tilde{A}(t)=\tilde{P}_0+\tilde{P}_1+\tilde{P}_2=\sum_{i=0}^{6}\tilde{L}_{0i}\mathrm{e}^{\tilde{s}_i t}+\sum_{i=0}^{8}\tilde{L}_{1i}\mathrm{e}^{\tilde{s}_i t}+\sum_{i=0}^{10}\tilde{L}_{2i}\mathrm{e}^{\tilde{s}_i t} \tag{8.6}$$

将上述变压器在 $t$ 时刻的可用度 $\tilde{A}(t)$ 表示为三角模糊数形式如下：

$$\tilde{A}(t)=(\underline{A}(t),\hat{A}(t),\overline{A}(t)) \tag{8.7}$$

式中，$\underline{A}(t)$ 表示变压器在 $t$ 时刻的可用度下限值；$\overline{A}(t)$ 表示变压器在 $t$ 时刻的可用度上限值；$\hat{A}(t)$ 表示变压器在 $t$ 时刻的可用度中间值。用变压器突发故障率的上限值$\underline{\lambda}_{03}$、$\underline{\lambda}_{13}$和$\underline{\lambda}_{23}$代替马尔可夫状态转移微分方程组中的突发故障率$\tilde{\lambda}_{03}$、$\tilde{\lambda}_{13}$和$\tilde{\lambda}_{23}$，用变压器老化故障率的上限值$\bar{\lambda}_{24}$代替马尔可夫状态转移微分方程组中的老化故障率$\tilde{\lambda}_{24}$，执行式(8.1)～式(8.5)，得到变压器在$t$时刻的可用度下限值$\underline{A}(t)$；用变压器突发故障率的下限值$\underline{\lambda}_{03}$、$\underline{\lambda}_{13}$和$\underline{\lambda}_{23}$代替马尔可夫状态转移微分方程组中的突发故障率$\tilde{\lambda}_{03}$、$\tilde{\lambda}_{13}$和$\tilde{\lambda}_{23}$，用变压器老化故障率的下限值$\underline{\lambda}_{24}$代替马尔可夫状态转移微分方程组中的老化故障率$\tilde{\lambda}_{24}$，执行式(8.1)～式(8.5)，得到变压器在$t$时刻的可用度的上限值$\overline{A}(t)$；用变压器突发故障率的中间值$\hat{\lambda}_{03}$、$\hat{\lambda}_{13}$和$\hat{\lambda}_{23}$代替马尔可夫状态转移微分方程组中的突发故障率$\tilde{\lambda}_{03}$、$\tilde{\lambda}_{13}$和$\tilde{\lambda}_{23}$，用变压器老化故障率的中间值$\hat{\lambda}_{24}$代替马尔可夫状态转移微分方程组中的老化故障率$\tilde{\lambda}_{24}$，执行式(8.1)～式(8.5)，得到变压器在$t$时刻的可用度的中间值$\hat{A}(t)$。

设电网在$t$时刻处于一种运行状态的概率$\widetilde{P}(t)$为

$$\widetilde{P}(t) = \prod_{i \in S_{\text{on}}} \widetilde{A}_i(t) \prod_{i \in S_{\text{off}}} (1 - \widetilde{A}_i(t)) \tag{8.8}$$

式中，$S_{\text{on}}$表示电网在该运行状态下处于工作状态的变压器集合；$S_{\text{off}}$表示电网在该运行状态下处于故障状态的变压器集合；下标$i$表示变压器编号；$\widetilde{A}_i(t)$表示第$i$台变压器在$t$时刻的可用度。

设对电网变压器进行运行风险评估的时间长度为$T$，电网中共有$N$台变压器，计算电网变压器运行风险指标$\widetilde{R}(t)$的过程如下。

(1) 初始化时，设时刻$t=0$。

(2) 使$t=t+1$，将电网$t$时刻变压器运行风险指标$\widetilde{R}(t)$表示成三角模糊数形式如下：

$$\widetilde{R}(t) = (\underline{R}(t), \hat{R}(t), \overline{R}(t)) \tag{8.9}$$

式中，$\underline{R}(t)$表示电网在$t$时刻变压器运行风险指标的下限值；$\overline{R}(t)$表示电网在$t$时刻变压器运行风险指标的上限值；$\hat{R}(t)$表示电网在$t$时刻变压器运行风险指标的中间值，分别计算电网在$t$时刻变压器运行风险指标的上限值、下限值和中间值如下：

① 列举$t$时刻电网的所有运行状态，根据电网运行状态，分别确定每种运行状态下处于工作状态的变压器集合$S_{\text{on}}$和处于故障状态的变压器集合$S_{\text{off}}$；

② 利用电网潮流计算方法，计算电网在每一种运行状态下的失负荷量$S_j(t)$，下标$j$为该运行状态的编号；

③ 对电网的每种运行状态，用各台变压器可用度上限值$\overline{A}(t)$代替变压器可用度$\widetilde{A}(t)$，将计算结果记为$\overline{P}_j(t)$，利用下式计算得到$t$时刻电网变压器运行风险指标的下限值：

$$\underline{R}(t) = \sum_{j=1}^{2^N} \overline{P}_j(t) \cdot S_j(t) \tag{8.10}$$

④ 对电网的每种运行状态，用各台变压器可用度下限值$\underline{A}(t)$代替变压器可

用度 $\widetilde{A}(t)$，将计算结果记为 $\underline{P}_j(t)$，利用下式计算得到 $t$ 时刻电网变压器运行风险指标的上限值：

$$\overline{R}(t)=\sum_{j=1}^{2^N}\underline{P}_j(t)\cdot S_j(t) \tag{8.11}$$

⑤ 对电网的每种运行状态，用各台变压器可用度中间值 $\hat{A}(t)$ 代替变压器可用度 $\widetilde{A}(t)$，将计算结果记为 $\hat{P}_j(t)$，利用下式计算得到 $t$ 时刻电网变压器运行风险指标的中间值：

$$\hat{R}(t)=\sum_{j=1}^{2^N}\hat{P}_j(t)\cdot S_j(t) \tag{8.12}$$

(3) 对时刻 $t$ 进行判断，若 $t<T$，则返回步骤(2)，若 $t=T$，则以上述步骤(2)的 $\widetilde{R}(t)$ 作为电网变压器运行风险指标。

### 8.3.2　配电网多源信息的粗糙集约简及其在故障分析中的应用

在配电系统(特别是长距离、多节点的配电系统)中，由于存在众多节点的串联，因此，仅依靠继电保护和开关来准确判断故障区域是非常困难的。本章考虑加入连续属性作为基于粗糙集的故障诊断方法。可以把电网数据分为两种类型，离散属性用语言或少量离散值来表示，如开关位置，继电保护动作与否等。连续属性描述了对象的某些可测性质，其值取自某个连续的区间，如电压、电流等。有效的应用这些信息，不但可以大大提高故障诊断的准确性和通用性，也可以对配电系统临界稳定的研究提供很大的帮助。

任何设备都有其故障率，对于电力系统稳定可靠的要求而言，设备的可信度，即测试样本属性数据的可信度是不容忽视的。而系统中的离散数据主要是由断路器和继电保护设备构成的。

断路器故障率 $\lambda_Q$ 可由公式 $\lambda_{Q'}=\lambda_Q+\lambda_L\dfrac{L}{100}+\lambda$ 分别计算。这里计算一台半断路器接线形式中断路器故障率，根据不同条件所得到的断路器故障率是不同的。表 8.1 为一台半断路器接线中断路器故障率。

**表 8.1　一台半断路器接线中断路器故障率**

| 断路器编号 | 线路长度 $L$/km | 自身故障率 $\lambda_Q$ | 线路影响率 $\lambda_L\dfrac{L}{100}$ | 母线影响率 $\lambda$ | 某断路器故障率 $\lambda_{Q'}=\lambda_Q+\lambda_L\dfrac{L}{100}+\lambda$ |
|---|---|---|---|---|---|
| $Q_1$ | 0 | 0.014 | 0 | 0.004 | 0.018 |
| $Q_2$ | 150 | 0.014 | 0.015 | 0.004 | 0.033 |
| ⋮ | ⋮ | ⋮ | ⋮ | ⋮ | ⋮ |
| $Q_n$ | 210 | 0.014 | 0.021 | 0.004 | 0.039 |

考虑到一个故障的判断是由多个元件的动作情况所决定的，它们互相之间具有相互独立的发生性，我们可以应用概率方法来进行计算。

同时，根据电力规程，由于继电保护装置的可靠性一般低于开关设备，我们取主保护，第一后备保护，第二后备保护中的参数 $\lambda_Q$ 和 $\lambda$ 都分别比断路器的参数大 0.3、0.2、0.1，则主保护，第一后备保护，第二后备保护的数据的可信度比断路器数据的可信度分别低 0.6、0.4、0.2 个百分点。即分别为 97.6%、97.8%、98.0%。则在一条规则中，主保护属性有几个数据为 1，设备可信度上就乘几个 97.6%；近后备保护属性有几个数据 1，设备可信度上就乘几个 97.8%；远后备保护属性有几个数据为 1，设备可信度上就乘几个 98.0%。

之所以可信度只计算为 1 的数据是因为正常情况下设备不动作，其值为 0，当其值为 1 时是表明设备动作了，并且一般在设备动作时才可能出现误动情况。可见做这样的处理是合理的。由最终得到的结果得知，设备的可信度有一半大于 95%，另一半在 88%～90%，这样的结果还是让人比较满意的。既达到了一定修正的目的，又使整体的可信度不致太低。

系统中的连续数据主要是由电流量和电压量构成的。其中，电流量误差主要是由电流互感器测量误差以及系统通信干扰造成的。后者在通常情况下属于随机事件，干扰发生的时刻以及造成的影响都难以预估，我们可以用一个随机扰动表示；而前者主要是由电流测量设备即电流互感器的误差造成的，定义如下：

$$\Delta I\% = (KI_2 - I_1)/I_1 \times 100\% = \varepsilon\% + \lambda_{i1}\Phi + \lambda_{i2} I_d \tag{8.13}$$

式中，$\Phi$ 是电流互感器磁通；$I_d$ 是短路电流值；$K = I_{1N}/I_{2N}$ 是电流互感器的变比；$I_1$ 和 $I_2$ 为电流互感器的原侧和副侧电流实测值；$\lambda_{i1}$ 和 $\lambda_{i2}$ 分别为磁通及短路电流的系数；$\varepsilon\%$ 是电流互感器的误差等级，其定义如下：

$$\varepsilon\% = \frac{100}{I_1} \times \sqrt{\frac{1}{T}\int_0^T (K_I i_2 - i_1)^2 \mathrm{d}t} \tag{8.14}$$

式中，$I_1$ 为原侧电流实测值；$i_1$ 和 $i_2$ 为原侧和副侧短路电流值；$T$ 为短路电流周期。

电压测量误差主要是由电压互感器测量误差以及系统通信干扰造成的。后者与电流量随机误差相同；而前者是由电压互感器的误差造成的，定义如下：

$$\Delta U\% = (KU_2 - U_1)/U_1 \times 100\% = \varepsilon\% + \lambda_{u1}\cos\sigma + \lambda_{u2} I_0 \tag{8.15}$$

式中，$\cos\varphi$ 为功率因数；$I_0$ 为空载电流值；$\lambda_{u1}$ 和 $\lambda_{u2}$ 分别为功率因数和空载电流系数；$K = U_{1N}/U_{2N}$ 是电压互感器的变比，$U_1$ 和 $U_2$ 为电压互感器的原侧和副侧电压实测值，$\varepsilon\%$ 是电压互感器的误差等级，计算方法同电流互感器。

不同国家对于误差等级 $\varepsilon\%$ 的规定不同，我国将 $\varepsilon\%$ 定为 0.2、0.5、1 和 3 等四个等级，在配电系统中，一般测量用互感器的电压等级为 0.5 或者 1 级，即测量幅值误差为 ±0.5% 或 ±1%，相位误差为 ±20° 或 ±40°。在配电系统故障诊断数据建模中,我们可以将其看作是一个模糊变量。由于其他的变量取决于短路电流的发生位置以及短路类型,这对于故障诊断系统来说一般为完全未知数据,我们可以将其定义为一个随机变量。则电压和电流误差可以被定义为一类以模糊随机变量表示的不确定条件属性值如下:

$$\xi(\Delta I\%,\Delta U\%)=\begin{cases}\mu_1+\sigma_1, & \Delta I\%, \quad \Delta U\%=\omega_1\\ \mu_2+\sigma_2, & \Delta I\%, \quad \Delta U\%=\omega_2\end{cases} \tag{8.16}$$

式中,$\mu_i$ 是由专家给出的电压量和电流量的模糊隶属函数;$\sigma_i$ 是一个随机误差;$\omega_i$ 是一个由互感器准确等级决定的概率分布函数。

我们考虑在一个配电系统故障诊断中,三相电流电压关系可以描述如下:

$$\begin{bmatrix}\dot{V}_a\\ \dot{V}_b\\ \dot{V}_c\end{bmatrix}=l\begin{bmatrix}\dot{Z}_{aa} & \dot{Z}_{ab} & \dot{Z}_{ac}\\ \dot{Z}_{ba} & \dot{Z}_{aa} & \dot{Z}_{bc}\\ \dot{Z}_{ca} & \dot{Z}_{cb} & \dot{Z}_{cc}\end{bmatrix}\begin{bmatrix}\dot{I}_a\\ \dot{I}_b\\ \dot{I}_c\end{bmatrix}+R\begin{bmatrix}\dot{I}_{fa}\\ \dot{I}_{fb}\\ \dot{I}_{fc}\end{bmatrix} \tag{8.17}$$

式中,$\dot{I}_f=\dot{I}_a-\dot{I}_{La}$;$\dot{V}_a$ 为A相电压;$\dot{I}_a$ 为A相额定电流;$\dot{I}_{fa}$ 为A相短路电流;$\dot{I}_{La}$ 为A相正常运行电流;$l$ 为故障点与测量点距离;$R$ 为故障点对地电阻;$\dot{Z}$ 为线路阻抗矩阵。我们注意到方程中包含了两个未知变量,分别是故障点与测量点距离($l$)和故障点对地电阻($\dot{R}$)。则包含了不确定量的故障情况下电压和电流方程如式(8.18)所示。

$$\dot{V}_a=(l\dot{Z}+R)\dot{I}_a-R\dot{I}_{La} \tag{8.18}$$

式中,$\dot{V}_a$、$\dot{I}_a$、$\dot{I}_{La}$ 和 $\dot{Z}$ 是已知的,而 $R$ 为随机变量。由于 $\dot{I}_a\gg\dot{I}_{La}$,$R\dot{I}_{La}$ 可以被等同为式中的 $\sigma_i$ 而 $(l\dot{Z}+R)\dot{I}_a$ 可以被看作是一个确定量和一个模糊变量的组合。则我们可知在发生故障的情况下,配电系统的故障点和其他非故障点仍然能够被表达为如式中的形式。

对于配电网故障诊断系统的决策属性,除了要考虑发生故障区域外,还要考虑发生故障的类型,我们考虑如下六类典型故障情况。

(1) 单相接地故障:假设 $A$ 相在故障点 $F$ 短路接地,则我们易知 $V_{af}=0$;$I_b=I_c=0$;$I_a=I_f$。此时,三个序网络在故障点($F$)和每个序网的参考节点($R$)处连接,从而形成一个串联接线。

(2) 两相短路:假设B相和C相在 $F$ 点发生相间短路,则有 $V_{bf}=V_{cf}$;$I_a=0$;$I_b+I_c=0$。由于故障不涉及地,因此没有零序网络。

(3) 两相对地短路:假设B相和C相在 $F$ 点发生两相对地短路,则有 $V_{bf}=V_{cf}=0$;$I_a=0$;$I_f=I_b+I_c$。

(4) 三相短路:假设A、B、C三相在 $F$ 点发生三相短路,此时由于没有零序或负序电动势,因此有 $V_{af}=V_{bf}=V_{cf}=0$;$I_a+I_b+I_c=0$。

导线开路情况可能由于导体断线或故意使单相开关断开而引起。这种故障可能涉及三相电路中的单相或两相断线。我们令 $v_a$、$v_b$、$v_c$ 为 A、B、C 各相在断电 $X$、$Y$ 之间的串联电压降落，$I_a$、$I_b$ 和 $I_c$ 为线电流。

(5) 单相开路：假设 A 相在故障点 $X$、$Y$ 之间开路，则有 $v_b=v_c=0$；$I_a=0$。

(6) 两相开路：假设 B 相和 C 相在 $X$、$Y$ 点之间开路，则 $v_a=0$，$I_b=I_c=0$。

### 8.3.3　基于开关层-馈线层-变电站层的动态调整故障分析方法

电网的故障诊断需要依托电网故障后所表现出的故障征兆信息，电网发生故障后，故障点附近电气量信息首先发生异常变化，继电保护装置检测到系统越限电气量后根据判断规则作出动作，进而发出控制命令控制相应开关动作。显然，各类故障信息来自不同的信息源，信息采集与通信延时也各不相同，因此可以根据多源故障信息的时空特性，采用一种动态层次化策略实现电网的快速故障诊断。本书将故障诊断分为三个层次，包括开关层、馈线层和变电站层，且各层之间采用动态结构，根据匹配条件纵向调整诊断方案。其中开关层利用开关动作信息较易获取且信息量较小的特点，采用基于网络关联矩阵的深度优先搜索方法快速诊断故障；馈线层融合开关信息与保护信息，采用复合 Petri 网模型对可疑故障元件建模，确定故障元件；变电站层采用信息融合与反向推理方法进行故障模式匹配，并考虑电气量信息的冗余性和不确定性，利用直觉不确定粗糙集理论进行数据处理并更新故障诊断规则库，提高模式匹配效率。形成基于多源信息的层次化故障诊断方法流程如图 8.1 所示。

电网故障发生后，启动该故障诊断系统，并计算启动条件以确定诊断策略入口。故障诊断启动条件 SC 为

$$\mathrm{SC}=\frac{\sum_{i=1}^{N}a_iq_i}{N}\times 100\% \tag{8.19}$$

式中，$a_i$ 为各开关权重系数，依据开关位置重要程度及开关动作可信度而定；当第 $i$ 个开关为跳闸开关时 $q_i=1$，否则 $q_i=0$；$N$ 为开关数量。启动条件用于表征电网故障时的开关动作信息在故障前后的相对变化程度，若开关动作信息在故障前后的变化不明显，即跳闸开关相对数量较少，则 $\mathrm{SC}<\beta$，因此利用开关信息较易实现故障诊断，诊断进入开关层；若开关动作信息在故障前后的变化显著，则 $\mathrm{SC}\geqslant\beta$，即说明故障情况较为复杂，为避免多层诊断拖延时间，诊断直接进入变电站层。开关层诊断结束后若获得的可疑故障元件唯一，则诊断结束，否则在历史数据库中查询是否存在与动作开关相匹配的历史记录，若存在匹配记录则直接进入变电站层进行模式匹配，否则进入馈线层诊断。若馈线层诊断后获得唯一故障解，则诊断结束，否则进入变电站层。变电站层诊断结束后若确定唯一故障解，则诊断结束，

否则发出模型扩展请求并返回馈线层，重新调整馈线层建模范围进行新一轮的诊断，直至确定唯一故障解。图8.1为基于多源信息的层次化故障诊断方法流程图。

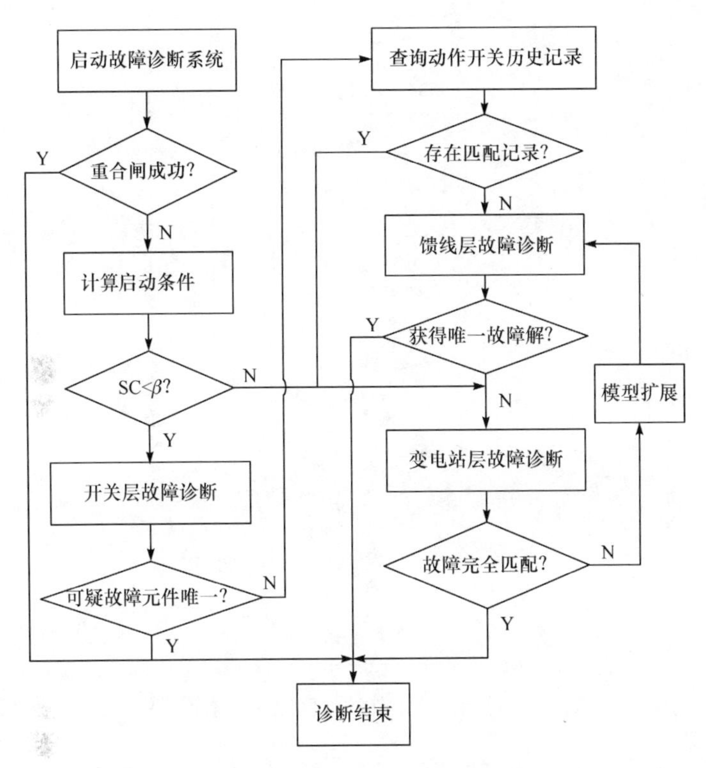


图8.1 基于多源信息的层次化故障诊断方法流程图

1. 基于深度优先搜索方法的开关层故障诊断

在开关层利用开关分布特点采用深度优先搜索方法确定故障区域，如图8.2所示，并利用弹性截止条件控制搜索进程、提高诊断效率。

电网故障跳闸后，首先对所有跳闸开关编号 $k=(0,1,2,\cdots)$，搜索以一个跳闸开关为起点，沿远离电源的方向进行。沿搜索路径根据网络拓扑结构建立网络关联矩阵 $D$，$D$ 表示搜索路径上开关 $i$ 与搜索起点跳闸开关 $k$ 的关联程度，关联程度越小的开关则属于故障区域的可能性越小；关联程度大且未达到截止条件的开关则属于故障区域的可能性越大。$D$ 为对角矩阵，其中，$D_{ii}$ 定义为

$$D_{ii}=\begin{cases}1 \\ \sum\limits_{j-1}^{i-1}(C_{ij}\cdot D_{jj})-\varepsilon\sum\limits_{j-1}^{i-1}C_{ji}, & i\neq 1 \\ *, & i\text{ 为搜索终点}\end{cases} \tag{8.20}$$

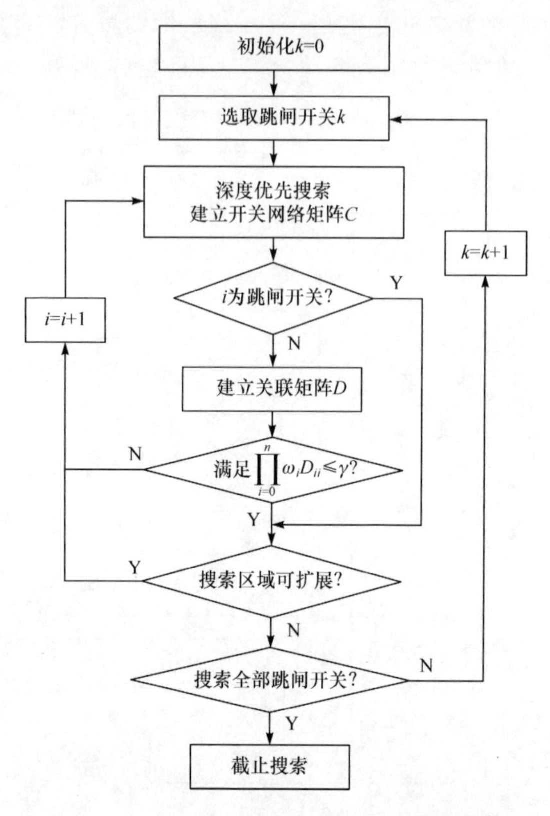


图 8.2　基于关联矩阵的深度优先搜索流程图

式中，$I$ 为单位对角阵；$\varepsilon$ 为关联指数且 $0<\varepsilon<0.2$，由搜索深度而定；$C$ 为 $p\times p$ 阶开关网络矩阵，$p$ 为搜索遍历开关数目，若开关 $i$ 与 $j$ 存在连接关系，且沿搜索方向上 $j$ 为 $i$ 的下层开关，则 $C_{ij}=1$，其余元素均为 0。搜索至遇到下一个跳闸开关或满足截止条件时截止，截止条件为

$$\prod_{i=0}^{n}\omega_i D_{ii}\leqslant\gamma \tag{8.21}$$

式中，$\omega_i$ 为各开关动作可信度，由历史动作数据确定；$\gamma$ 为弹性截止阈值，要求较高搜索精度时取较大值，要求较短搜索时间时取较小值。搜索结束后，从搜索起点的跳闸开关 $k$ 至网络关联矩阵 $D$ 中 * 对应的搜索终点，搜索所遍历的电网区域，即为跳闸开关 $k$ 对应的可疑故障区域 $k$。完成单次搜索后取下一跳闸开关重复上述搜索过程，直至确定全部可疑故障区域。对全部可疑故障区域进行合并，去除重复的可疑故障区域，可疑故障区域内元件即为可疑故障元件。

若可疑故障元件唯一，则该元件即为故障元件，诊断结束；否则从历史记录数据库调取开关历史动作记录，存在匹配记录则直接进入变电站层，否则进入馈线层诊断。开关层诊断结构如图 8.3 所示。

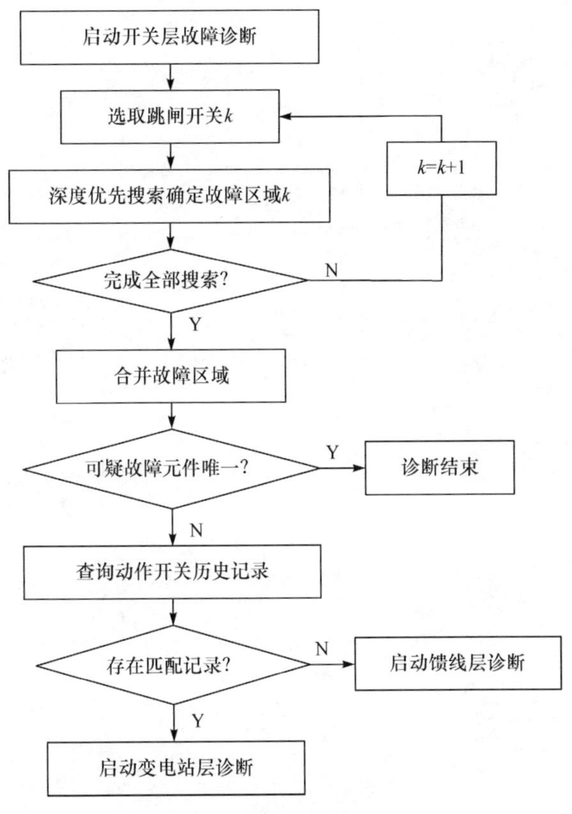


图 8.3　开关层诊断流程图

2. 基于 Petri 网推理的馈线层诊断

馈线层诊断在已知开关动作信息基础上，结合 SCADA 和故障信息系统提供的开关和保护信息，馈线层采用 Petri 网模型对开关层确定的可疑故障元件建模，诊断过程中采用弹性建模，当不存在模型扩展请求时，建模只针对已确定故障区域内的保护和断路器；当返回模型扩展请求时，扩大建模范围重新进行诊断。线路的 Petri 网模型基本结构如图 8.4 所示，在本节的 Petri 网推理中设立了一条推理路径用于推断断路器是否拒动，若推理末端关联断路器库所中存在托肯，则该断路器为拒动断路器。推理完成后，选取下一可疑故障元件进行 Petri 网推理，若无待建模的可疑故障元件则获得全部故障元件。若经馈线层诊断仍未获得故障元件或故障解不唯一，则进入变电站层诊断；否则诊断结束。

馈线层诊断的具体步骤如下。

**步骤 1**　确定可疑故障元件的关联断路器，关联断路器指各可疑故障元件主保护、近后备保护、远后备保护所对应的全部断路器设备。

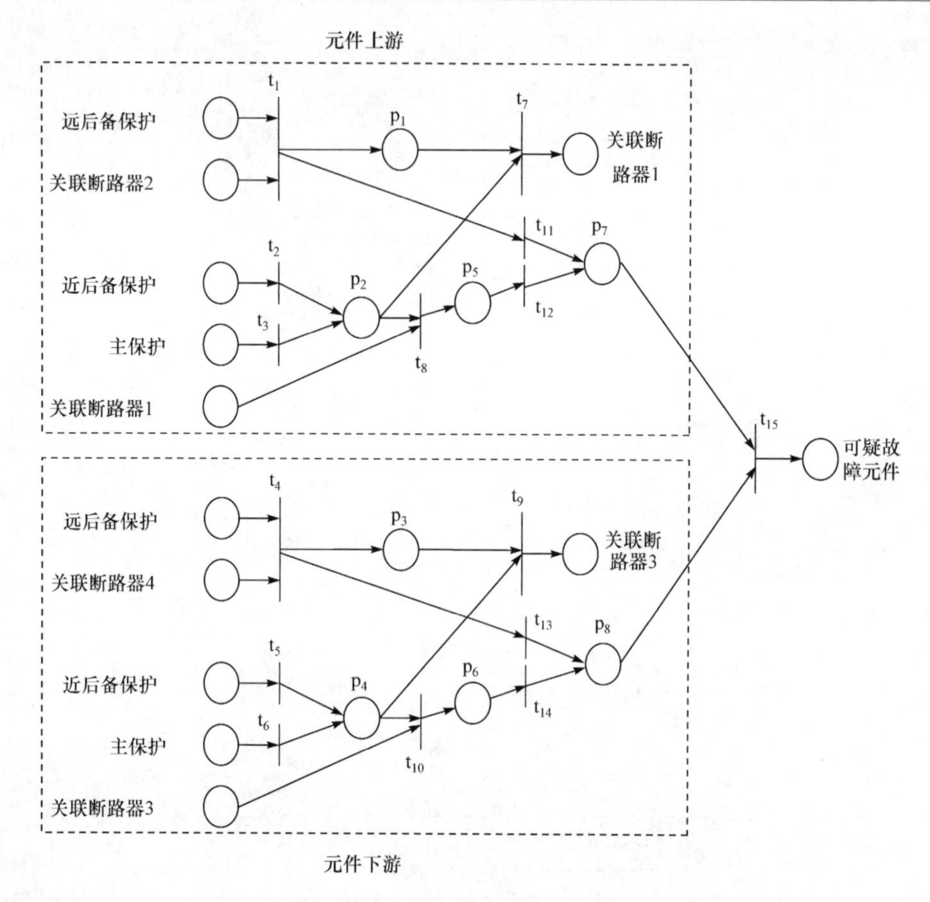


图 8.4　线路的 Petri 网基本模型

**步骤 2**　扩展条件判断，根据是否存在变电站层诊断返回的模型扩展请求，确定建模范围。

**步骤 3**　获取可疑故障元件保护信息，结合其关联断路器动作信息进行 Petri 网建模。故障区域中已包含全部跳闸断路器，因此建模只针对故障区域中的保护和断路器，不考虑不在区域内的做远后备用断路器等。

**步骤 4**　Petri 网推理确定故障元件，将故障元件加入故障元件集 $F$ 中，若存在断路器拒动情况，则诊断结果包含拒动断路器，以便一并加入检修列表，防止断路器故障造成的故障扩大。

**步骤 5**　推理完成后，选取下一可疑故障元件返回步骤 3，若无待建模元件则进入步骤 6。

**步骤 6**　若故障元件集 $F$ 中故障解唯一，结束诊断；否则进入变电站层诊断。

所述简化 Petri 网模型是针对可疑故障元件，分别对其两端关联断路器和保护建立多层 Petri 网模型。无模型扩展请求时，只选取在可疑故障区域内的关联保护参与建模，若某远后备保护及其相应断路器不在区域内，则模型可不包含该库所，其基本 Petri 网结构图；若变电站层诊断返回模型扩展请求，则建立完整 Petri 网模型，即包含全部断路器与保护。

启动变电站层诊断，确定唯一故障解，完成故障诊断，否则发出模型扩展请求后返回步骤 4。

3. 基于直觉不确定粗糙集的变电站层诊断

变电站层作为层次化故障诊断的最后一层，结合电气量信息以准确诊断为目标，弱化了实时性要求，因此变电站层采用基于重要电气量信息的故障模式匹配。粗糙集良好的知识约简、数据挖掘能力可以有效减少参与决策判断的数据量，提高诊断效率。而各信息源采集电气量信息为故障时刻的实值数据，进行模式匹配过程中存在一定的模糊性，因此需将粗糙集理论与其他具有处理不确定问题能力的理论进行相互补充。为进一步描述电气量信息的模糊性，变电站层采用基于直觉不确定粗糙集的故障模式匹配方法进行故障诊断。

**定义 8.1**　假设 $A=\{\langle x,\mu_A(x),\chi_A(x)\rangle \mid 0\leqslant\mu_A(x)+\chi_A(x)\leqslant 1\}$ 为一个论域为 $U$ 的直觉不确定粗糙集合，其中 $\mu_A(x)$、$\chi_A(x)$ 分别表示其隶属度与非隶属度，其下近似、上近似的隶属函数与非隶属函数分别定义为

$$\begin{cases}\mu_{\underline{A}}(F_{ik})=\inf_{x\in U}\max\{1-\mu_{F_{ik}}(x),\mu_A(x)\}\\ \mu_{\overline{A}}(F_{ik})=\sup_{x\in U}\min\{\mu_{F_{ik}}(x),\mu_A(x)\}\end{cases}\tag{8.22}$$

$$\begin{cases}\chi_{\underline{A}}(F_{ik})=\sup_{x\in U}\min\{1-\chi_{F_{ik}}(x),\chi_A(x)\}\\ \chi_{\overline{A}}(F_{ik})=\sup_{x\in U}\min\{\chi_{F_{ik}}(x),\chi_A(x)\}\end{cases}\tag{8.23}$$

式中，$F_{ik}$ 为直觉模糊属性对论域的划分，即 $U/P=\{F_{ik}\mid i=1,\cdots,p;k=1,\cdots,C_i\}$。

以下近似隶属函数为例，当论域规模较大时，计算量也是相当大的，另外，其中"inf"的计算使区域 $\max\{1-\mu_{F_{ik}}(x),\mu_A(x)\}=1$ 对隶属函数的计算没有任何影响，计算仅在区域 $\max\{1-\mu_{F_{ik}}(x),\mu_A(x)\}\neq 1$ 中进行，因此引入了紧计算域[8,9]的概念缩小计算范围。直觉不确定粗糙集 $A$ 下近似隶属函数 $D_{\underline{A}}(F_{ik})$、上近似隶属函数 $D_{\overline{A}}(F_{ik})$、下近似非隶属函数 $B_{\underline{A}}(F_{ik})$ 和上近似非隶属函数 $B_{\overline{A}}(F_{ik})$ 的紧计算域分别定义为

$$\begin{cases}D_{\underline{A}}(F_{ik})=\{x\in U\mid \mu_{F_{ik}}(x)\neq 0\wedge\mu_{\underline{A}}(x)\neq 1\}\\ D_{\overline{A}}(F_{ik})=\{x\in U\mid \mu_{F_{ik}}(x)\neq 0\wedge\mu_{\underline{A}}(x)\neq 0\}\end{cases}\tag{8.24}$$

$$\begin{cases}B_{\underline{A}}(F_{ik})=\{x\in U\mid \chi_{F_{ik}}(x)\neq 1\wedge\mu_{\underline{A}}(x)\neq 0\}\\ B_{\overline{A}}(F_{ik})=\{x\in U\mid \chi_{F_{ik}}(x)\neq 1\wedge\mu_{\underline{A}}(x)\neq 0\}\end{cases}\tag{8.25}$$

为进一步限制计算范围，同时引入概率粗糙集运算。给定任意概率集合 $U$，函数

$P:2^U\to[0,1]$为其概率，则该概率粗糙集的上下近似可以定义为

$$\begin{cases}P_{\underline{A}\alpha}(X)=\{x\in U\mid P(x\mid[x])\geqslant\sigma\}\\P_{\overline{A}\beta}(X)=\{x\in U\mid P(x\mid[x])>\kappa\}\end{cases}\tag{8.26}$$

式中，$0\leqslant\kappa<\sigma\leqslant1$。因此，下近似和上近似的隶属函数与非隶属函数可改进为

$$\mu_{\underline{A}}(F_{ik})=\begin{cases}\inf_{x\in D_{\underline{A}}(F_{ik})}\{\max[1-\mu_{F_{ik}}(x),\mu_A(x),\sigma]\}, & D_{\underline{A}}(F_{ik})\neq\varnothing\\1, & D_{\underline{A}}(F_{ik})=\varnothing\end{cases}\tag{8.27}$$

$$\mu_{\overline{A}}(F_{ik})=\begin{cases}\sup_{x\in D_{\overline{A}}(F_{ik})}\{\max\{\min[\mu_{F_{ik}}(x),\mu_A(x)],\kappa\}\}, & D_{\overline{A}}(F_{ik})\neq\varnothing\\1, & D_{\overline{A}}(F_{ik})=\varnothing\end{cases}\tag{8.28}$$

$$\chi_{\underline{A}}(F_{ik})=\begin{cases}\sup_{x\in B_{\underline{A}}(F_{ik})}\{\min[1-\chi_{F_{ik}}(x),\chi_A(x),\sigma]\}, & B_{\underline{A}}(F_{ik})\neq\varnothing\\1, & B_{\underline{A}}(F_{ik})=\varnothing\end{cases}\tag{8.29}$$

$$\chi_{\overline{A}}(F_{ik})=\begin{cases}\sup_{x\in B_{\overline{A}}(F_{ik})}\{\max\{\min[\chi_{F_{ik}}(x),\chi_A(x)],\kappa\}\}, & B_{\overline{A}}(F_{ik})\neq\varnothing\\1, & B_{\overline{A}}(F_{ik})=\varnothing\end{cases}\tag{8.30}$$

式中，$\alpha$ 和 $\beta$ 可设置为概率意义上的弹性系数，当约简不满足可信阈值时适当增大或减小相应弹性系数以调整计算范围，防止因主要影响因素被限制在计算范围外引起的阈值不满足。

**定义 8.2**　不确定语义项 $F_{ik}:\forall k=1,2,\cdots,C_i$ 在直觉不确定正域下的隶属度与非隶属度定义为

$$\mu_{POS}(F_{ik})=\sup_{Fl\in A(Q)}\{\mu_{\underline{Fl}}(F_{ik})\},\quad \chi_{POS}(F_{ik})=\inf_{Fl\in A(Q)}\{\chi_{\underline{Fl}}(F_{ik})\}$$

同样的，有 $x\in U$ 对不确定正域的隶属度与非隶属度定义为

$$\mu_{POS}(x)=\sup_{F_{ik}\in A(P_i)}\min\{\mu_{F_{ik}}(x),\mu_{POS}(F_{ik})\},$$

$$\chi_{POS}(x)=\inf_{F_{ik}\in A(P_i)}\max\{\chi_{F_{ik}}(x),\chi_{POS}(F_{ik})\}$$

定义决策属性 $Q$ 对条件属性 $P$ 的依赖度 $\Phi_P(Q)$ 与非依赖度 $\Psi_P(Q)$ 定义为

$$\Phi_P(Q)=\frac{\sum_{x\in U}\mu_{POS}(x)}{|U|},\Psi_P(Q)=\frac{\sum_{x\in U}\chi_{POS}(x)}{|U|}。$$

式中，$\mu_{POS}(x)$、$\chi_{POS}(x)$分别为 $x\in U$ 对不确定正域的隶属度与非隶属度。由上述定义可知，当 $P\Rightarrow Q$ 时，直觉模糊分类 $U/Q$ 的正域可能覆盖知识库 $K=(U,P)$ 的 $\Phi_P(Q)\times100\%$的元素，而不可能覆盖其 $\Psi_P(Q)\times100\%$的元素。因此 $\Phi_P(Q)$和 $\Psi_P(Q)$显示了 $P$、$Q$ 间的依赖关系和非依赖关系，决策属性 Q 对条件属性集 $P$ 的依赖表示该属性的重要程度，依赖度越高则该条件属性越重要，则直觉不确定粗糙集的属性约简可以依据依赖度的概念进行，以去除对决策几乎没有影响的属性。

变电站层诊断利用直觉不确定粗糙集理论进行属性约简与数据约简，更新故障诊断规则库，为模式匹配提供依据。变电站层启动后，获取与可疑故障元件相关

的故障规则，采集规则所需电气量信息，利用反向推理的方法进行故障模式匹配。首先应对采集来的数据进行预处理，包括多源数据的信息融合与电气量信息的直觉模糊化。所需电气量信息来自配电自动化系统和 WAMS，由于不同信息源存在不同测量误差，当某节点同时配备 SCADA 和 PMU 时，需对测量值采用加权平均融合方法进行融合统一，权值由数据可信度决定。直觉模糊化过程是将断面数据划分为不同的直觉模糊等价类，本节采用三角隶属度函数计算属性值对于相应规则信息的隶属度，再依据给定的直觉指数确定非隶属度，为方便计算采用 | 实测值－规则值 | 的隶属度与非隶属度代替测量值的属性划分。定义故障模式匹配度为：$p=\frac{1}{w}\left(\sum_{l=1}^{w}\left|1-\frac{x_l}{\eta_l\delta_l}\right|^2\right)^{\frac{1}{2}}$。$w$ 为参与计算的信息总数；$x_l(l=1,2,\cdots,w)$ 为信息融合后的故障信息；$\delta_l$ 为诊断规则中相应电气量信息；$\eta_l$ 为规则可信度。通过反向推理判断故障信息与诊断规则是否完全匹配，结合故障信息与诊断规则计算故障模式匹配度，若匹配度小于设定阈值即视为实时故障信息与诊断规则完全匹配，进而确定故障元件，阈值据专家经验给出。若无匹配规则，则发出模型扩展请求返回馈线层诊断。变电站层故障诊断的流程图如图 8.5 所示。

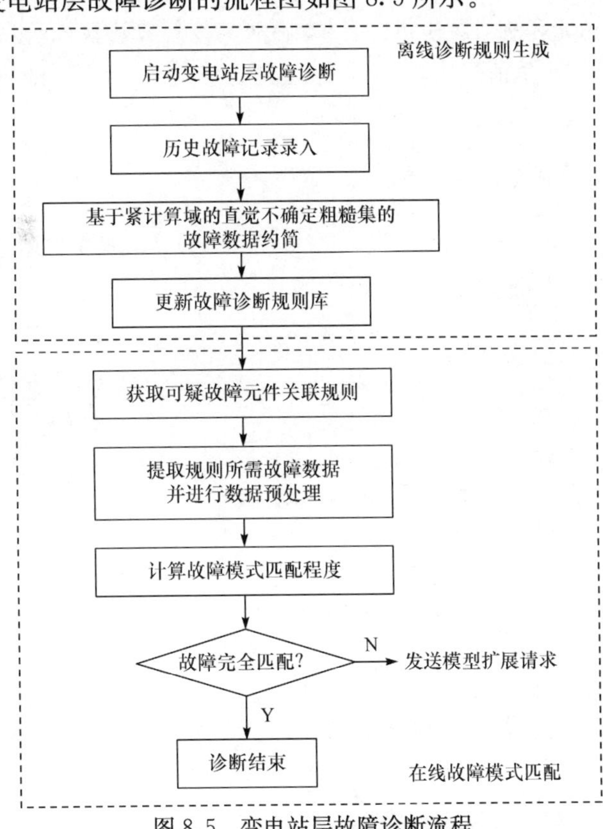


图 8.5　变电站层故障诊断流程

### 8.3.4 基于等级偏好优序法的配电网故障恢复

故障恢复是提高配电网故障处理能力的一项重要内容，对配电网安全、经济运行具有重要意义。目前，该问题的求解主要有启发式算法和群体智能算法两类。启发式算法是将专家知识和经验转换成启发式规则的基础上指导算法搜索，由于知识和经验的局限，有时难以得到全局最优解。群体智能算法因其良好的全局搜索性能得到了广泛的研究，并取得了较好的效果。群体智能算法求解故障恢复问题的主要思路是将故障区隔离后的电网进行网络重构，从而得到恢复方案。然而，配电网故障恢复问题不同于非故障情况下的网络重构，当电网失电负荷过多，转供能力不足以使失电区负荷完全恢复时，需要进行切负荷处理。否则无法满足电网的安全运行约束。但现有群体智能算法的文献中均未详细提及失电负荷无法完全恢复情况下的处理方法，影响了其工程应用。此外，方案的评价对于群体智能算法最优解的获得至关重要，传统方法多采用的隶属度函数需要针对不同规模的电网进行分别设计，算法移植性较差。

本章采用基于等级偏好优序法的二进制粒子群算法求解配电网故障恢复问题，采用等级偏好优序法对粒子进行评价，在故障恢复算法执行前采用重复潮流法判断是否需要引入切负荷模块，当负荷无法完全恢复时采用提出的切负荷策略进行处理。

1. 故障恢复的目标函数

本节以未恢复负荷量 $f_1$、开关操作次数 $f_2$、网损 $f_3$、载荷平衡 $f_4$ 和电压质量 $f_5$ 为配电网故障恢复的目标函数。

$$\min f_1 = \sum_{i\in A} P_i \tag{8.31}$$

式中，$A$ 为未恢复的节点集合；$P_i$ 为节点 $i$ 的负荷。

$$f_2 = \sum_{i\in S} | S_i - S_i' | \tag{8.32}$$

式中，$S$ 为开关集合；$S_i'$、$S_i$ 为恢复前后的开关状态。

$$\min f_3 = \sum_{i\in B} P_{iloss} \tag{8.33}$$

式中，$B$ 为支路集合；$P_{iloss}$为支路 $i$ 的网损。

$$\min f_4 = \max_{i\in B}\left(\frac{L_i}{LN_i}\right) - \min_{i\in B}\left(\frac{L_i}{LN_i}\right) \tag{8.34}$$

式中，$L_i$ 为支路 $i$ 的负荷；$LN_i$ 为支路 $i$ 的额定容量。

$$\max f_5 = \min_{i\in N}(V_i) \tag{8.35}$$

式中，$V_i$ 为节点 $i$ 的电压；$N$ 为网络的节点数。

配电网故障恢复需要满足的约束条件有：

(1) 配电网络的拓扑约束，故障恢复后的配电网拓扑结构为辐射状的连通网络；

(2) 配电网络的节点电压约束；

(3) 配电网络的支路电流约束；

(4) 变电站主变的容量约束。

2. 等级偏好优序法

假设有 $m$ 个待评价方案，每个方案有 $n$ 个指标，则构建判断矩阵 $R$ 如下：

$$R=[f_{ij}]_{m\times n} \tag{8.36}$$

式中，$f_{ij}$ 为第 $i$ 个方案的第 $j$ 个指标的有名值。

指标优序数 $a_il_j$ 描述的是在指标 $j$ 下第 $i$ 个方案相对于第 $l$ 个方案的占优程度，具体定义如下：

$$a_il_j=\begin{cases}1, & f_{ij}>f_{lj} \quad 且 \quad i\neq l\\ 0.5, & f_{ij}=f_{lj} \quad 且 \quad i\neq l\\ 0, & f_{ij}<f_{lj} \quad 或 \quad i=l\end{cases} \tag{8.37}$$

式中，$a_il_j$ 为在指标 $j$ 下第 $i$ 个方案相对于第 $l$ 个方案的指标优序数。

优序数 $a_{il}$ 描述的是第 $i$ 个方案相对于第 $l$ 个方案的占优程度，具体定义如下：

$$a_{il}=\begin{cases}\sum_{j=1}^{n}a_{ilj}, & i\neq l\\ 0, & i=l\end{cases} \tag{8.38}$$

式中，$a_{il}$ 为第 $i$ 个方案相对于第 $l$ 个方案的优序数。

总优序数 $K_i$ 描述的是第 $i$ 个方案相对于所有方案的占优程度，总优序数越大，对应的方案越优，具体定义如下：

$$K_i=\sum_{l=1}^{m}a_{il} \tag{8.39}$$

式中，$K_i$ 为方案 $i$ 的总优序数。

在评价多目标问题中优序法原理简单且非常实用，但在描述方案间的优劣程度上区分度不够，会出现不同方案具有相同总优序数的情况。针对这种情况，对指标优序数的获得进行了改进，将一个指标比另一个指标优秀的程度用等级表示出来，有效地提高了方案的区分度。

常用的指标有效益型和成本型两类，效益型指标值越大越好，成本型指标值越小越好。本书涉及的未恢复负荷量、开关操作次数、网损和载荷平衡均属于成本型指标，电压质量属于效益型指标。

对指标进行等级区域划分，一共分为 $h$ 个等级。为了使方案中的指标值落于不同等级，等级数越大越好，并且指标值所在的等级越高越好。

效益型指标的等级划分为

$$\begin{array}{ll} 1 & \left[\min_j\{f_{ij}\},\min_j\{f_{ij}\}+\frac{1}{h}d_j\right) \\ \vdots & \vdots \\ k & \left[\min_j\{f_{ij}\}+\frac{k-1}{h}d_j,\min_j\{f_{ij}\}+\frac{k}{h}d_j\right) \\ \vdots & \vdots \\ n & \left[\min_j\{f_{ij}\}+\frac{h-1}{h}d_j,\max_j\{f_{ij}\}\right] \end{array} \tag{8.40}$$

成本型指标的等级划分为

$$\begin{array}{ll} 1 & \left[\min_j\{f_{ij}\}+\frac{h-1}{h}d_j,\max_j\{f_{ij}\}\right] \\ \vdots & \vdots \\ k & \left[\min_j\{f_{ij}\}+\frac{k-1}{h}d_j,\min_j\{f_{ij}\}+\frac{k}{h}d_j\right) \\ \vdots & \vdots \\ n & \left[\min_j\{f_{ij}\},\min_j\{f_{ij}\}+\frac{1}{h}d_j\right) \end{array} \tag{8.41}$$

式中，$d_j$ 定义为

$$d_j=\max_j\{f_{ij}\}-\min_j\{f_{ij}\} \tag{8.42}$$

式中，$\max_j\{f_{ij}\}$、$\min_j\{f_{ij}\}$为在指标 $j$ 下方案中的最大值和最小值；$d_j$ 为指标 $j$ 的最大值与最小值之差。

根据判断矩阵和等级划分结果构建指标等级矩阵 $G$ 如下：

$$G=[g_{ij}]_{m\times n} \tag{8.43}$$

式中，$g_{ij}$ 为第 $i$ 个方案的第 $j$ 个指标所处于的等级。

把每个指标划分成 $h$ 个等级，即将一个方案比另一个方案好的程度划分为 $h1$ 个等级。

考虑等级划分后的指标优序数为

$$a_{ilj}=\begin{cases}1, & g_{ij}-g_{lj}=h-1\\ \vdots & \vdots\\ \dfrac{h-1}{2(h-1)-k}, & g_{ij}-g_{lj}=k\\ \vdots & \vdots\\ \dfrac{h-1}{2(h-1)-1}, & g_{ij}-g_{lj}=1\\ 0.5, & g_{ij}=g_{lj}\\ 0, & \text{其他}\end{cases} \tag{8.44}$$

在实际问题中，往往需要考虑各个指标的相对重要程度，评价指标 $j$ 相应的权重值为 $w_j$，其中 $w_j\in[0,1]$，并且满足

$$\sum_{j=1}^{n}w_j=1 \tag{8.45}$$

考虑权重后的优序数为

$$a_{il}=\begin{cases}\sum_{j=1}^{n}w_j a_{ilj}, & i\neq l\\ 0, & i=l\end{cases} \tag{8.46}$$

二进制粒子群算法实质上是通过种群中的优秀解（个体极值和群体极值）来“引导”种群向最优解的邻域逼近，通过不断迭代最终得到所希望的最优解，所以解的评价方法在一定程度上决定着算法的收敛性。本书采用等级偏好优序法对种群中的粒子（即恢复方案）进行评价。

基于等级偏好优序法的评价步骤如下所述。

(1) 初始化，设定指标的权重和等级数。

(2) 根据种群中粒子对应的各个指标值得到判断矩阵。

(3) 对判断矩阵中各个指标进行等级划分，根据指标的等级划分结果得出等级矩阵。

(4) 计算出所有在同一指标下任意不同粒子指标等级数的两两比较结果，即一个粒子的指标比另一个粒子的指标好多少等级，分别求出指标优序数。

(5) 根据指标优序数求出每个粒子优于其他粒子的优序数。

(6) 根据优序数得出总优序数，总优序数即为算法中的适应度，总优序数最大的方案为最优解。

### 3. 切负荷策略

在实际配电网恢复问题中，并非所有情况都需要进行切负荷，而智能算法的初

始化和变异具有很强的随机性，不可避免地会产生一些质量较差的解，即对应不合理的拓扑结构，这会导致越限发生，进而启动切负荷影响了算法效率。

为了避免这种情况，本节采用重复潮流法的来判断算法是否需要进行切负荷。重复潮流法的基本思路为：将故障发生并隔离之后的电网分为正常供电区域、故障区域和非故障失电区域三部分，找出直接连接正常区域和非故障失电区域的所有开关，在当前的运行状态下，于所有开关点处选取一个合适的步长，按照一定的负荷增长模式不断增大负荷并计算潮流，在负荷增长过程中各个开关点的步长按一定策略不断调整，直到满足各个开关点增长的负荷之和大于非故障失电区域的负荷或步长的精度要求。

重复潮流法的步骤如下所述。

(1) 初始化，得出非故障失电区域的负荷量 $L_0$ 及确定初始搜索步长 $\lambda$ 及收敛精度 $\varepsilon$，令 $L=0$。

(2) 判断是否含有连接正常区域与非故障失电区域的开关。若有，则输入电网当前运行状态下所有开关与其供电电源之间的路径。否则算法结束，非故障失电区域负荷无法恢复。

(3) 确定负荷增长模式 $L_d$。负荷增长模式的确定方法为非故障失电区域的负荷量除以与其直接相连的开关个数。

(4) 判断算法结束条件。

如果 $L>L_0$，则计算结束，算法无须进行切负荷。

如果 $L<L_0$ 则进一步判断 $\lambda$ 与 $\varepsilon$ 的大小关系。若 $\lambda<\varepsilon$，则计算结束，算法需要进行切负荷；若 $\lambda>\varepsilon$，则继续下一步。

(5) 得出开关 $i$ 的计算负荷 $L_i$，$L_i=L+\lambda L_d$。

(6) 将计算负荷叠加到各自的开关点上，即将开关视为一个负荷值为 $L_i$ 的节点。除叠加负荷的开关节点外，电网各个负荷节点采用当前负荷值。对电网进行潮流计算，判断是否满足运行约束，如果满足则继续下一步，否则转(8)。

(7) 更新各个开关点的负荷，$L=L_i$，再转(4)。

(8) 标记不满足运行约束的馈线所连接的开关，将标记开关对应的步长进行调整，调整方法是将相应的步长除以 2。并更新未标记开关点的负荷，$L=L_i$，再转(4)。

当电网的转供能力不足，无法完全恢复非故障失电区域负荷时，为了满足电网运行约束需要进行切负荷处理。

针对我国配电网特点，在切负荷时基于以下原则。

(1) 我国配电网呈辐射状运行，从末端开始向电源端的方向对负荷进行逐个切除，直到满足所有约束条件。

(2) 电流越限属于安全问题，电压越限属于电能质量问题，应先对电流越限进行切负荷，再对电压越限进行切负荷。

(3) 配电网故障恢复不仅要保证失电负荷最小，还要尽量保证重要负荷的持续供电。

(4) 尽量在恢复失电负荷的前提下保证正常区域的持续供电，所切负荷应在非故障失电区域。

本节对负荷的重要性进行等级划分，负荷等级越高越不重要，在切负荷过程中优先切除等级高且大于越限量最小的负荷。并定义：一条支路的两端节点中，潮流流出的节点为首节点，潮流流入的节点为尾节点。

切负荷的步骤如下所述。

(1) 初始化，输入非故障失电区域的负荷量和所有节点集合。

(2) 对粒子所对应的拓扑结构进行潮流计算。

(3) 判断是否含有电压越限的节点或电流越限的支路。若不含有则不需要切负荷；若电流越限则转(4)；若仅电压越限则转(5)。

(4) 以电源出口处支路为起点对电网支路进行广度优先遍历，将遍历结果中电流没有越限的支路删掉，得出以广度优先遍历顺序的所有电流越限支路集合。以电流越限支路集合中最后一个支路的尾节点为起始节点，向非故障失电区域方向对负荷节点做深度优先遍历，将搜索结果中正常区域的节点删除，从而得到不含正常供电区域的所有末端负荷节点。将末端负荷节点中负荷等级最高且负荷量大于支路越限量最小的节点切除，并转(2)；若没有这样的节点存在，则将末端节点中负荷等级最高且支路越限量与负荷量差值最小的节点切除，再重复上述末端节点的切除办法，直到切除量大于支路越限量，并转(2)。

(5) 以越限电压节点为起始节点向非故障失电区域方向对负荷节点做深度优先遍历，将搜索结果中正常区域的节点删除，从而得到不含正常供电区域的所有末端负荷节点。将末端节点中负荷等级最高且负荷量最小的节点切除，并转(2)。

本节将等级偏好优序法和切负荷模块融入到二进制粒子群算法中求解配电网故障恢复问题，对粒子进行编码及保证网络拓扑约束。

算法主要的步骤如下所述。

(1) 初始化，输入电气基本信息和算法参数，令 $w=0$。

(2) 应用重复潮流法判断恢复非故障失电区域负荷是否需要引入切负荷模块。若需要切负荷，则令 $w=1$，并转下一步；否则，令 $w=0$，并转下一步。

(3) 随机初始化种群。如果 $w=1$，则应用本节所述切负荷方法对种群中违反运行约束的粒子进行处理；如果 $w=0$，则不进行切负荷处理。

(4) 确定群体极值和个体极值。应用本节所述等级偏好优序法评价种群中粒子的优劣，将总优序数最大的粒子更新为群体极值，将当前粒子更新为各自的个体极值。

(5) 更新粒子的速度、Sigmoid 函数值和位移。如果 $w=1$,则应用本节所述切负荷方法对种群中违反运行约束的粒子进行处理;如果 $w=0$,则不进行切负荷处理。

(6) 更新群体极值和个体极值。应用等级偏好优序法对种群中的所有粒子的优劣进行评价,将总优序数最大的粒子更新为群体极值。应用等级偏好优序法对本次迭代中更新的粒子与其个体极值进行评价,将总优序数大的解更新为个体极值。

(7) 判断是否满足终止条件,若满足,则输出当前解为恢复方案;否则,跳转至(5)。

### 8.3.5 技术创新点

基于故障发生后电气量的变化的特性进行故障诊断,融合了故障发生后不同信息源,保证了资源的充分利用,提高了以往方法仅限于单一信息源的缺陷,有效地提高了诊断的准确性;基于故障后电气量的变化特征,确定故障设备以及故障发展的先后顺序,辅助对故障的分析和判断;遵循了继电保护和断路器的动作之间的逻辑因果关系,采用层次化处理方法,并针对每一层获取的信息特点采用一定的推理方法,克服了规模大小不同的电网中通用性差的问题。表 8.2 为现有方法和本书方法的比较。

**表 8.2 现有方法和本书方法的比较**

| | 准确性 | 适用性 | 可解释性 |
|---|---|---|---|
| 现有方法 | 对误报、漏报等不完备信息的诊断和分析结果不准确 | 适用于特定的电网拓扑结构,若电网拓扑结构变化诊断效果不佳 | 无法通过故障事件的时序排列重现故障过程 |
| 本书 | 运用多源信息进行诊断,利用不同信息间的纠错和补充,提高了不完备信息下的容错性,提高了该情况下的诊断准确率 | 对规模大小不同的电网有着良好的通用性…… | 判定故障元件后能反向推理出继电保护,断路器的误动、拒动状况,能真实地重塑故障现场状况,辅助操作人员决策 |

## 8.4 应用情况

### 8.4.1 提高配电网故障处理能力关键技术在沈阳市的示范工程

综合考虑配电网故障数据、配电网拓扑结构、多源信息系统,通过考虑信息不确定性的配电网多源故障信息深度挖掘技术、多源多层次信息融合技术、故障诊断技术。确定配电网故障类型以及故障发生的位置，进一步切除故障区域并恢复非故障区域的供电以保证配电网的安全可靠经济运行。针对提高配电网故障处理能力关键技术的配电网故障分析管理系统具体内容如下。

(1) 配电网馈线的可视化显示，动态地显示配电网的运行情况，可在系统界面上显示线路的电压、电流变化，故障发生时可显示故障发生的馈线区段、故障类型，并且通过分析故障数据提供可行的恢复供电方案等。

(2) 配电网生命线线路的风险评估及安全预警模块，分析配电网的时域特性，多维配电网运行状态时空划分方法，研究在复杂局面下，通过三维时空曲面联合解决，获得最优控制策略。根据频率、电压及功角分为不同状态空间，对于各个空间的切换根据当前状态向下一个状态发展的速度进行裕度处理，可以获得系统的动态稳定裕度，提高控制的超前性。

(3) 多源故障信息深度挖掘和融合模块，此研究针对于配电网故障发生时基于不确定粗糙集的建模及约简方法，构建配电故障诊断系统多源信息直觉不确定粗糙集模型。针对包含不确定信息的多源故障信息深度挖掘及融合技术，研究提出一类直觉不确定粗糙集约简处理方法。研究采用遗传算法进行可辨识矩阵的化简算法。

(4) 多层次信息融合与故障分析软件模块，针对包含开关级、馈线级、变电站级等多层次的故障信息，研究通用融合其系统结构把各个故障信息源的信息进行融合的处理技术。针对常规的融合方法所获得信息量过于庞大并不符合实际的应用的情况，研究采用融合前一个循环对应的配电网故障状态特征信息，判定配电网的状态，更好地实现故障诊断与隔离。在综合考虑配电网特征提取和融合框架的基础上，研究一种基于组合框架结构的时空多信息融合诊断系统。

图8.6所示的配置适用于地市级或大型县城配网自动化主站软件系统。但系统的硬件配置可根据需要灵活剪裁，本系统采用最简单的情形，把各种应用功能高度集成到1台PC上，扩展前置采集子系统，单独配置无线通道采集服务器，以完成海量数据的采集和处理。图8.7为具体实施过程的数据采集终端。

配电网生命线线路的风险评估及安全预警模块中。如图8.8所示，由于在可视化的人机交互界面中添加了查询灾害的起始时间和结束时间的功能，所以用户能够查询当前或未来某一时间段的灾害信息，从而根据灾害对配电网的影响范围进行进一步分析评估。在人机交互系统中，增加了按受灾半径自动选线的功能，当灾害的中心以及半径为已知条件时，能够自动筛选出灾害影响范围内的配电网线路，然后进一步对受灾害影响的线路进行评估。

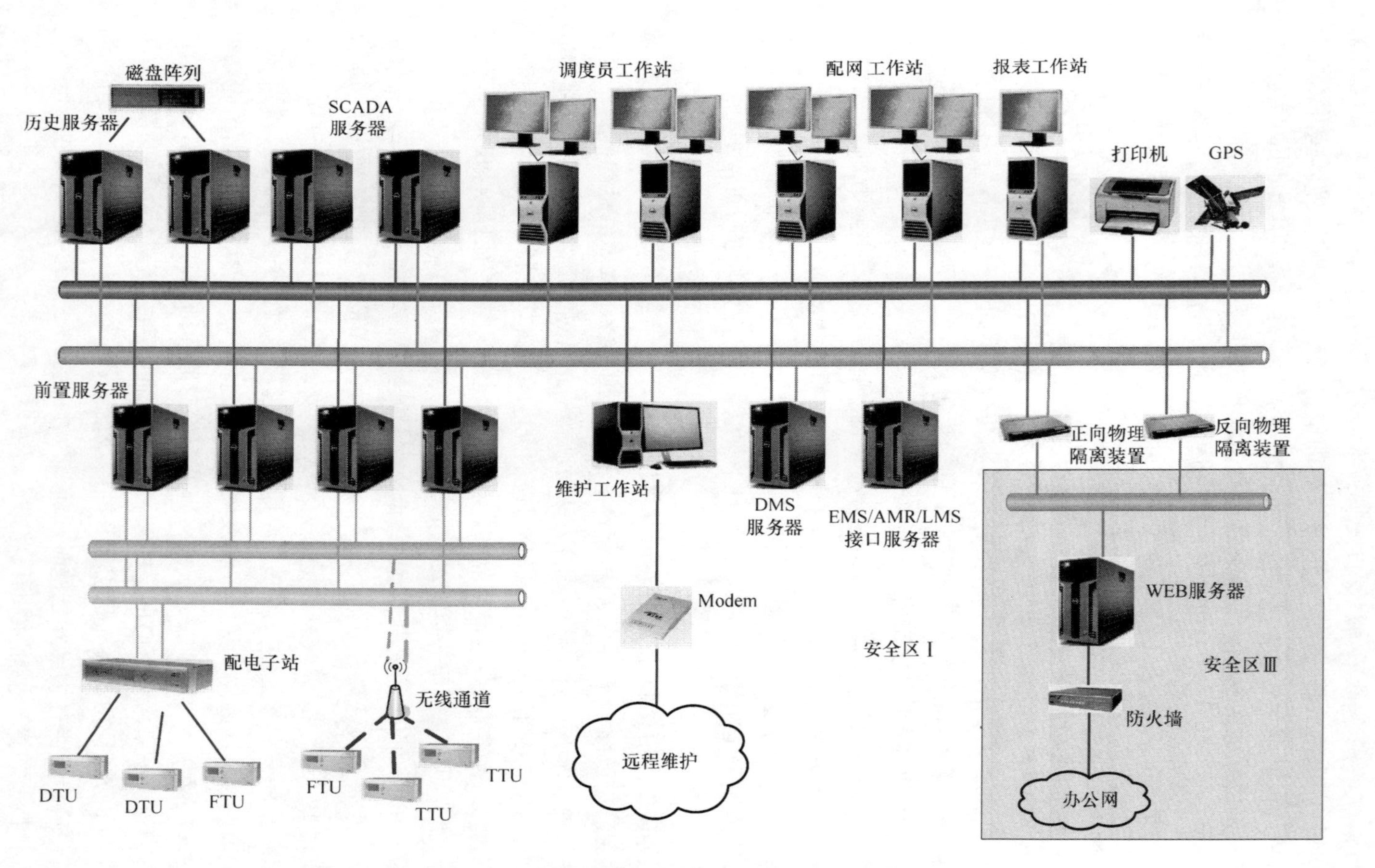


图 8.6　配网自动化主站软件系统结构示意图

图 8.7　实施数据采集终端

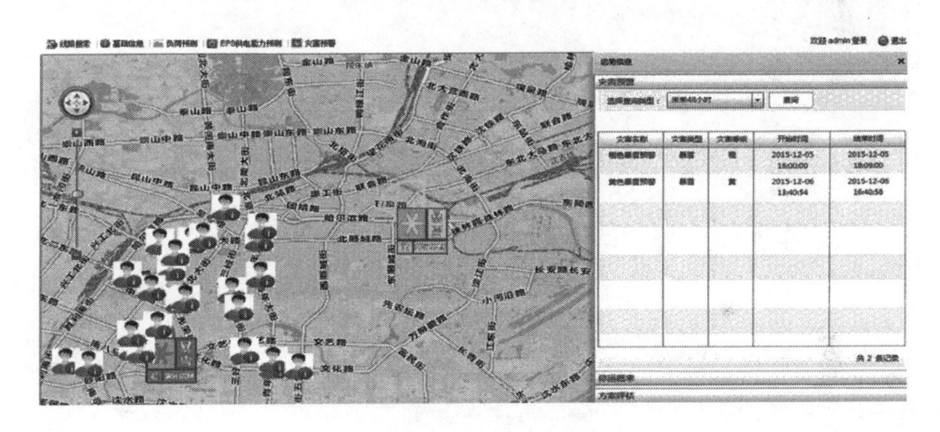

图 8.8　灾害态势图

配电网生命线线路的风险评估及安全预警模块中。图 8.9 为配电网当前态势信息的可视化功能，可以实时跟踪配网运行状态，动态进行配网故障率风险评估和安全预警。同时，系统支持用户对配电网当前的运行状态进行查询，支持用户在 GIS 地图上选择任意一条线路的沿布图并且能够查询该条线路的单线图以及线路各电气设备运行的实时电气量。

图 8.10 为配电系统故障诊断的单线图及故障分析界面，分为导航栏和工作区两部分。导航栏分三大块：第一块是项目管理区；中间的是功能管理区，包括电力

图 8.9　网络当前态势图—线路沿布图

系统潮流计算与分析、故障诊断与分析等功能；第三块是电力元件库，包含电力系统中常用的电力元件。

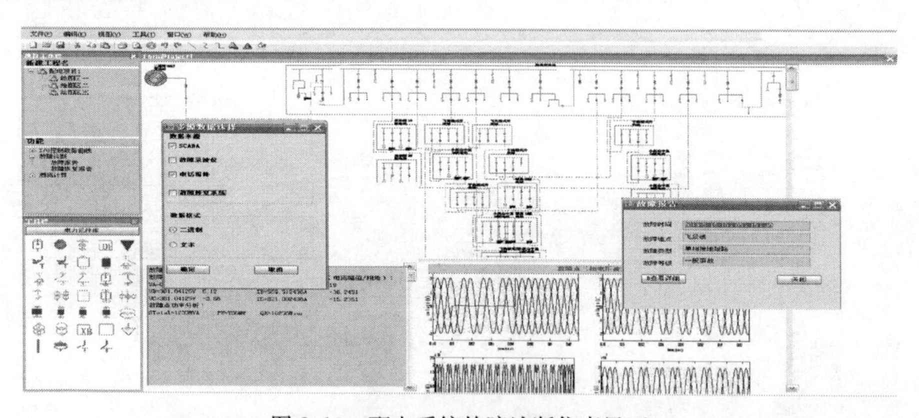

图 8.10　配电系统故障诊断仿真界面

工作区上端用于显示配电系统的单线图，模拟现场电力设备接线方式。多源数据选择对话框用于在进行电力系统仿真之前，先选好所用的数据源，并实现和这些数据源的数据通信。如图 8.11 所示，从多源数据选择对话框中可以看到常用的数据源有：SCADA、故障录波器和电话报修等。

工作区下端显示故障分析结果，故障分析结果以数据或图形的方式显示。图中下端的右侧显示的是某线路发生短路故障时故障点的电压波形图，左侧显示的是故障点的电气信息，包括故障电流、电压和功率值。故障报告对话框用来显示故障发生的时间、地点和故障类型及级别。

形成软件多源故障信息挖掘和融合分析功能对包括智能监测终端、变电站自动化系统、配电自动化系统、配电设备管理系统及天气预报信息系统等多源信息进行融合，实现对不同数据源上传的电气量和非电气量数据进行深度挖掘得出故障

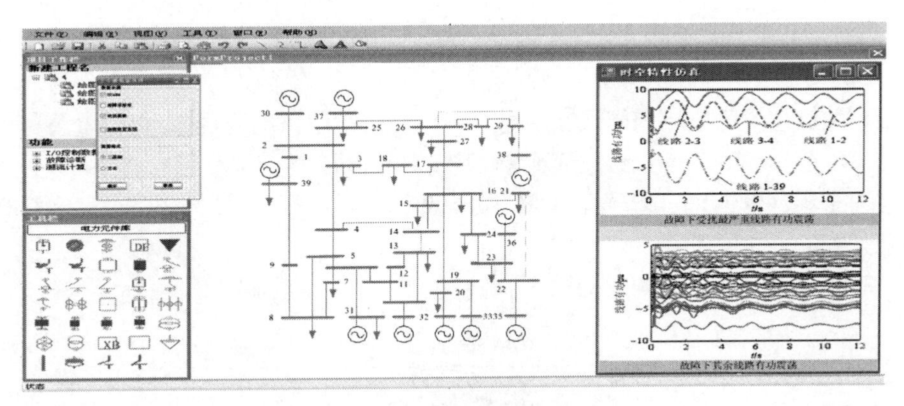


图 8.11　故障的时空特性分析界面

信息的最终约简。多源故障信息深度挖掘和融合分析界面和配电系统故障诊断的单线图及故障分析界面如图 8.12 所示。

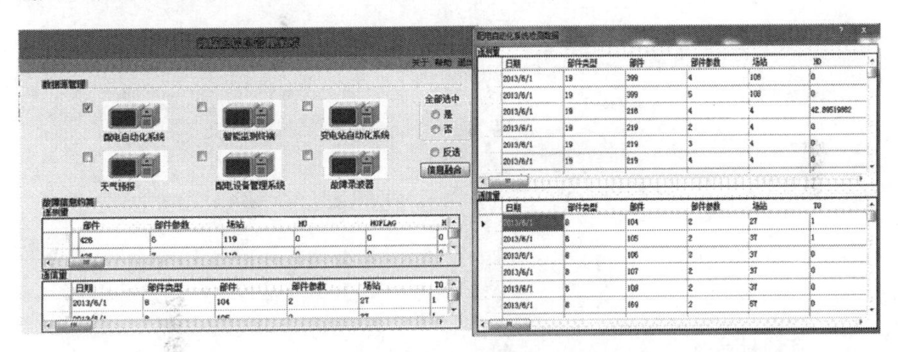


图 8.12　信息深度挖掘和融合分析界面和单线图及故障分析界面

实现了多重故障定位和故障类型识别功能，故障信息管理系统对历史故障数据进行管理和分析，对故障发生的次数、不同时间地点的故障发生频率及故障原因、严重程度和故障影响等进行统计分析，并且实现故障信息以报表的形式输出。查询界面如图 8.13 所示。

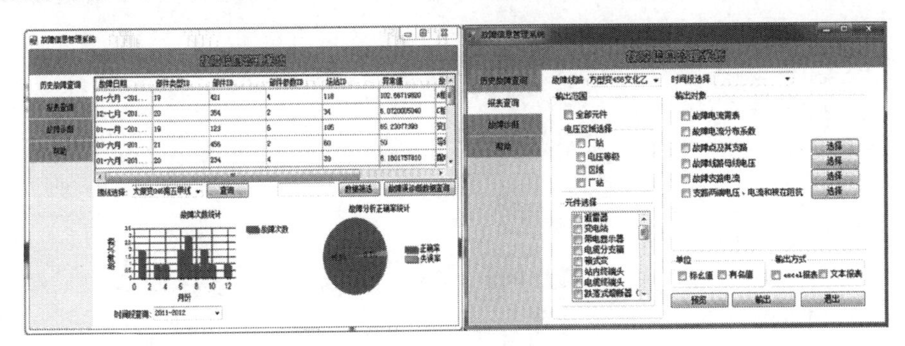


图 8.13　历史数据查询和报表查询界面

### 8.4.2　提高配电网故障处理能力关键技术在沈阳市的效益分析

该关键技术已应用国网辽宁省电力有限公司沈阳供电公司、盘锦供电公司和鞍山供电公司169(89(沈阳)+35(盘锦)+45(鞍山))个变电站,共包含2030(1120(沈阳)+360(盘锦)+550(鞍山))条10kV馈线,并取得了可观的经济效益和社会效益。

1) 经济效益情况(表8.3)

**表8.3　经济效益情况**

| 实施起始时间 | 2015年1月～2016年11月 | | |
|---|---|---|---|
| 实施效益 | 效益 / 项目 | 累计 | 起始年月 |
| | 产量 | 3 | 2015年1月～2016年11月 |
| | 收益/万元 | 2130.72 | 2015年1月～2016年11月 |
| | 其他实施单位收益/万元 | 1559.6 | 2015年1月～2016年11月 |
| | 新增销售额/万元 | 0 | 2015年1月～2016年11月 |
| | 新增利润/万元 | 2130.72 | 2015年1月～2016年11月 |
| | 新增出口额/万元 | 0 | 2015年1月～2016年11月 |

产品已应用国网辽宁省电力有限公司沈阳供电公司89个变电站,共包含1120条10kV馈线。

各栏目的计算依据如下。

(1) 可将每次的平均停电时间由2小时缩短在2分钟内,可计算平均每次增加供电量1.73×200A×10kV×0.85×2h约5800kW·h,按照每年平均发生240次故障,平均电价以0.8元计算,每年可以节省停电损失为:240×0.8×5800=111.36(万元)。

(2) 按照减少因故障造成设备抢修费3万元/次计算,由于该产品的应用每年避免造成设备抢修150次,可减少3×150=450万元/年。

(3) 由于该产品的应用可节省人工18人,每人薪酬为28万元/年,可节省18×26=504万元/年。

综上,该关键技术已实施两年,累计收益为:(111.36 + 450 + 504)×2=2130.72(万元)

2) 社会效益情况

该关键技术可推广到全国配电网使用,发展前景广阔,社会效益显著。

(1) 实现了故障快速准确定位,减小了故障对配电网的冲击,保障了配电网的安全运行,提高了配电网故障处理能力。

(2) 解决了非线性配电系统分析中的难点问题,对智能配电网故障分析的研究和实践具有较高的借鉴意义。

(3) 减少了故障停电时间和用户停电损失,对经济发展、人民生活及社会稳定起到了积极的作用。

(4) 有效提高了供电可靠性,延长了设备的使用寿命,减小了维护检修人员的工作时长和工作量。

## 8.5 小　结

通过构建一类直觉不确定粗糙集,实现合理表述故障信息中存在的大量不确定和耦合信息,提升了故障诊断的针对性和故障信息的合理利用率,去除了采集和传输设备的影响,提高了诊断的精度。由于直觉集合能够利用采集信息的对立面,因此有效的增加了故障诊断中否定结论的可信度,降低了故障误判的可能性。利用采集的故障冗余信息,研究了一类基于广义粗糙集的约简算法,通过将连续属性离散化、属性约简和值约简转化为可辨识矩阵化简问题,综合考虑了电网故障诊断规则的选择系数、灵敏系数和支持权值,将可信度分解为规则可信度,设备可信度和综合分析可信度三类进行计算,通过研究适应值函数中目标函数、惩罚函数以及惩罚因子的构造方法,应用改进的遗传算法和广义"核"策略实现了直觉不确定集的近似最优约简求取,增强了规则的普适性。

在介绍多源信息融合技术的基础上提出了基于信息融合理论的配电网不确定性故障诊断策略和基于方向加权时间模糊 Petri 网分层多源信息融合的配电网故障诊断。其中基于信息融合理论的配电网不确定性故障诊断策略,针对被判断信息表现出的不确定性及判断模型与诊断模型结构形式上的一致性要求,信息判断模型同样采用概率 Petri 网构造,从而与故障诊断模型形成逻辑上分层的结构形式。逻辑下层对相关信息进行判断,其模型输出作为上层诊断模型的节点输入,以减少不确定信息对诊断结果准确性的影响。

针对智能电网结构的复杂化、故障后拓扑的多变化和故障信息的多源化等问题,提出了一种多方向分层多源信息融合的智能电网故障诊断新方法,该方法包括开关量诊断层和多源信息融合诊断层。开关量诊断层基于 SCADA 系统提供的信息建立网络拓扑,多源信息融合诊断层利用配电自动化系统、变电站自动化系统、智能监测终端、配电设备管理系统等提供的故障信息,考虑保护和断路器信息,利用方向性加权模糊 Petri 网的智能电网故障诊断方法,同时利用改进的 D-S 证据理论进行信息融合;最后由模糊 $C$ 均值聚类法得出最终的诊断决策。

基于层次分析法的配电网故障诊断决策方法进行研究,首先基于故障信息的时序性,构成多判据、混合型多层次的并行诊断故障诊断方案,这使得故障结论更为准确,提高故障诊断方案的容错性。然后根据配电网故障诊断过程中出现的多方案结果不一致的情况,采用一种实用的决策分析方法—层次分析法,构建了一个评价体系,从理论基础、时间速度、实用角度等方面选取的指标,建立递阶层次模型,并根据指标对具体内容进行量化。

配电网作为电力网的末端,直接反映着用户对供电质量的要求。配电网综合自动化最基本和最重要的功能即为故障诊断、自动定位、隔离及恢复供电,对于故障定位的算法有基于粗糙集、时间因果贝叶斯网、小波包的故障选线方法分析。同时在配电网连锁故障的处理方面,形成了一套故障树的处理流程,进而在其时空演化特性方面,层次性故障诊断方法可以很完整的进行表述。最后,基于电网中信息获取的多源性,可以形成基于信息融合技术的故障诊断方法。

## 参考文献

[1] 王琢茜,张玉虎,沈涛.我国水资源短缺风险评估及空间分析机[J].首都师范大学学报,2015,32(8):41-48.

[2] Pei Z. Utility Experience performing probabilistic risk assessment for operational planning of electric power systems[J]. Power System Technology,2007,10(4): 37-6.

[3] 张胜斌.工程项目风险分析方法研究[D].长春:吉林大学,2008.

[4] 魏远航,刘思革,苏剑.基于枚举抽样法的城市电网风险评估[J].电网技术,2008,32(8):41-48.

[5] 曹阳孟,汉辉,赵力.基于层次分析法的新农村低压配电网综合评估方法[J].电网技术,2007,31(5):68-71.

[6] 陈鹏,滕欢,滕福生.故障信息不足时配电网故障定位的方法[J].电力系统自动化,2003,27(10):71-80.

[7] 谭红岩,黄彦全,杜川,等.一种故障信息不足情况下配电网故障定位的算法[J].电力学报,2012,27(3):203-206.

[8] 任然.基于改进遗传算法的配电网供电恢复及其应用[D].天津:天津大学,2011.

[9] 孙雅明,廖志伟.基于不同RS与NN组合的数据挖掘配电网故障诊断模型[J].电力系统自动化,2003,27(6):31-35.

[10] 宗剑,牟龙华,李晓波.基于贝叶斯公式的配电网故障区段定位方法[J].电力系统及其自动化学报,2007,19(5):45-48.

[11] 蔡建新,刘健.基于故障投诉的配电网故障定位不精确推理系统[J].中国电机工程学报,2003,23(4):57-61.

[12] 许勇.面向故障投诉的配电网故障定位系统[D].天津:天津大学,2003.

[13] 宋凯,刘润华,康忠健.基于混合数据挖掘方法的配电网故障诊断技术[J].电力科学与技术学报,2010,25(2):68-72.

[14] 郑元兵,孙才新,李剑,等.变压器故障特征量可信度的关联规则分析[J].高电压技术,2012,38(1):82-88.

[15] Blasch E, Watamaniuk S, Sevnmark P. Cognitive-based fusion using information sets for moving target recognition[J]. The International Society for Optical Engineering, 2000, 4(1):208-217.

[16] Del C V, Inamura M. Improvement of remotely sensed low spatial resolution images by back-Propagated neural networks using data techniques[J]. International Joural of Remote Sensing,2001,4(1):629-642.

[17] Perrin S,Bibaut A. Use of wavelets for ground-penetrating radar signal analysis and multi-sensory fusion in the frame of landmines detection[J]. Proceedings of the IEEE International Conference on Systems,Man and Cybernetics,2000,10(2):2940-2945.

[18] 王祁,聂伟,谢声斌. 基于信息融合技术的气体识别方法的研究[J]. 机器人,1999,7(2):288-293.

[19] Djath K,Dufaut M,Wolf D. Mobile robot multisensor reconfiguration[J]. IEEE Intelligent Vehicle Symposium Proceedings,2000,10(2):110-115.

# 第9章　电力物联网关键技术研究及其在沈阳市的示范工程

物联网，即“物物相连的互联网”，它融合了传感、通信、计算机及云计算等多种技术，可以实现信息的采集与传输、海量信息处理、智能控制及智能辅助决策服务等功能。而智能电网是一个将先进传感量测技术、信息通信技术、分析决策技术、自动控制技术与电力系统高度集成而形成的超大规模、极其复杂的大系统，它的智能化主要体现为可观测、可控制、实时分析和决策、自适应和自愈。由此可见，物联网与智能电网存在许多共性技术，将物联网技术广泛应用在智能电网中，能够有效整合通信基础设施资源和电力系统基础设施资源，使信息通信服务于电力系统的运行，有效地为电网中的发电、输电、变电、配电、用电、调度等环节提供重要的技术支撑，提高电力系统信息化水平，从而改善现有电力系统基础设施的利用效率，促进能源的高效利用。

面向智能电网应用的物联网应具备可靠稳定、经济高效、规范标准、友好互动四个方面的基本特征，其关键技术包括 RFID 技术、传感器技术、通信技术、中间件技术、云计算，以及信息安全技术等。

本章首先阐述了电力物联网的内涵、架构和特点，之后介绍了电力物联网所涉及的关键技术，最后重点介绍了大规模用电信息采集所使用的物联网协议设计，以及在沈阳市的工程应用情况。

## 9.1　研究现状

### 9.1.1　电力物联网的内涵

物联网的概念最早于 1999 年由美国麻省理工学院提出。早期的物联网是指依托射频识别(radio frequency identification，RFID)技术和设备，按约定的通信协议与互联网相结合，使物品信息实现智能化识别和管理，实现物品信息互联而形成的网络。随着技术和应用的发展，物联网的内涵得到了不断扩展。现代意义的物联网可以实现对物的感知识别控制、网络化互联和智能处理的有机统一，从而形成高智能决策。

面向智能电网应用的物联网(以下简称电力物联网)是指在电力生产、输送，消费各环节，广泛部署具有一定感知能力、计算能力和执行能力的各种感知设备，采用标准协议通过电力信息通信网络，实现信息的安全可靠传输、协同处理、统一服务及应用集成，从而实现从电力生产到电力消费全过程的全景全息感知、互联互通及无缝整合。

### 9.1.2　电力物联网架构

按照网络分层思想，物联网一般分为三层，即感知层、网络层和应用层。电力物联网架构也符合这种模式，但是在感知层和应用层完成的任务均为电力特有的业务，网络层使用了多种电力专网系统感知层主要通过无线传感网络、RFID等技术实现对电网各应用环节相关信息的采集；网络层以电力光纤网为主，辅以电力线载波通信网、无线宽带网，实现感知层各类电力系统信息的广域或局部范围内的信息传输；应用层主要采用智能计算、模式识别等技术实现电网信息的综合分析和处理，实现智能化的决策、控制和服务，从而提升电网各个环节的智能化水平。

1）感知层

在电力物联网中，感知层主要由部署在各个感知对象的若干感知节点组成，这些感知节点通过自组织方式组建感知网络，实现对物理世界的智能协同感知、智能识别、信息采集处理和自动控制等。感知层通过各种新型微机电系统(micro electro mechanical system，MEMS)传感器、基于嵌入式系统的智能传感器、智能采集设备等技术手段，可以实现对智能电网中的发电、输电、变电、配电、用电、调度等各个环节关键设备的机械状态、能耗情况、环境状态等信息的识别和采集。

在输电线路状态在线监测系统中，可通过部署在输电线路上的多种传感器，如温度传感器、加速度传感器、湿度传感器、风速传感器，以及高压杆塔上的倾斜传感器、振动传感器等对输电线路的各种状态信息进行采集，结合先进的视频识别技术、传输技术、三维空间地理信息系统(geographic information system，GIS)技术、无线宽带通信技术组成面向输电线路应用的物联网网络，可以实现对输电线路的各种状态如覆冰、污秽、温度、舞动、微气象等信息的多方位可视化实时监控，并根据监测情况发布故障预警信息，保障输电线路的安全、可靠运行。

2）网络层

在电力物联网中，网络层主要用于对电力无线宽带、无线公共通信网络、无线传感网、电力光传输网络等不同通信网络进行融合与扩展，实现感知层和应用层之间的信息传递、路由和控制等功能，并且提供高可靠、高安全、大规模数据传输。它包括接入网和核心网。在智能电网应用中，鉴于对数据安全、传输可靠性及实时性的严格要求，物联网的信息传递、会聚与控制主要依托电力通信网实现，在不具备条件或某些特殊条件下也可借助公共电信网实现。网络层的核心网以电力骨干光纤网为主，辅以电力线载波通信网、数字微波网；接入网以电力光纤接入网、电力线载波、无线数字通信系统为主，其中，电力宽带通信网为物联网的应用提供了一个高速宽带的双向通信网络平台。

3）应用层

应用层主要用于对感知层感知的信息根据不同的应用与业务需求进行分析和处理。应用层主要包括应用基础设施、中间件和各种应用。应用基础设施、中间件为物联网应用提供信息处理、计算等通用基础服务设施及资源调用接口，并以此为基础实现物联网的各种应用。电力物联网的应用涉及智能电网的整个生产和管理环节，其目的在于通过采用智能计算、模式识别等技术实现电网信息的综合分析和处理，实现智能化的决策、控制和服务，提升电网各个应用环节的智能化水平。利用云计算技术、中间件技术、数据挖掘技术等应用层关键技术，对智能电网的数据进行分析和处理，促进用电方式和形式的改变，可以实现电力的便捷、绿色和高效使用。

## 9.2 工程需求

### 9.2.1 用电信息采集系统简介

用电信息采集系统是对电力用户的用电信息进行采集、处理和实时监控的系统。实现对电力用户的“全采集、全覆盖、全费控”，是智能电网用电环节用户用电信息数据的重要来源，是支撑智能用电服务的重要技术平台和数据平台，是智能电网智能用电服务体系技术支持平台的重要组成部分[1]。

将物联网技术应用在用电信息采集当中，可实现智能电表将用户之间、用户与电力公司之间的即时连接的网络互动，从而实现数据读取的实时、快速、双向的功能，可以对用户需求进行更准确的分析与管理。基于物联网的用电信息采集系统面向电力用户、电网关口等层面，可以实现购电、供电、售电三个环节信息的实时采集、统计和分析，反映不同时刻的发电保持供需平衡、输电成本，有助于帮助用户制订动态计费方案，舒缓用电峰谷，使电网保持供需平衡，可同时达到实时监控购电、供电、售电环节的目的。

按照电力用户性质和营销业务需要，用电信息采集系统中采集的主要数据类型有以下6种。

(1) 电能数据：总电能示值、各费率电能示值、总电能量、各费率电能量、最大需求量等。

(2) 交流模拟量：电压、电流、有功功率、无功功率、功率因数等。

(3) 工况数据：开关状态、终端及计量设备工况信息。

(4) 电能质量越限统计数据：电压、功率因数、谐波等越限统计数据。

(5) 事件记录数据：终端和电能表记录的事件记录数据。

(6) 其他数据:预付费信息等。

自 20 世纪 90 年代起,国内电力系统逐步开展了负荷管理、集中抄表等用电信息采集系统的试点建设与应用,当时称作电力物与物通信(machine to machine, M2M)应用,在电力安全生产和经营管理中发挥了积极作用[2]。各地电力企业根据各自的应用需求,也陆续开展了不同规模的用电信息采集系统试点建设,在负荷预测分析、电费结算、需求侧管理、线损统计分析、反窃电分析及供电质量管理等业务中取得了一定的效果。

国家电网公司于 2008 年 10 月启动电力用户用电信息采集系统建设。系统中集成了原有的负荷管理系统、配电变压器监测系统和集中抄表系统。其中,集中抄表系统是用电信息采集的主要构成部分。

采集系统通信信道包括远程通信信道和本地通信信道两部分。远程通信通道是指各类采集终端与采集系统主站之间的通信接入信道。当前远程通信技术包括:GPRS/CDMA 无线公网、光纤专网、230MHz 无线专网、有线电视通信网、中压电力线载波等。本地通信信道是指采集终端之间、采集终端与智能电能表之间的通信信道。本地通信通道技术主要有电力线载波、RS485 总线、微功率无线等。通信技术在采集系统中各业务之间的关系和部署模式如图 9.1 所示。

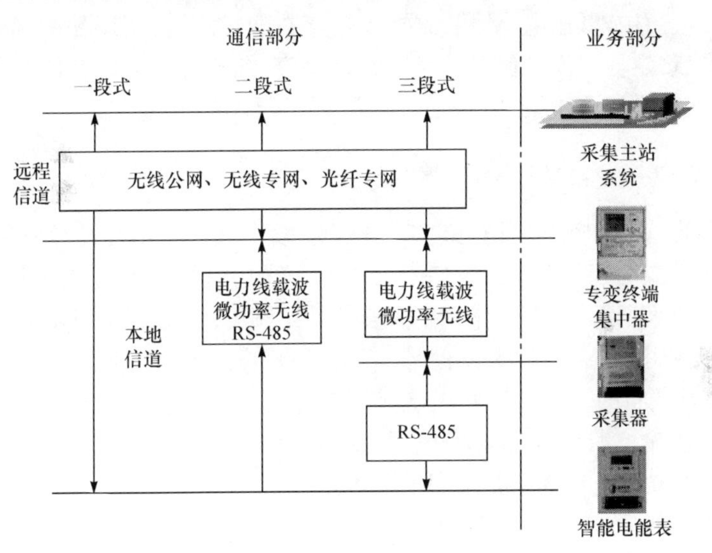


图 9.1　用电信息采集通信结构图

采集系统通信部署模式有一段式、二段式和三段式三种模式。一段式部署没有本地信道,通常是 GPRS/CDMA 无线公网、光纤专网等远程信道直接接入电能表;二段式和三段式部署中,远程信道仅负责主站至专变终端集中器之间的通信,相当于骨干网。专变终端集中器通过本地信道接入电能表,相当于接入网;二段式部署的本地信道由低压电力线载波、微功率无线、RS485 等通信技术，直接由专变终端集中器连接至电能表；三段式部署的本地信道由低压电力线载波、微功率无线等通信技术由集中器连接至采集器，采集器再通过 RS485 连接电能表。

### 9.2.2　电表集抄方法

1. 基于电力线载波技术的电表集抄

就电表集抄应用而言，由于电力线是电力部门固有的资源，电力系统主推电力光纤到户基础上的电力线载波技术。考虑到低频噪声分布、不同应用的频带划分、抗干扰通信技术、调制方式等因素，电力线载波技术实际应用速率在 10kbit/s 以下。国网信息通信有限公司 2009 年 4 月在智能用电方面开展相关技术研究并在北京建立了智能用户服务试点工程。智能用电服务试点工程主要基于光纤通信技术和电力线宽带网络技术构建，采用双向互动智能表计、用户智能交互终端等，建立用户与电网之间实时连接、互动开放的数字网络。该系统的抄表部分本地通信技术均采用电力线窄带载波技术。在南方电网，低压电力线载波抄表也逐步占据主导地位。

在实际应用中，低压电力线载波抄表也存在明显不足：低压配电网环境复杂、干扰大，抄表稳定性得不到保障。对于农村、城乡结合部等低密度住宅来说，用电环境复杂，载波串扰严重，实施载波抄表方案，效果不是很理想。

2. 基于微功率无线的电表集抄

电力系统一般将本章所谓的自组传感网一类的短距离低功耗通信与网络称为微功率无线。应用于用电信息采集的微功率无线通信技术采用自组织网络构架，其发射功率不大于 50mW，工作频率为公共计量频段 470～510MHz，符合《微功率(短距离) 无线电设备的技术要求》(信部无〔2005〕423 号)的规定。国家电网公司 2009 年 12 月颁布的《电力用户用电信息采集系统技术规范》中，也明确表示：微功率无线数据传输技术是实现自动抄表的技术之一。

关于将微功率无线通信技术用于电表集抄，各方观点不一。早期电力系统认为微功率无线通信技术调试复杂、后期维护量大、受带宽限制，速率较低，不具备并发能力，虽然可满足目前用电信息采集应用，但不利于未来营销业务的大量开展[3]。

随着微功率无线通信技术的成熟，加之电力线载波在实际工程中确实存在诸多不足。微功率无线通信技术在电表集抄中应用逐渐增多。北京市在 2009 年就提出本地通信技术以微功率无线为主体、以电力线载波技术为补充的技术路线，通过几年的建设，已经实现了全覆盖、全采集、全预付费的建设目标[4,5]。最近北京市电力公司又在开展多表集抄研究与应用[6]。

理论上，微功率无线数据传输施工方便维护简单，无需外铺设电缆；能够克服电压电网中的杂波干扰，既不受电网阻抗剧烈变化的影响，也不受电网结构变化的影响；通信不受限于电网特性，可方便地对跨台区、复杂用电环境快速实施抄表方案；通信速率快，实时性高，方便实施远程预付费，远程拉合闸等应用。但是，只有通过合格硬件设计、协议设计，实现了安装调试简便、后期维护量小等，才能将将微功率无线走出实验室原型，成功应用于电表集抄工程。

## 9.3　电力物联网关键技术原理

### 9.3.1　自组传感网关键技术

1）信息感知技术

电力系统与设备的信息来源是各种传感器，它们是整个智能电网的神经末梢。在电力物联网中，感知层由部署在发电、输电、变电、配电、用电及调度各个环节的智能终端、标签和传感设备组成，主要用于感知、识别智能电网中的设备对象，采集相关信息，是建立自组传感网应用的基础。为了提高面向智能电网的自组传感网信息感知能力，推动信息采集装备的智能化，引导智能感知装备制造技术的发展，需要以传感器为基础，研制并推出具有更多种类、更高级、可靠、灵活的智能感知装备。

在信息感知方面，我们需要面向智能电网运行与设备制造的实际需求，充分利用已有技术成果，研制应用于自组传感网技术的专用传感装置。这些专用传感装置包括电流/电压传感器、气体传感器、超声波传感器、超高频传感器、光学传感器、温湿度传感器与压力传感器、震动传感器、振动传感器、噪声传感器、角度传感器、红外传感器、集成温湿度传感器、风速和风向传感器、行波传感器、烟雾传感器、日照强度传感器、图像传感器、倾斜角传感器、感应报警传感器、微波感应传感器、气敏传感器、声表面波传感器、绝缘子传感器等。这些专用传感装置的研制将推动自组传感网技术和智能感知装备的大力发展，满足我国面向智能电网的自组传感网应用的信息采集前端产品需求。

2）信息通信网络

物联网系统可以看成智能电网的“感知神经末梢”，而电力信息通信网可以看成智能电网的“神经脉络”，二者共同构成智能电网的“神经系统”，实现智能电网的信息化、自动化、互动化。

经过多年的建设和发展，电力信息通信网已经形成了多种通信方式并存、分层分级为主要特征的电力专用通信网络体系架构，可以为各类电力用户的用电信息、电力设施状态的采集提供可靠、稳定的传输路径。随着面向智能电网的物联网系统的不断建设，终端侧的感知信息将会以海量方式出现，现有电力信息通信网将成为感知信息到电力公司主站远距离传输的重要通道。

为保障智能电网整体建设，保证发电、输电、变电、配电、用电等环节建设，通信信息平台必须加快研制骨干传输网、配电和用电通信网、通信支撑网、信息化基础设施、信息安全与运维、信息系统与高级应用等方面的关键设备。通过智能电网通信信息平台关键设备的研制与应用，满足智能电网整体建设和各环节建设对通信信息平台的装备需求，为智能电网各环节、各层次提供全面、坚强和安全的通信信息平台支撑，贯通发电、输电、变电、配电、用电等环节。优化网络架构，加大资源整合优化力度，实现骨干传输网建设和完善，支撑配电和用电环节通信网建设，支持通信支撑网建设和优化。实现智能电网各类智能应用在高可信赖环境中安全运行，实现智能电网信息高度共享和业务深度互动，实现智能电网智能分析辅助决策，支撑智能电网各阶段发展建设要求。

关键技术如下。

(1) 基本平台构建技术。

研制完成不同电压等级电力特种光缆及其配套通信设备，研制完成大容量、高速实时、超长站距、具有业务感知能力、具有自主知识产权的电力专用光传输系统；研制配用电网光纤复合电力线特种光电缆及其配套通信设备，完成智能配用电一体化通信系统及其核心设备的研发，提出配用电网通信系统混合组网方案与建设方案；研制高、中、低压电力线载波通信设备；研制基于通用IT架构的电力专用无线宽带通信系统及其网络设备；研究智能电网中的自组传感网网关，连接末端感知网络与承载网络，实现通信协议转换、应用协议实现和传感网管理；建立基于SOA架构的智能数据交换平台架构；研究用电、状态监测数据等海量实时数据及空间地理数据接入技术；研制适应智能电网需求的电网时间统一系统及其网管系统；研究适应智能电网建设要求的数据采集、传输、接入标准及规范。

(2) 网络安全与保密。

电力是关系国际民生的基础性行业，维持电力安全是一个根本性的前提，任何技术的应用，必须要有安全作保障，安全问题解决不了，自组传感网就难以在智能电网的核心业务中得以应用。从自组传感网当前的发展水平来看，其中的一系列安全问题还没有解决。首先，由于网络部署区域的开放特性和无线电通信的广播特性，自组传感网信息采集设备的本身的可靠性和安全难以保证，抵御入侵的能力较差，其数据采集、融合、传输等基本功能的正常进行难以保证。其次，自组传感网中信息的保密性、完整性面临威胁，且缺乏有效的数据鉴别机制，其在遥感、遥测、遥控、遥信及电力市场交易中的应用受到限制。此外，当自组传感网设备应用于用户侧时，还面临着泄露用户隐私的安全隐患。加强自组传感网安全研究，探讨建立自组传感网安全保障机制，事关自组传感网应用成败。

重点研究内容包括：研制面向智能电网应用的自组传感网接入网关，实现自组传感网异构系统通信协议转换，以及传感节点的安全接入；研究自组传感网信息安全接入平台的总体技术架构与建设方案；建立自组传感网的边界安全接入规范体系，保证发、输、变、配、用等环节传感节点及信息的统一安全接入。

(3) 可靠通信与自组网技术。

电网中各种应用环境中对自组传感网具有多样化的需求，如长距离输电线路监测与变电站监测对自组传感网自组织及数据通信可靠性方面的需求就存在较大差异，高压输电线路多经过偏远地区，没有通信网络覆盖，传感器节点无法直接将数据发送到外界；电厂、变电站、配用电等电磁环境复杂、设备节点庞杂，需要具有自组织组网功能，适应不同应用环境的网络构建。

面向输电线路监测应用，需要研究满足网络连通和覆盖度要求的网络动态自组建与自修复、面向线性多跳的拓扑特征的高可靠性和低延迟的数据转发、本地传感器数据融合与压缩，提高感知精度，缓解带宽、功耗不均衡问题，低功耗设计实现在电池供电的条件下的长时间工作。面向电厂、变电站、配用电监测等方面的应用，需要研究自组网网络协议设计、实现自适应分簇组网和自适应发送功控的应用子集设计以提高可靠性等。

同时，需要解决面向智能电网应用共性需求的传感网模块化协议栈优化设计问题，协议栈采用共性平台加应用子集的模块化设计与跨层优化设计，通过对不同应用的共性特性抽取，实现针对不同的应用场景需求的优化设计。

综合考虑智能电网高可靠性的发展趋势，基于现有电力通信网制定面向智能电网应用的自组传感网体系架构，面向自组传感网的复杂通信环境，攻克自组传感网各个应用场合下的无线传输与组网通信技术难关，解决自组传感网大规模快速部署问题、可靠通信问题及网络自愈技术，开发简洁高效的通信协议，确保感知信息在强干扰情况下的快速、准确传输。

(4) 网络技术应用研究。

构建智能电网信息应用集成平台，完善并建立覆盖智能电网各环节各层次的企业级信息服务总线(ESB)，为各业务应用系统集成提供统一的接入平台；针对各类基础智能应用提出的一体化和智能化共性需求，研制面向基础智能应用的基础应用开发平台；掌握面向智能电网业务的主数据应用及信息整合技术，并基于统一业务数据模型构建分析模型，支撑业务辅助分析决策等智能化应用；实现图形一体化展现技术、三维展现技术、多类型客户端接入技术、离线应用技术，实现整合电网运行和管理数据的综合展现，提高业务操作的准确性、友好性，提高生产率；建立统一的智能电网地理信息与空间服务平台(GIS)；建立统一的智能电网自组传感网感知服务平台，为面向智能电网的各环节自组传感网应用系统提供一致、准确、及时、安全的信息服务，满足调度运行、生产运维、规划管理、输电服务、电网建设、市场组织、电能购销等电网业务的应用要求。

3）专用芯片技术

电力设备的智能化及其内在的信息感知、处理和交互功能是实现自组传感网的基础。我国电网经过二十余年的快速发展，在系统保护与自动控制方面已经建立较为完善的技术标准体系，实现了关键设备的自主研发和国产化，为智能电网和自组传感网平台的构建，打下了良好的基础。然而也存在较多问题，如产品标准化程度差，生产企业研发投入较少，产品性能和质量参差不齐，技术水平普遍不高等，与国外产品存在较大差距；另外，现有电力自动化产品的构建基本上都是以MCU、DSP或MPU等通用CPU为核心，随着功能需求日趋增多，产品结构越来越复杂，生产成本不断提高，产品维护困难的弊端日渐显现。

结合智能电网和自组传感网的技术特点，研究与开发电力专用芯片及其通用开发平台，对于提升我国在该领域的技术水平，达到国际领先地位具有重要战略意义。其研究内容包括：研究与开发高速电力专用算法IP库、智能传感与信息加密IP库、通信控制与接口IP库及高速片上总线技术；研究电力自组传感网安全技术，开发高速信息通信网络设备；研究电力专用芯片的可测性和可靠性设计技术；研究电力专用芯片的自动化检测和评估技术等；研究与开发电力专用芯片的通用开发平台；以及建立电力自组传感网的标准、测试、检测及评测体系。

4）状态监测技术

根据目前我国智能电网建设的要求，状态自诊断功能是电力设备必须具备的功能之一，状态自诊断功能的实现依赖于在线智能检测技术的实施。电力设备在线寿命评估技术的实施，可对其运行寿命提供在线预测，将极大地提高电力设备运行的安全可靠性，从而保障我国智能电网的顺利建设实施。自组传感网技术的应用，对提高我国智能电网建设具有重要意义。

基于自组传感网技术的高压电力设备在线监智能检测与寿命评估技术主要包含如下研究内容。

(1) 研究高压电力设备基于RFID、GPS及传感器技术的状态诊断、定位、跟踪和监控的智能监测技术，实现高压电力设备关键状态参量的智能感知、智能判断和智能识别分析。

(2) 研究高压电力设备智能检测下的全景状态信息模型，并研究基于IEC 61850标准的全站通信模型和接口体系构架，完成电力设备的一次本体、二次控制及智能监测设备高度集成体系构架的建立。

(3) 研究具有数据存储能力、计算能力、联网能力、信息交换和自治协同能力的智能监测装置的软硬件关键技术，完成基于自组传感网技术的高压电力设备一体化智能状态监测关键装置研发。

(4) 研究高压电力设备的可靠性在线评估技术,研究高压电力设备智能监测与诊断、可靠性评估技术和智能变电站一体化建模及集成关键技术。

(5) 研究高压电力设备基于人工智能技术的在线寿命评估技术,研究高压电力设备故障诊断以寿命评估专家系统建模关键技术,完成以知识库、模糊数学、援例推理及粗糙集为基础的高压电力设备状态自诊断、风险评估和检修策略的全智能状态业务体系的构建。

(6) 研究基于 IEC 61850 标准的输变电区域内多站的分层分布式状态监测、采集和一体化数据集成、存储、分析应用平台开发关键技术,完成基于 IEC 61850 体系全站状态监测数据集成标准的站内核心通信管理关键设备研发。

(7) 研究基于状态海量数据的在线诊断和动态寿命评估技术,建立电力设备状态、寿命评估及可靠性风险评价的设备资产全生命周期运营系统。

5) 电磁兼容技术

全面考察智能电网的实际应用环境,针对电力系统复杂的电磁环境,分析电磁干扰模型,提出电磁兼容方案,提高无线通信链路的安全性、可靠性,解决无线信道电磁兼容问题,感知设备研制应遵循严格的 EMC 要求,以屏蔽、滤波、接地等手段增强感知设备的抗电磁干扰能力,确保自组传感网技术在智能电网中的安全、有效的应用。由于智能电网强、弱电一体化的技术特点,自组传感网技术的可靠应用须解决系统感知设备、通信环节以及监控单元的电磁兼容问题。通过设计、安装及调试环节电磁兼容技术的应用,提高系统的兼容裕度,以实现自组传感网在电力系统有限空间及频谱资源条件下的安全运行。

在自组传感网应用的技术背景下,掌握电力系统的电磁环境特点,对应电磁环境分类法确定电磁现象基本属性;根据自组传感网系统的结构、功能特点及位置类别确定兼容水平或兼容目标;采用实验测试或仿真预测的方式确定相关设备/系统的电磁兼容抗扰度,通过对电磁干扰模型的分析,提出电磁兼容的优化设计方案,实现屏蔽、滤波、接地、隔离等设计方案的合理应用。考虑到电力系统的电磁环境特点,除合理分配自组传感网无线信道的频谱资源,对于电力系统暂态操作及故障条件下引发的干扰类别,传播特点以及抗干扰问题进行重点研究,提出合理的兼容水平及设计方案,实现自组传感网在电力系统特定环境下的可靠运行。

6) 信息安全技术

物联网技术广泛应用在智能电网的发电、输电、变电、配电、用电调度等各个环节中,感知并采集海量的实时数据、非实时数据、结构化数据、非结构化数据,同时,大量智能终端和设备以多种方式接入,给智能电网带来了新的信息安全隐患。在这种情况下,电力通信系统出现的田可安全方面的问题都可能波及电力系统的安全、稳定、经济运行,影响电网的可靠供电,因此信息安全已成为智能电网安全稳定运行和对社会可靠供电的重要保障。

智能电网具有“网络更广、交互更多、技术更新、用户更广”的特征，在各安全防护层级均有相应的安全技术，以增强智能电网的信息安全防护能力，提升智能电网的信息安全自主可控能力，确保智能电网业务系统的安稳运行，保障业务数据安全。

7）标准规范体系

大力开展面向智能电网的自组传感网标准研究，积极跟踪国内外自组传感网标准的制定工作，推动电力自组传感网相关标准制定的顺利进行。面向智能电网的自组传感网标准规范体系应包括三大方面，即：共性基础标准规范、产业化标准规范和智能电网应用规范。

(1) 共性基础标准规范主要包括：电力自组传感网整体构架标准、电力自组传感网频率管理政策和空中接口标准、电力自组传感网组网技术规范、电力自组传感网编码标准、电力自组传感网信息交换标准、电力自组传感网标签规范、电力自组传感网检测、认证技术标准、电力自组传感网中间件技术标准、电力自组传感网信息处理技术标准、电力自组传感网信息安全规范、电力自组传感网设备检测标准等。

(2) 产业化标准规范包括：电力传感器的设计规范、电力自组传感网读写器设计制造标准、电子标签封装技术标准、电力自组传感网安全芯片设计规范等。

(3) 智能电网应用规范主要用于规范自组传感网在智能电网发、输、变、配、用等各环节应用的技术特性、物理特性等。

这三大部分标准相互联系、有机结合，可以形成多层次、立体化、全面、丰富、有序的电力自组传感网标准规范体系。

### 9.3.2　无线网络协议栈设计

无线网络协议栈设计是保证自组传感网技术成功应用于居民用电信息采集的核心技术。

随着社会发展，民用台区所辖居民住户数量增大，用电信息采集系统的网络规模也在加大。小区中一台集中器同时管理几百个智能电表，由于用电数据采集点分布密集，当集中器集中读取数据时，存在网络中大量节点同时向集中器发送数据的情况。为解决智能电表在向集中器并发发送数据时造成冲突的问题，网络协议必须有良好的大规模并发通信冲突避免机制。

中国科学院沈阳自动化研究所与国网辽宁省电力有限公司合作成功开展了基于自组传感网技术的用电信息采集工程，本节简要介绍该项目在网络协议设计方面的研究工作。该项目所采用的协议栈保证了无线抄表网络的实时性、可靠性、安全性以及通信冲突避免性能。缩减协议报文长度和采用随机时延抖动提高了实时；通过节点间的确认和重传机制保证，提高了可靠性；在应用层、网络层和 MAC

层的报文加密机制保证了传输数据安全[7]；邻居交换冲突避免机制降低网络通信冲突。

注：由于集中抄表中完成通信的电表中的无线模块，因此，下文中用“节点”或“通信模块”代表数据的收发方。

### 9.3.3　协议栈模型

协议栈选用典型的分层网络模型[7]，从下到上依次为物理层、MAC 层、网络层和应用层，每一层为上层提供一系列服务，协议栈网络模型框图如图 9.2 所示。

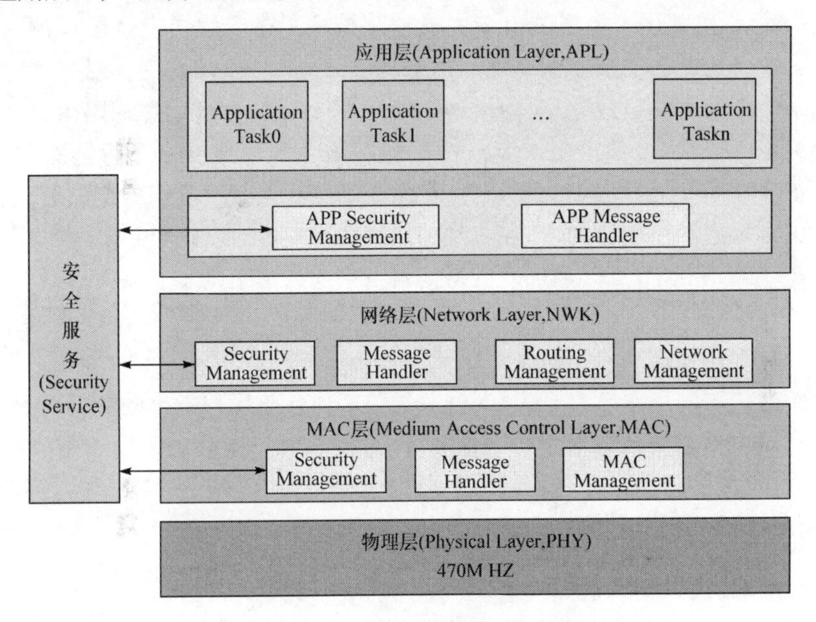


图 9.2　协议栈网络模型框架图

1）物理层

物理层实现如下功能[8]：打开/关闭射频收发单元、接收/发送数据、对信道进行能量检测、对收发的数据包作链路质量指示等。

当射频模块需要发送数据时进行信道能量检测，判断当前信道是否被占用，从而决定该节点何时发送报文，以此减少信道冲突。当检测到信道被占用时，节点随机退避，使当前占用信道的节点能够正常发送报文；当检测到信道空闲时，则立即发送上层数据报文。

当射频模块接收到数据包时，可进行链路质量指示（LQI），LQI 代表接收信号的信噪比指标，能够为上层应用提供接收数据帧时信号强度和质量的信息，链路质量指示与物理层数据单元一起交给上层处理。

2) MAC层

MAC层提供可靠的点对点服务,实现节点一跳范围内的可靠通信。为解决可靠性指标,MAC层采用了确认机制,重传机制以及邻居交换机制。确认机制和重传机制用于保证网络发生冲突时不影响端到端传输,保证端到端的可靠性。邻居交换机制用于周期性维护链路状态,当网络结构变化时能够及时修复链路,保证链路可靠。

3) 网络层

网络层负责网络管理,主要包括路由建立,路由维护。节点在没有数据请求时,通过MAC层邻居交换机制自动完成链路维护。在应用层发送数据请求时保证至少有一条通往目的节点的链路。

网络管理中的路由建立、路由维护机制均基于邻居交换信息。路由建立将网络划分为不同层次,由各个层次节点按照先后顺序实现节点上下行链路的建立。路由维护在邻居交换过程中实现,节点在发送邻居交换报文之前检测父节点状态,如果丢失则发起路由更新请求;在收到邻居交换信息后,通过分析邻居节点及自身节点状态,如果邻居节点已经加入网络而自身未加入网络则发起路由更新。

4) 应用层

应用层主要实现用电信息采集功能以及协议栈测试功能。

网关应用层的请求来自于串口,网关通过串口接收用户发出的数据请求,并按其维护的路由信息将该请求转发给目的节点,目的节点接收到该请求报文后根据报文类型,返回响应报文。对于终端节点,来自串口的数据是电能表数据响应,需要通过协议栈向网关转发。

### 9.3.4 协议栈设计模式选择

目前比较流行的协议栈设计包括两种模式:基于任务的协议栈设计模式和基于驱动程序的协议栈设计模式[9]。

1) 基于任务的协议栈设计方案

基于任务的协议栈设计方案将协议栈置于实时操作系统或内核上。由于大多数实时操作系统不提供网络开发框架,协议栈设计者只能直接采用实时操作系统提供的任务机制。图9.3说明了如何利用任务实现一个三层通信协议,协议中每层当做一个单独的任务,通过任务间通信机制传送数据和控制包,程序开发者需要定义层与层之间的接口和应用程序接口,便于应用程序传送和接收数据。

该协议栈设计方法存在效率不高等问题,原因如下。

如图9.3中消息流所示,当数据包在应用程序、上层通信协议以及设备驱动程序之间传输时,底层的操作系统忙于上下文切换,每次操作系统挂起其中一个任务,恢复执行另一个任务,时间都浪费在存取任务上下文中,考虑到每个数据包无

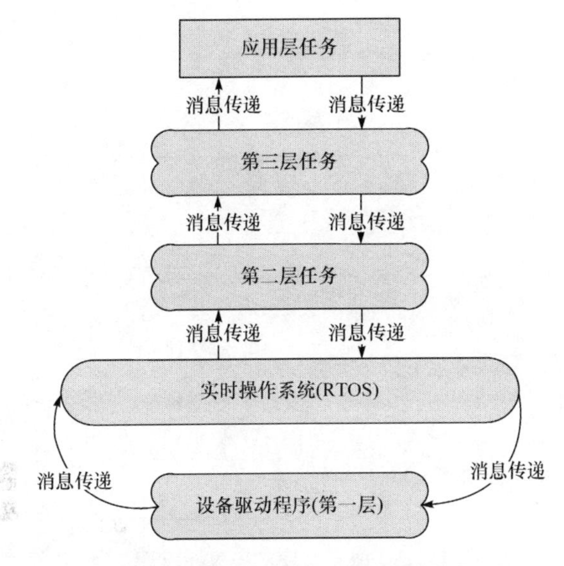


图 9.3　基于任务的协议栈设计模型

论是发还是收都要通过协议栈，上下文切换确实造成了严重浪费。

当报文在应用程序任务和协议栈接口之间传输时，必然会在相应任务的通信队列中插入和删除任务，这导致系统开销增大，因为系统在队列操作时涉及临界区资源的操作。这将导致系统时延，造成一些重要事件（如中断响应）效率低下。

基于任务的协议栈设计也有如下优点：首先协议栈每层都抽象成一个单独的任务，每层协议实现的功能非常明确，从设计的角度来看这种方案结构清晰，可维护性较好。其次，由于协议栈抽象成一组任务，可使用操作系统提供的各种机制解决定时管理、响应时间控制等一系列问题，便于协议栈设计与实现，减少开发工作量，降低设计复杂性。因而该设计方案便于系统扩展，满足更加复杂的应用。

2）基于驱动程序的协议栈方案设计

基于驱动程序的协议栈设计方案实现同样的三层通信协议的结构模型。与基于任务的协议栈设计不同的是，基于驱动程序的协议栈设计方案中，各个协议层不能以任务实现，而是以驱动程序模块的形式实现（图 9.4）。协议栈各层之间的采用原语函数调用的方式通信。

基于驱动程序的设计方案一个显著优点在于上下文切换的次数不再依赖于协议层的数量，即任务数量，因此减少了操作系统保存和恢复任务上下文的开销，可利用节省的时间做其他更有意义的事情，如执行应用程序代码等。同时协议栈各层由于不再分别抽象成单独的任务，节省了可用任务个数，降低了任务间通信成本。例如，任务消息队列的数量可以大大减少。随着临界区资源操作的减少，用于实现临界区资源互斥访问的信号量资源占用也大为减少。

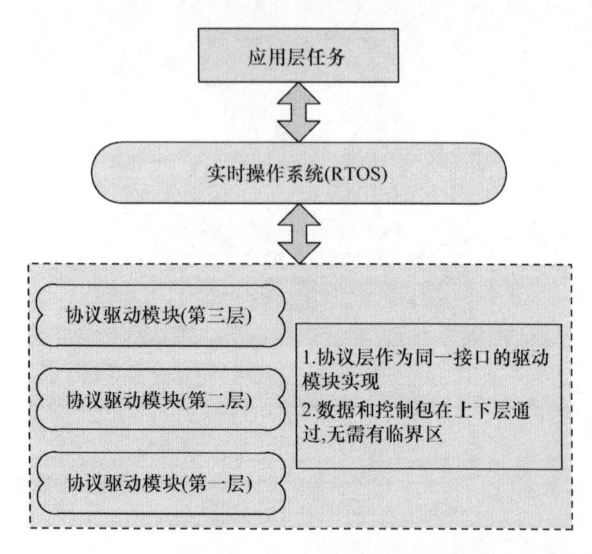


图 9.4　基于驱动程序的协议栈设计模型

由于这种设计模型将协议栈各层实现集中在协议栈驱动模块中,协议层间会出现耦合过紧现象。协议栈层间过紧耦合将造成协议栈驱动模块的功能过于复杂,进而造成协议栈结构清晰度差,不方便协议栈的实现、维护、移植和使用。同时,层间通信采用原语函数调用方式增加了函数调用深度。由于函数在调用子函数时需要堆栈来保存临时数据,随着函数调用深度增加,系统堆栈资源占用增多。此外,协议栈实现过程中的定时器管理、响应时间控制等问题不能得到较好解决。

3) 无线抄表协议栈设计方案

通过以上分析可以看出,基于任务的协议栈设计方案与基于驱动程序的协议栈设计方案之间的主要区别在于其协议栈任务模型的划分以及协议栈各层通信实现方式的不同。基于任务的协议栈设计层间通信采用任务消息队列的方式,而基于驱动程序的协议栈设计则采用原语函数直接调用的方式。

综合采用上述两种设计方案的优点,无线抄表协议栈的层间通信采取了混合模式。具体来说,在总体层次划分上,以严格分层方式实现,层间通信采用原语函数方式。由于层间频繁通信造成了总体性能下降,设计中将需要较紧耦合的协议层放在同一模块中实现,耦合处的重要数据在该模块的各层之间共享。将不需要紧耦合的协议层抽象成单独的任务,与其他模块之间的通信采用任务消息机制实现。这种设计方案较好地解决了系统性能问题,避免了基于驱动程序的协议栈设计方案中的函数深度调用的缺点。

### 9.3.5　邻居交换及冲突避免机制的建立

1) 邻居交换原理

无线抄表协议栈通过选择双向通信能力强的节点建立邻居表。

在无线通信环境下,每个终端节点所处的电磁场环境不同,因此节点通信能力并不完全相同,此外不同节点的发射功率也可能不同。因而需要考虑每个节点的通信能力。如图 9.5 所示,节点 A 通过周期交换即可选择可双向通信的节点 C 加入邻居表。

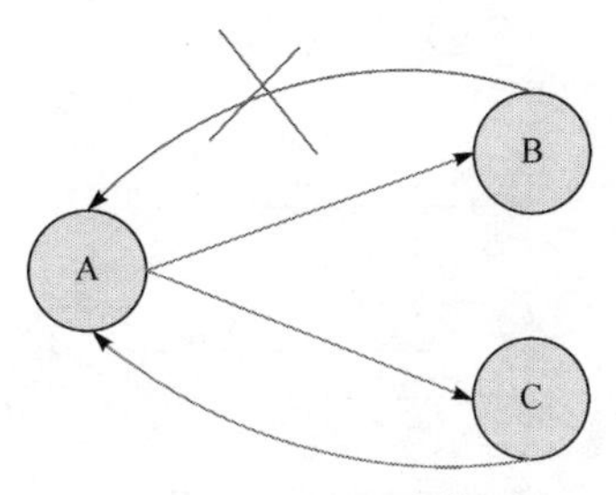


图 9.5　双向链路模型

图中由于 B 点通信能力不足,其能收到来自 A 点的数据,但 A 收不到 B 的数据,于是 A 和 B 都认为对方不可达,相反 A 和 C 认为对方是可达的。

该机制通过节点周期性广播自身邻居表实现,邻居表中几个重要参数说明如下:ucHop 代表邻居节点距协调器的跳数,ucLqi 是链路质量, uShortAddr 是邻居的网络地址,经协议栈初始化后该值为 0xFFFF。

这里以图 9.6 所示 A、B 两点为例来描述邻居交换过程。

(1) 上电之后,节点 A 首先发送邻居交换报文,报文携带自身邻居表如图,此时 A 点邻居表为空,B 点收到 A 点的邻居交换报文后添加 A 点到自身邻居表,但链路状态仍为 BAD。

(2) 之后 B 点发送自身邻居表给 A 点,A 点接收到该报文后添加 B 点到邻居表,此时 A 点发现 B 点邻居表中有自身,说明之前的交换报文 B 点正确接收,所以置自身到邻居 B 的链路状态为 OK,如图 9.6 所示。

(3) 下一周期 A 点继续广播自身邻居表(此时 A 点邻居表不再为空),B 点收到 A 点的交换报文后,更新自己的邻居表,此时 B 点发现 A 点的邻居表中有自己,所以把到 A 点的邻居表链路状态置为 OK。至此 A 点和 B 点建立可靠双向链接。

如果 B 点由于某种原因离开网络,A 点接收不到 B 点的邻居交换报文,此时 A 点不会马上清空 B 点对应的邻居表项,实际可能因为网络状况不好导致 B 点本周期内没有成功发送报文,此时 A 点通过自增 B 点对应邻居表项中的 bCheckNum 值,当 bCheckNum 值大于指定次数 MAX_NWK_NB_INVALID,即 A 点有 MAX_NWK_NB_INVALID 次未收到 B 点的交换报文后删除该邻居表项。

网络中的所有节点按上述机制建立并维护自身邻居表。

2) 邻居交换冲突避免机制

邻居交换机制能保证节点选择可靠邻居到邻居表,同时还需关心该机制实现时,如何保证不会或减少网络冲突事件发生,采用的方法是在邻居交换周期内节点

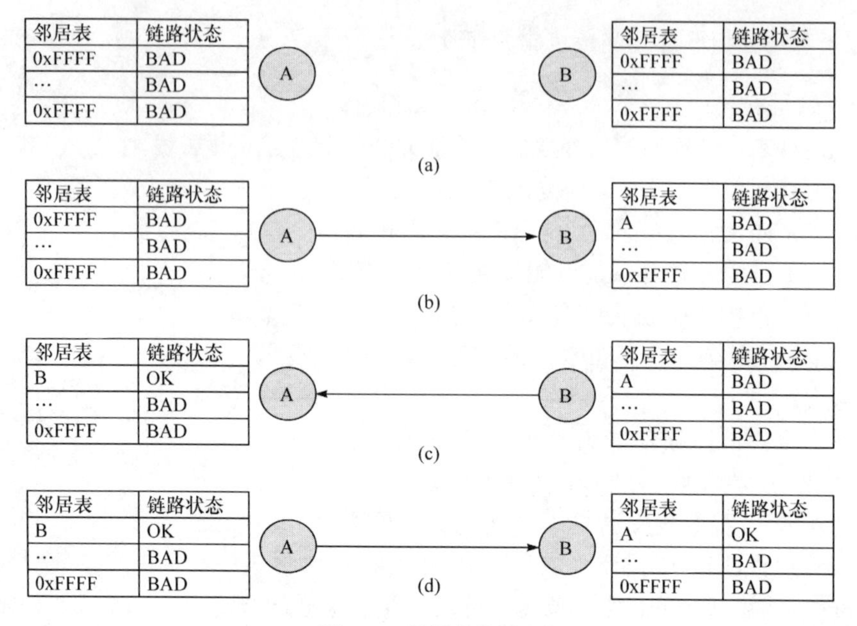


图 9.6　邻居交换过程

随机抖动发起交换过程(图 9.6)。具体算法如下。

假设节点邻居交换周期为 $T$,这里 $T$ 以系统 TICK 数(500 个 TICK 为 1s,具体值可人为设置)为单位。节点利用伪随机函数 rand()构造一个 32 位的随机数,然后将该随机数映射到周期 $T$ 上。

邻居交换过程中节点时隙调度可用图 9.7 表示,假设 $n_j$ 表示网络中第 $j$ 个节点。

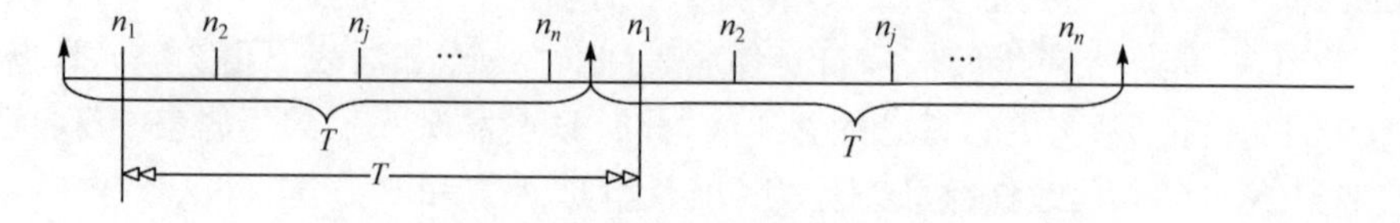


图 9.7　邻居交换时隙调度图

图 9.7 表明邻居交换开始后,网络中各节点对时隙调用是有先后顺序的,以下代码为节点启动邻居交换定时器。函数 Dri_GetRandLongWord()返回节点伪随机数。函数 OSTmrCreate()中参数 1 表明定时器启动后的第一次超时时间,参数 2 表明该定时器启动后的时间间隔,参数 3 表明该定时器是否是周期性的,参数 4 表明定时器的超时回调函数,而在该函数中实现向 MAC 层投递消息,并在驱动协议栈周期内发送邻居交换报文。

USIGN32 StartDelay;

```
StartDelay=(USIGN32)(1+Dri_GetRandLongWord()%MAX_NB_REQ_PERIOD);
gMacNbReqTmr=OSTmrCreate(StartDelay,MAX_NB_REQ_PERIOD,
        OS_TMR_OPT_PERIODIC,Mac_NbReqTmrCallBack,NULL,NULL,&gErr);
if(gMacNbReqTmr!=NULL)
        OSTmrStart (gMacsNbReqTmr,&gErr);
```

由上述分析可知,冲突事件发生必须满足两个条件:

(1) 时间域上,仅当在该随机数映射到时间 $T$ 上时映射值有重合;

(2) 空间域上,映射值相等的节点能构成冲突域。

进一步计算邻居交换冲突事件概率的过程如下。

假设邻居交换报文长度为 100 字节,按照 9600bps 的空中速率计算得到节点完全发送完该报文需要大约 0.083s 左右,以 0.1s 计算,折算成 TICK 数为 50 个 TICK,该值表明在这 50 个 TICK 内不能有别的节点发送数据,因而在一个规模为 $N$ 的冲突域中,至少有两个节点发生冲突的概率$\partial$计算如下:

首先将整个邻居交换周期划分成 50 为间隔的区间,则区间数目 $M$ 为

$$M=\frac{T}{50}$$

则 $N$ 个节点完全不冲突的概率 $\theta$ 为

$$\theta=\frac{M(M-1)\cdots(M-N+1)}{M\cdot M\cdot\cdots\cdot M}=\frac{A_M^N}{(M)^N}$$

因而 $N$ 个节点中至少有两个节点冲突的概率$\partial$为

$$\partial=1-\theta=1-\frac{A_M^N}{(M)^N}$$

假定某网络中构成冲突域的节点有 40 个,取邻居交换周期为 6min,即对应的 TICK 数为 $T=180000$。按上述计算过程,$M=3600$,$N=40$,可得 30 个点中至少有两点冲突的概率为 19.5%。上述这些假定正是实际网络中的一组参数,但上述 40 个节点构成的冲突域是该网络的极限,一般情况下冲突域大小为 20 节点左右,此时冲突概率降为 5.15%,可见冲突是比较小的。

### 9.3.6 技术创新点

在用于无线抄表的网络协议栈设计中,如何处理区域内存在的大量电表密集并发通信,在最短时间内完成所有电表信息的抄收是电力物联网的技术创新点。

居民小区实施用电信息采集,一台集中器同时管理几百个无线节点。由于节点分布密集,当集中器集中读取数据时,存在网络中大量节点同时向集中器发送数

据的情况。为解决节点在向集中器并发发送数据时造成冲突的问题，无线抄表协议栈中设计了低开销的大规模并发冲突避免机制。网络以自组织方式工作，在逻辑上将一个大规模的无线传感器网络划分为多个层次，降低每个层次上节点的规模，降低通信冲突，大大缩短了电表信息抄收时间。

## 9.4 应用情况

### 9.4.1 电力物联网关键技术在沈阳市的示范工程

沈阳供电公司担负着沈阳地区九区一市三县和两个国家级开发区 1.3 万 $km^2$ 范围内工商、居民用户的供电任务。用电信息采集系统是电力营销业务应用系统中的一个重要组成部分。

早在 2005 年下半年沈阳供电公司便启动了 30 个台区，近 1 万户的用电信息采集系统项目建设。项目建成后发现一些问题，如现场所用集中器与所属台区的电能表不能一一对应，主站无法找到对应的电表，不能实现自动抄读；在施工过程中录入用户基本登记信息有误等等。针对这些问题，沈阳供电公司加强了施工过程管理，同时开始应用自组传感网技术进行远程抄表，沈阳供电公司陆续在主城区以及沈北新区等地进行了示范工程建设，在用电信息实时采集、远程抄表、电费催缴、预购电和反窃电等方面起到了重要作用。

1. 系统架构

示范工程地点在沈阳市沈北新区的城区、农村，共完成覆盖 2 万低压电力用户的用电信息采集。示范工程共安装 86 台集中器，近 300 台采集器，每台集中器覆盖规模从几十到近千台智能电表不等。

在示范应用区域，低压单相用户已统一更换了带有无线抄表模块的新型智能电能表，可直接接入无线抄表系统；三相表用户仍使用原有电能表，采用连接采集器的方式接入无线抄表系统。集中器上行通信采用 GPRS 通信完成。

电能无线远程抄表系统由后台管理中心(主站)、集中器、采集器、具有无线通信功能的智能电表组成。用电信息采集系统采用“金字塔”设计形式，顶层为电力公司后台服务器，中间层为集中器，底层为低压电力用户。由于电压电力用户之间可以相互转发数据，整个抄表网络数据传输稳定、可靠，不会因为某个智能电表的故障而导致系统数据传输失败。

后台管理中心为供电公司的数据中心，负责电能数据的最终汇总和处理。集中器安装在小区变台，完成对抄表网络控制，抄表命令转发和抄表数据上传。集中器具有上行和下行数据通信能力，其中上行数据可采用 GPRS、无线专网、光纤专网等形成的上行数据链路。后台管理中心可以通过上行数据链路下传控制指令，电能表数据通过上行数据链路上传到后台管理中心；下行数据采用自主开发的无线通信协议。采集器负责电能表数据的现场采集，并通过无线通信协议将数据传输给集中器。一台采集器可以通过 RS485 总线连接多台电能表。无线通信模块安装在电能表内部，使电能表具备无线通信能力，适合与分散式电能表抄表。系统中可使用额外的路由器。路由器仅完成数据的转发，当实际环境受限引起通信质量时，可有效提高通信质量，拓展无线通信网络的覆盖范围。

电能无线远程抄表系统示意图如图 9.8 所示。

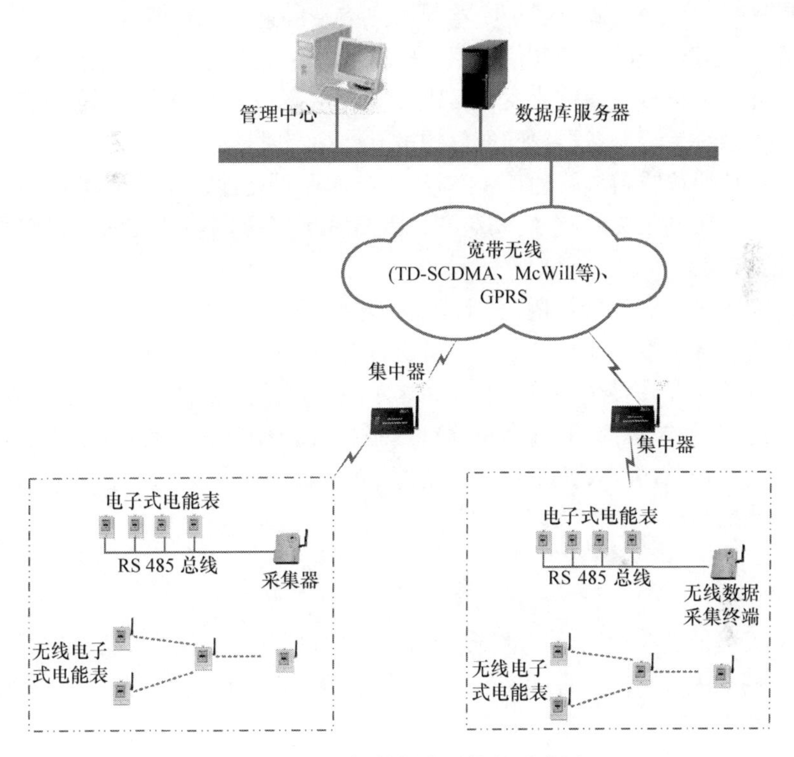


图 9.8　电能智能抄表系统的示意图

该示范工程的核心技术是基于无线抄表通信协议，通过 GPRS 无线网络与后台进行通信。中国科学院沈阳自动化研究所针对电能表无线抄表的特点，开发了适用于电能智能抄表系统的低功耗无线传感器网络通信协议，用于集中器到电能表终端的双向数据通信；该通信协议支持无线节点的自主组网，具备全 Mesh 路由功能，以多跳的方式实现无线节点间的通信，支持大规模组网，可实现可靠、实时的数据传输。抄表网络中的任何节点，都可以通过其他节点建立与集中器的通信路径，并且可以根据当前的通信链路质量选择最好的通信路径。网络中的任何节点出现问题(掉电),不会影响网络中其他节点的通信,因此,网络具有较强的抗毁性,通信可靠性高。

用电信息采集系统的网络规模较大,小区中一台集中器可能同时管理几百个无线节点,由于节点分布密集,当集中器集中读取数据时,存在网络中大量节点同时向集中器发送数据的情况,造成数据冲突比较严重。针对这种情况,该示范应用采用一种低开销的大规模并发冲突避免机制。网络以自组织方式工作,在逻辑上将一个大规模的无线传感器网络划分为多个层次,降低每个层次上节点的规模,从而达到降低通信冲突的目的。

无线抄表通信协议确保了集中器到用户终端的通信的可靠性和实时性,集中器到电力系统后台服务器的通信采用 GPRS 无线接入技术,保证上行数据的可靠性和实时性。无线抄表通信协议与 GPRS 无线网络技术相结合,共同保证了用户终端和电力系统后台服务器之间通信的可靠性和实时性。

无线通信协议支持多跳通信,相对于传统的点对点抄收,通信的范围得以大大扩展。由于采用的是无线技术,安装调试人员在无线范围内的任何地方都可以进行调试或抄读。

抄表应用覆盖的终端数量大,要求有大容量的网络以节约网络设备的成本并简化运行维护的难度。无线抄表网络可支持超过 500 个节点,不受台区限制,一个区域内可以同时存在多个网络。沈北新区示范应用的网络规模最大达到 700 点。

示范应用所涉及的公共计量系统对网络的安全性要求较高,数据传输必须经过加密。无线通信协议提供了数据完整性检查和鉴权功能。集中器的上行通信采用安全性能更高的 GPRS 无线通信技术。

#### 2. 工程实施

示范工程地点在沈阳市沈北新区的市区、农村,共完成覆盖 2 万低压电力用户的用电信息采集。示范工程共安装 86 台集中器,近 300 台采集器,每台集中器覆盖规模从几十到近千台智能电表不等。

在示范应用区域,低压单相用户已统一更换了带有无线抄表模块的新型智能电能表,可直接接入无线抄表系统;三相表用户仍使用原有电能表,采用连接采集器的方式接入无线抄表系统。集中器上行通信采用 GPRS 通信完成。

图 9.9 为集中抄表安装在小区附近的集中器。集中器安装在路边的变台上,在变台上配电箱取电。集中器天线安装在距离地面大约 3m 高的变台上方,以保证通信质量。

图 9.10 为新建小区内箱式变压器,电缆地下铺设。集中器安装于箱式变压器内部,天线引至箱式变压器屋檐上方并固定,以保证通信质量。

图 9.9　集中器安装在台变线杆上

图 9.10　集中器安装在箱变内

图 9.11　集中表箱和分层表箱

图 9.11 为安装在居民小区内的终端电表，分为集中表箱和分层表箱。集中表箱即一个单元或一个楼层的居民用户所有的电表都放置在一个表箱，多见于新建小区；分层表箱即一个单元一楼层有一个表箱，包括 2～3 块电表，多见于老旧楼

房。分层表箱位置分散，人工抄表工作量大，非常适合采用无线网络抄表。图 9.12 为工作人员正在箱变内安装集中器。

图 9.12 在箱变内安装集中器

电力用户用电信息采集系统采用 B/S 应用体系结构，设置、配置、管理等功能 WEB 化，支持用户权限管理，包含用电信息监测模块、负荷预测和控制模块、双向用户交互等模块。示范应该所覆盖的 2 万低压电力终端用户接入系统后，可以通过 WEB 方式查看每日用电量、有无异常发生等情况。

图 9.13 为电力用户用电信息采集系统主界面。在界面中可以对省内各供电公司的相关数据进行查询。沈北新区示范工程的数据可以在沈阳供电公司下拉菜单中进行查询。

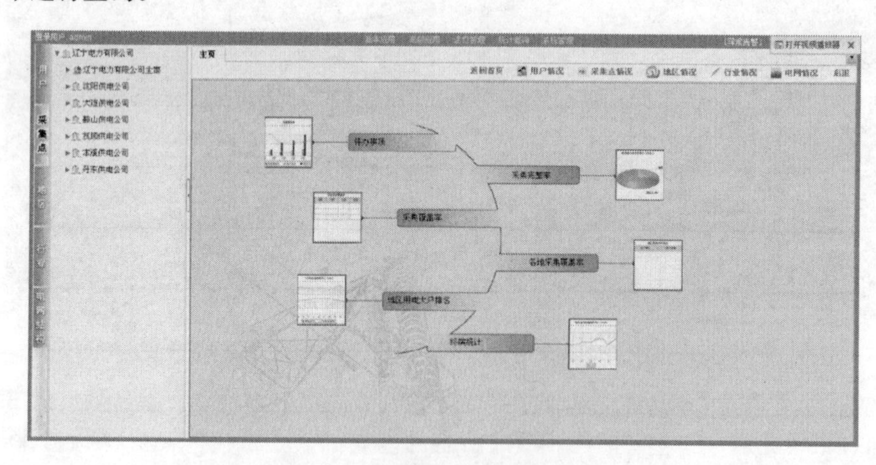


图 9.13 电力用户用电信息采集系统主界面

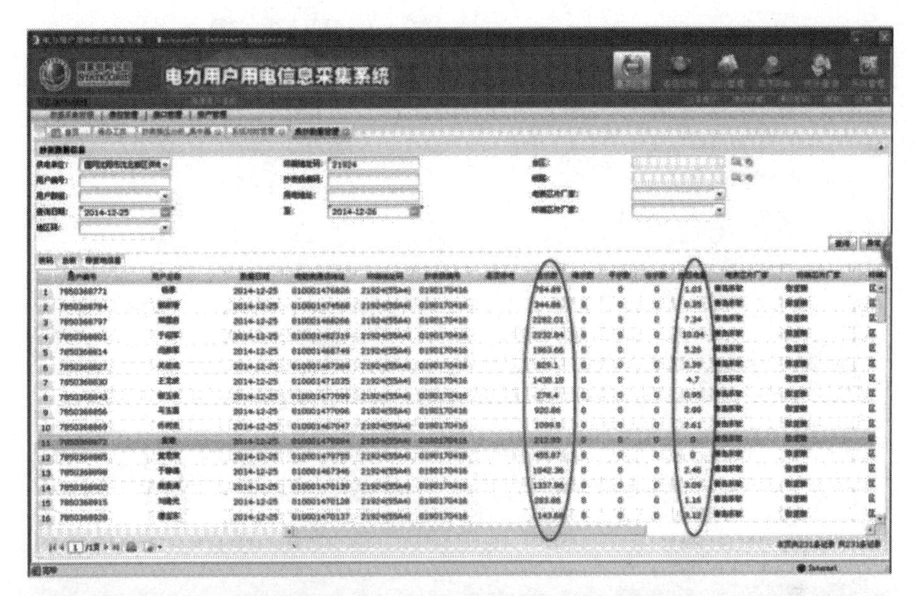

图 9.14　数据召测界面

图 9.14 为某小区召回终端用户用电数据,红色标记部分为对应用户的用电总量和日用电量。

图 9.15 为对应用户日用电量曲线和总用电量曲线,从图中可以直接看出该用户的用电情况,并能够分析出其用电习惯。

示范应用实现了用户用电信息、设备故障信息、用户请求服务信息、用户缴费

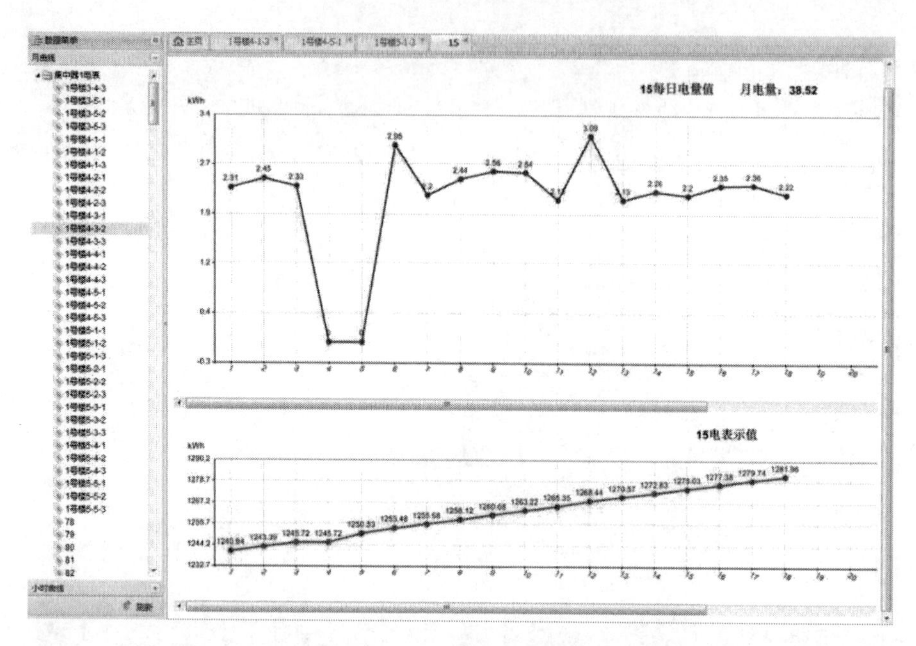


图 9.15　用户用电分析界面

欠费信息等数据的收集、储存、处理和在线分析，系统可靠性高，易于维护。该系统的应用，使得用户用电信息可直接传送到管理中心的后台管理系统，无需安排工作人员现场抄收，提高了工作效率和数据的准确性。系统自投入运行以来，运行稳定。系统一次数据采集成功率≥98%，周期采集成功率≥99.9%。

### 9.4.2　电力物联网关键技术在沈阳市的效益分析

依托沈阳供电公司与中国科学院沈阳自动化研究所共同承担的“基于无线传感的沈北新区信息采集系统”项目，沈阳供电公司在建立采用物联网技术的抄表示范工程，构建统一的电力综合业务通信平台，为电力的生产与营销等相关业务提供服务，产生的比较理想的直接经济效益和间接经济效益。

1. 直接经济效益

通过该项目的实施，强化了需求侧管理，通过各计量点（负荷点）数据，统计分析某一时段内负荷的变化、最大最小值及发生时间、负荷率、峰谷差等数据，及时掌握设备运行情况，帮助管理者了解电网线损、变损、负荷、电能质量等重要运行参数；避免了人工抄表不准时、不到位、抄飞表、错抄、漏抄等现象，使审核和收费工作更具严密性、科学性；及时发现计量差错和防窃电：根据每天线损率变化异常情况和异常报警情况，对各抄表系统数据进行分析，找出问题计量点，遏止窃电行为，避免不必要的经济损失。

初步估算，通过本项目的实施，能够降低配变台区线损 1.5%。在本示范网覆盖的 10 平方公里范围内，每年减少损失电量＝1 亿度×1.5%，即一年约节省电量 150 万度；增加电费收入＝150 万度×0.4 元/度＝60 万元，即每年增加收入约 60 万元。如果考虑基于无线传感器网络的智能电网营销体系全面实现后，线损率还有继续下降的空间。

基于无线传感器网络通信平台的智能终端设备的配备，实现电力系统实现信息化综合业务管理，使原先依靠人工完成的数据采集、设备维护等工作由效率高、成本更低的电子设备来代替，预计每年节约人工成本、车辆费用、通信费用等约在 50 万元。由于，辽宁省电力有限公司部分区域设施点没有实现光纤覆盖，采用租用当地电信部门光纤进行数据通信，若采用宽带无线作为回传通信链路，可年均节约光纤租用费用约在 8 万元。基于无线传感器网络抄表技术，可对电力重点线路、区域和设备进行实时监控，智能感知各处测量设备的工作情况，及时发现问题，避免人为破坏和预防事故发生，可年均节约成本费用约在 10 万元。

综上所述，本项目示范网建成后，每年可增加的收入、节约的成本共计 128 万元。

2. 间接经济效益

电力物联网技术在沈阳市电力营销方面得到了成功应用，构建统一的电力实时数据采集、综合监测管理信息化业务平台，实现智能电网的多媒体集群、协同作业、宽带数据接入、移动视频传输等业务，便于电力系统内部数据的整合和共享，节约成本。

此外，该项目也将助力实现配电网的集中式自动化管理，有利于电力系统的安全经济运行、增强配电台区、商户和居民用电的管理透明度，便于管理人员掌握真实准确的电网参数，及时分析问题和解决问题，有效的降低线损和防止窃电行为的发生；提高配电网运行的安全可靠性，为社会提供高质量的电力能源，促进社会经济发展和人民生活水平的提高；促进了辽宁省电力公司的企业管理水平和科技创新能力的提高。

## 9.5 小　　结

本章对电力物联网技术及其关键技术作了阐述，重点介绍了作为电力物联网通信技术之一的自组传感网技术在电表集抄网络协议设计，以及在沈阳市的工程应用情况。

基于自组传感网的电表集抄协议栈设计目保证了无线抄表网络的实时性、可靠性、安全性以及网络冲突最小。在沈阳市的示范应用表明，自组传感网在技术层面完全可以满足电力系统用电信息采集的需求。即使在当前电力企业普遍将电力线载波通信技术用于用电信息采集的背景下，物联网技术也完全可与现有系统形成良性互补。

## 参考文献

[1] 刘建明. 物联网与智能电网[M]. 北京：电子工业出版社，2012.

[2] 张晶，徐新华，崔仁涛. 智能电网用电信息采集系统技术与应用[M]. 北京：中国电力出版社，2013.

[3] 李祥珍，刘建明. 面向智能电网的物联网技术及其应用[J]. 电信网技术，2010，(08)：41-45.

[4] 刘永波，孙永明，武延年，等. 用电信息采集系统通信技术发展方向的探讨[J]. 供用电，2014，(08)：41-44

[5] 赵成，杨凤海. 微功率无线抄表技术的研究与应用[J]. 电测与仪表，2010，(S1)：62-63.

[6] 李蕊，羡慧竹，王芳，等. 基于微功率无线通信技术的多表集抄研究与应用[J]. 中国计量，2017，(07)：106-109.

[7] 夏美凤，施鸿宝. 基于数据加密的网络通信系统安全模型与设计[J]. 计算机工程. 2001，27，(10)：117-118，120.

[8] 梁炜，于海斌. 无线传感器网络物理层协议的研究现状[J]. 仪器仪表学报，2005，25(z3)：594-597.

[9] 谢雪松，胡长阳. 基于驱动程序的协议栈设计[J]. 电脑开发与应用，2000，13(5)：31-33.